双書⑲・大数学者の数学

フォン・ノイマン ①
知の巨人と数理の黎明

廣島文生

現代数学社

まえがき

　フォン・ノイマン・ヤノーシュ（1903-1957）は，量子力学の数学的基礎付け，ノイマン型コンピューターの発案，ゲーム理論の創始者として広く人類に知られている超人である．数学，計算機科学，ゲーム理論に大きな足跡を残し，現代社会の根幹部分の構築に大きく貢献した．最大の業績は何か？　フォン・ノイマンについて書かれた資料や書物を読んでみると，量子力学の数学的基礎付けということもあれば，コンピューター開発ということもあれば，ゲーム理論ということもある．いずれも超一流で各分野で大絶賛されている．

　フォン・ノイマンの生きた時代背景を知らずしてフォン・ノイマンを語ることはできない．フォン・ノイマンの生誕と時代を同じくして量子論が発見され，まさに，彼がゲッチンゲンのヒルベルト学派の旗手だった 20 代前半の頃，量子論は量子力学として完成された．1927 年，公理的集合論の研究者であったフォン・ノイマンは，僅か 1 年足らずで量子力学に数学的基礎付けを与えた．第一次世界大戦後間もなくして，ヨーロッパ各地で勃発した反ユダヤ政策を避けるようにして 1930 年にプリンストンに渡り，生涯をここで過ごした．第二次世界大戦ではマンハッタン計画に参加し，アメリカの原爆開発に携わり，終戦後も水爆の推進派であった．原爆開発が後押ししてコンピューター開発に携わり，当時，未熟だった自動計算機 ENIAC にふれる機会を得て，瞬く間にノイマン型コンピューター

を発案し EDVAC の開発に貢献したのは 1945 年である．これに
よって 21 世紀のコンピューター社会の礎を築いた．1930 年代前半か
ら興味を持っていた経済学に対しても，フォン・ノイマン一流の数
学的な定式化を行ない，半世紀後にフォン・ノイマンの経済拡大モ
デルとして大きな脚光を浴びることになる．そのどれもが超一流で，
筆者は軽々しく論評することはできない．フォン・ノイマンの生涯
は僅か 53 年であるが，その業績は膨大である．フォン・ノイマン全
集 I-VI [74] の総ページ数は 4000 ページを超える．

　フォン・ノイマンの生涯のキーワードは，ダフィット・ヒルベル
ト，二度の大戦，反ユダヤ政策であろうか．ヒルベルトを敬愛し，彼
のもとで学び，数学基礎論，位相群，量子力学の数学的基礎付けの研
究を行う．これらは‘ヒルベルトの 23 の問題’の第 2 問，第 5 問，
第 6 問にあたる．ヒルベルト空間の命名もフォン・ノイマンによる．
第一次世界大戦はハンガリー革命と反ユダヤ政策の引き金になり，
それはハンガリーの頭脳流出を導き，そして，第二次世界大戦は計
算機の開発に乗り込むきっかけになった．これらをひとつにまとめ
て，『フォン・ノイマン』というタイトルで執筆することは些か荷
が重いというのが本書執筆の最初の印象であった．

　本書の主題はフォン・ノイマンの生涯のほんの一瞬である 1920
年代後半に成し遂げた量子力学の数学的基礎付けを解説することで
ある．そのためには量子論の歴史や位相空間論の歴史を概観する必
要がある．筆者もこの機会に多くの歴史的な資料を研鑽することが
でき，資料整理にのめり込んでしまった．参考にした文献も 1910
年-30 年の数学や物理の論文が殆どで，非常にいい経験ができた．ま
た，数学史と物理学史は勿論，西欧近代史，科学史，哲学史などの歴
史にもいたずらに興味が及んでしまった．

　本書は 3 部構成になっている．

第 1 部ではフォン・ノイマンの生涯と, 彼を理解する上で欠かせないハンガリーの歴史について触れた. 調べてみると, フォン・ノイマンと同世代のハンガリー出身の秀才が, 1920 年代にハンガリーを飛び出し, 世界で大活躍していたことがわかった. また, 本書の主題ではないが, 計算機科学, ゲーム理論, 経済学, オートマトンに関するフォン・ノイマンの業績を簡単に解説した.

第 2 部では, 1900 年初頭に同時に起きた量子論と測度論の発見について解説した. これは奇跡的なシンクロに思えてならない. プランクの量子仮説が 1900 年に, ルベーグの測度論は 1899-1902 年に発表されている. ルベーグによる測度論の発見なくしてヒルベルト空間論は一行も前に進まない. そして, 量子力学の数学的基礎付けも叶わなかったであろう.

第 3 部では, フォン・ノイマンが 1920 年代に発表した論文と, 『量子力学の数学的基礎』に倣って, ヒルベルト空間論, 非有界作用素の理論を解説し, それに付随する数学について簡単に解説した.

現代数学社の富田淳氏から, 執筆の依頼を受けたのが 2013 年頃であるから, 8 年の歳月が滔々と過ぎ去ってしまった. あるまじきことに, 2013 年から現在に至るまで, 執筆の優先順位を入れ替えて, 筆者は 3 冊の著書を出版した. 富田淳氏の忍耐に甘えて本書執筆を先延ばししてしまったこと, 慙愧の念に堪えない. 心よりお詫び申し上げたい. 富田淳氏の辛抱強い励ましがなければ本書は永遠に出版に辿り着くことが出来なかったであろう. 富田淳氏の並々ならぬ忍耐力に感謝し, ここに筆をおくことにする.

2021 年 3 月 廣島 文生

目次

フォン・ノイマンの生涯

第1章

知の巨人

1 フォン・ノイマン誕生

Neumann János Lajos（ノイマン・ヤノーシュ・ラヨシュ）は1903 年 12 月 28 日，ともにユダヤ系ドイツ人で銀行の顧問弁護士 Neumann Miksa と資産家の娘 Kann Margit の間にオーストリア・ハンガリー帝国時代のブダペストで 3 人兄弟の長男として生まれた．

ノイマン家は裕福で 1913 年に貴族の称号 Margittai が与えられた．それ以降 Margittai Neumann János と名乗るが，ドイツに渡ってからはドイツの貴族風に von Neumann János と名乗ることになる．Von（フォン）のつく姓は元来はドイツ語の前置詞の意味どおり，出身を意味したが，姓がない時代に領主が自らの領地の地名を名乗った名残で貴族の称号に使われる．

ドイツやスイスのドイツ語圏では Johannes Ludwig von Neumann（ヨハネス・ルードヴィッヒ・フォン・ノイマン），アメリカに渡ってからは John von Neumann（ジョン・フォン・ノイマン）と名乗っている．本書ではフォン・ノイマンと表記する．

2 人の弟は次男が Neumann Mihályi で三男が Neumann Miklós.

ハンガリーは日本と同じく名前は姓・名の順である．英語表記で父は Max Neumann（マックス・ノイマン），母は Margaret Kann（マーガレット・カン），次男は Michael Neumann（マイケル・ノイマン），三男は Nicholas Neumann（ニコラス・ノイマン）となる．

　フォン・ノイマンは，以下の分野に絶大な足跡を残し，その領域は驚異的な広さに及ぶ．

数学　集合論の公理化，量子力学の数学的基礎付け，関数解析，位相群（リー群とリー環），エルゴード理論，作用素環，概周期関数の理論，数値解析

理論物理学　量子力学，流体力学，量子統計力学，量子測定理論

ミクロ経済学　ゲーム理論，経済成長モデル

計算機科学　フォン・ノイマン型コンピューター，線形プログラミング，自己増殖機械，オートマトン

　数学者兼数学史家であるジャン・デュドネはフォン・ノイマンを'最後の偉大な数学者'と絶賛し，1925 年から 1940 年の 15 年間を'疾風怒濤の時代'と呼んでいる．数学者ピーター・ラックスは'恐るべき技術力と輝かしい知性の持ち主'と評している [49, 258 ページ]．また，アムステルダム大学哲学科のジョージ・ドーリンは，「フォン・ノイマンは哲学の 6 分野で抜群の貢献をした 20 世紀最高の哲学者である」といっている [100, 182 ページ]（原書は [37]）．その 6 分野とは (1) 数学の哲学（集合論，数論，函数解析），(2) 物理の哲学（量子力学），(3) 経済学の哲学，(4) 合理行動の哲学，(5) 生物学の哲学，(6) 計算機と人工知能の哲学 である．フォン・ノイマンの死後まもなく『サイエンス』誌に発表された論文の中でユージン・ウィグナーとハーバード・ゴールドスタインは，「フォン・ノイマンは位相数学と数論を除く数学のあらゆる分野に重要な貢献を

した」と語っている．プリンストンで語られたジョークに次のような
ものがある．「フォン・ノイマンは人間ではない．人間について
詳しく研究し，人間を完全に真似ることができる半神半人だ」．こ
の冗談を完全に理解するためにはプリンストンにはフォン・ノイマ
ンだけが天才だったわけではないことを理解する必要がある．1999
年にアメリカのライフ誌が分野を限定せず‘過去 1000 年間で最も
重要な人物ベスト 100’を発表した．フォン・ノイマンは 94 位にラ
ンクインしている．ちなみに 1 位はエジソン，日本人は葛飾北斎だ
けが 86 位にランクインしている．

　フォン・ノイマンの名前がつく賞や施設はたくさん存在する．一
部を拾い上げると以下のようなものがある．

(1) John von Neumann Lecture Prize（1959-）

(2) The John von Neumann Theory Prize of INFORMS
　　（1975-）

(3) The IEEE John von Neumann Medal（1992-）

(4) The John von Neumann Award of the Rajk László College
　　for Advanced Studies（1994-）

(5) Birkhoff-von Neumann Prize（2012-）

(6) The crater von Neumann on the Moon

(7) The John von Neumann Computing Center Princeton

(8) The John von Neumann Computer Society

(1)-(5) はフォン・ノイマンの名のつく賞で，比較的創設年が新しい
ものが多い．フォン・ノイマンの貢献度の時代を超えた持続性が伺
える．(7) はプリンストンにあるコンピューター施設で，(8) はハン
ガリーの施設である．ちなみに (6) は月面のクレーター（ただし裏
側）である．

月面のクレーターに名前が残るくらいだから驚かないが, 1992 年 3 月にハンガリーから, フォン・ノイマンの絵柄の切手が発行され, 2005 年 5 月 4 日にもアメリカの科学者シリーズとして切手が発行されている.

フォン・ノイマンの著した論文の総数は, 様々な数え方があろうが, 例えば, ジェフェリー・ストリックランド [49] の『第 19 章フォン・ノイマン』の項に掲載されているフォン・ノイマンの論文・書籍は 106 編である. さらに死去後に出版された論文集や書簡集が 5 編掲載されている. ここでは, 一番最初の論文が 1923 年で, 最後が 1956 年に出版されている. 実はフォン・ノイマンが一番最初に書いた論文はミハエル・フェケテと共著で 1922 年に発行されている. フォン・ノイマンは弱冠 18 歳であった.

1900 年 8 月 8 日にパリで開催された第 2 回国際数学者会議でフォン・ノイマンが敬愛するダフィット・ヒルベルトが 23 の問題を発表した. 実は 10 題 (問題 1, 2, 6, 7, 8, 13, 16, 19, 21, 22) が公表され, 残りは後に出版された著作で発表されたものである. この 23 問は 20 世紀の数学発展のための原動力の一つになった. フォン・ノイマンは以下の問題に大きく貢献することになる.

┌─ ヒルベルトの問題 ─────────────────────────┐

第 2 問 算術の公理と無矛盾性

第 5 問 位相群がリー群となるための条件

第 6 問 物理学の公理化

└──────────────────────────────────────┘

1954 年, フォン・ノイマンは National Academy of Science のインタヴューで, 自分自身の最も重要な科学的貢献として量子力学の数学的基礎付け, 作用素環の理論, エルゴード理論を上げている.

2　量子力学と戦争

　フォン・ノイマンが人類に与えた影響を語るとき，ヨーロッパ，特にハンガリーの歴史を語らないわけにはいかない．結果的にフォン・ノイマンの超人的な能力は国家と人種にもてあそばれることになる．ハンガリーは，様々な人種と多くの国家に囲まれるという地理的な状況や，マジャール人の気質などから，建国以来，苦難の連続であった．ハプスブルク家から実質的に独立したオーストリア・ハンガリー帝国時代は，数世紀にわたった様々な支配や戦いから解放され，ハンガリー人が秘めていた熱エネルギーが世界に発散した時期であった．オーストリア・ハンガリー帝国時代幕開けの 1867 年からハプスブルク家が滅亡する第一次世界大戦終結の 1918 年までの約半世紀は，まさに，その熱エネルギー放射の時代であり，急速に教育，文化，経済が発達し，ハンガリー史上の黄金期となった．ユダヤ人が活躍し，歴史に名を残す多くの秀才がハンガリーに現れたのもこの時期である．俊英フォン・ノイマンが生まれたのは，まさに，この活気と自信に溢れた時期のブダペストだった．

	時代	主な出来事
I 期	1923 年-1938 年頃	量子力学の発見
〜	1918 年頃-1945 年頃	反ユダヤ政策
II 期	1939 年頃-1957 年	第二次世界大戦 自動計算機とゲーム理論

フォン・ノイマンの生涯

　フォン・ノイマンが活躍した 1900 年代から 1950 年代にかけて人類史上に大きな出来事が 2 つあった．一つは物理学の革命である

'量子力学の発見', もう一つは, 人類史上最悪のイベントといっても過言ではない '第二次世界大戦' である. フォン・ノイマンはこの2つの出来事で巨大な足跡を残すことになる.

本書では, フォン・ノイマンの生涯で, 量子力学の発見に関わった前半を第 I 期, 第二次世界大戦に関わった後半を第 II 期と呼ぶことにする. さらにもう一つフォン・ノイマンを語る上で特筆すべきことは第 I 期と第 II 期の間でヨーロッパに起きた反ユダヤ政策であろう. 第一次世界大戦終結の 1918 年から第二次世界大戦終結の 1945 年にかけて起きたハンガリーの反ユダヤ政策やナチスの台頭はフォン・ノイマンの生涯を描くときのキーワードである.

第一次世界大戦終結後のハンガリーの反ユダヤ政策で, 行き場を失ったユダヤ人の一部はアメリカに渡ることを余儀なくされた. この流出した頭脳は第二次世界大戦の原爆開発などで大いに活躍した. それはマンハッタン計画と呼ばれフォン・ノイマンもその中枢にいた. 日本が甚大な被害を被った原爆の開発も彼らの手による. 終戦後, 軍の要職に就いたフォン・ノイマンは大国の核抑止力による世界秩序の維持を考えていた. そして, 水爆開発に自動計算機を駆使して積極的に携わり, アメリカ数学会会長も歴任し, さらに国際数学者会議でも講演し, 非常に多忙な日々を送っていた.

しかし, 巨星の幕切れは余りにもあっけなく訪れた. フォン・ノイマンは 1957 年 2 月 8 日に陸軍病院で死去する. まだ 53 歳だった. その死因は 1954 年のビキニ環礁での水爆実験での被曝が原因の癌だといわれている. わずか 53 年の短い生涯に国家と人種に翻弄されながらも, 想像を超えた多くの足跡を人類史上に残したのが巨人フォン・ノイマンである. 第 I 期で, 公理的集合論という極めて抽象的な論理の世界から始まり, 量子力学の数学的基礎付けに進んだ. 第 II 期では, 経済学, ゲームの理論, 計算機科学と EDVAC

の開発, 最後は核爆弾の開発と投下に携わるまでになった. まさに机上の基礎理論から, 世界を席巻する壮大な理論まで拡がる. こんな科学者は, ガリレオ, ニュートン, ダーウィン, アインシュタインなど歴史上数人しかいないだろう.

　本書の対象は第Ⅰ期であるが, 第3章では第Ⅱ期も含めてフォン・ノイマンの生涯をブダペスト時代, ドイツ時代, プリンストン時代に分けて詳しく解説する.

3　フォン・ノイマンの三大著作

3.1 量子力学

　第Ⅰ期, 弱冠22歳のフォン・ノイマンは1926年7月にミュンヘンで当時25歳の若きヴェルナー・ハイゼンベルクと39歳のエルヴィン・シュレディンガーが量子力学の解釈で激突する場面に遭遇する. 簡単に経過を述べると以下のようになる. 1900年にマックス・プランクがエネルギー量子を作業仮説的に導入し, 1905年には, アルバート・アインシュタインが光量子仮説を導入した. 1913年, ニールス・ボーアが原子模型を提案し, 1924年にはマックス・ボルンが‘量子力学’という単語を作った. この間, 光量子は仮設ではなく, 実在することがアーサー・コンプトンの実験で示された. そして, 遂に, ハイゼンベルクが1925年に量子力学を完成させた. しかし, 翌1926年にはシュレディンガーがハイゼンベルクのものとは全く違う量子力学の定式化を行って, 2人はミュンヘンで激突したのである.

　当時フォン・ノイマンは公理的集合論の研究者であったが, 二人の理論が数学的に同等であることを見抜き, 1927年の僅か1年間でダフィット・ヒルベルトの理論を瞬く間に拡張して, 非有界作

用素の理論, 作用素と状態の理論, エントロピーの理論の 3 部作 [52, 54, 53] を完成させた. そして, ハイゼンベルクとシュレディンガーの理論が数学的に同値であることを厳密に証明した. 1927 年の 3 部作に教授資格審査論文 [59] と‘量子論における観測理論’を加筆してまとめたのが, 後世に多大な影響を与えた名著

量子力学の数学的基礎付け

Mathematische Grundlagen der Quantenmechanik [63]

である. 1932 年にシュプリンガー社から出版された. 邦訳は『量子力学の数学的基礎』[95] が 1957 年に刊行されている. 英訳は 1955 年にプリンストン出版から刊行され, Robert T. Beyer が英訳している. 2018 年にも, Nicholas A. Wheeler の編集で新しい英語版が刊行された. また, 露訳は 1964 に N. Bogolyubov の編集で Nauka から刊行されている.

3.2 自動計算機

　第 II 期, 1939 年 9 月 1 日ドイツがポーランドに侵攻して第二次世界大戦が始まった. その圧力におされてフォン・ノイマンは 1940 年にアメリカ陸軍の弾道学研究所顧問となり, 爆縮の研究にのめり込む. 1943 年には国家プロジェクトである核爆弾開発のマンハッタン計画の本拠地, ニューメキシコ州のロスアラモス研究所の顧問に就く. そこでは, 原爆開発のために自動計算機の開発に専念する. 当時, 世界初の素子型コンピューター ENIAC が存在したが, それを大幅に拡張した史上初のプログラム内蔵型コンピューター EDVAC の開発に携わり, その仕組みの詳細を記した報告書を通勤中の電車の中で書き上げ 1945 年 6 月 30 日に発表する.

┌─ フォン・ノイマン型コンピューター ─────

First Draft of a Report on the EDVAC
└────────────────────────────────

（和訳 EDVAC に関する報告書の第一草稿）これは軍の内部だけで
なく一般にも公開されたもので，多くの研究所や大学でこの第一草
稿をもとにコンピューター開発が進んだ．『プリンストン数学大
全』[88, 918 ページ] は，「おそらく，フォン・ノイマンは，この論文
が彼の数学的結果と同等の重要性を持つとは思っていなかっただろ
う．今日では現代コンピューターの誕生の証明になっている」と絶
賛している．また，『カッツ 数学の歴史』[85, 950 ページ] では「最
終的な成果を生み出した最大の貢献者はおそらくジョン・フォン・
ノイマンであろう」と記されている．第2回チューリング賞受賞者
のモーリス・ウィルクスは，「これを読んで 1949 年に自動計算機
EDSAC を作った」といっている．草稿はすぐに返す必要があり，
当時は，コピー機などない時代なので，借りてきて速攻で読んだそ
うだ．2021 年現在の世の中を見渡せば，この草稿が後世に与えた影
響は計り知れないものがあると実感できる．70 年が経過し，現在の
コンピューターはフォン・ノイマンの時代の自動計算機の2兆倍以
上の性能がある．この指数関数的なコンピューターの進化にもフォ
ン・ノイマンの貢献は絶大である．

3.3 ゲーム理論

　戦時中，フォン・ノイマンはゲーム理論にも多大な足跡を残して
いる．ゲーム理論とは，社会や自然界における複雑な意思決定の問
題や行動を数学的な模型を用いて研究する学問である．これはフォ
ン・ノイマンとオスカー・モルゲンシュテルンによって始められた．
1944 年に共著でゲーム理論の大著

┌─ ゲーム理論 ──────────────────────

　Theory of Games and Economic Behavior [77]

└──────────────────────────────

を出版した. 邦訳『ゲームの理論と経済行動』[96] は, 2009 年に刊
行されている. ゲーム理論の対象は多くのグループが戦略的に利得
を争うという状況である. これは, 自らの利益が自分の行動の他, 他
者の行動にも依存する状況を意味し, 特別なものを除けば, 経済学
で扱う状況の殆ど全てはこれに該当する. 例えば, 顧客を確保した
い複数の企業の戦略などはまさにそういう状況にあたる. イギリス
の経済学の重鎮で, 1984 年ノーベル経済学賞受賞者のリチャード・
ストーンは「ケインズの著した『雇用・利子および貨幣の一般理論』
以降もっとも重要な教科書」と絶賛している. 現代ではミクロ経済
学の基本的な部分を担うようになり, どんなミクロ経済学の教科書
にも登場する. さらに, 1994 年のノーベル経済学賞はゲーム理論の
研究者に与えられ, 現在, ノーベル経済学賞の常連研究分野になっ
た. 実は, 経済学を勉強したことがない, 純粋なゲーム理論の研究者
がノーベル経済学賞を受賞する例もある. このことは [86] で指摘さ
れている. 余談になるが, 日本の角谷静夫が不動点定理で大きく貢
献しているのも嬉しい. 角谷は 1940 年にヘルマン・ワイルの招聘
を受けてプリンストン高等研究所に留学し, そこで, フォン・ノイ
マンたちとセミナーをしていた. ゲーム理論は経済学だけでなく経
営学, 政治学, 法学, 社会学, 人類学, 心理学, 生物学, 工学, 計算機
科学などの分野にも応用されている.

4　ノーベル賞とフィールズ賞

　フォン・ノイマンのような超人の価値は人類が評価する賞には左右されないと思うのだが, 考えてみた.

　フォン・ノイマンはフィールズ賞やノーベル賞を受賞できただろうか? フォン・ノイマンがかかわった人間には実にノーベル賞受賞者が多い. しかし, その受賞者さえもフォン・ノイマンの能力を絶賛する.

　まず, フィールズ賞から. フィールズ賞が授与される国際数学者会議 (ICM) は 1897 年のチューリッヒ大会から開催されている. 第 2 回が 1900 年のパリ大会で, 有名な 'ヒルベルトの 23 の問題' が公開された. その後は 4 年毎の開催だが, 1937 年から 1949 年までの 14 年間は戦争などの影響で開催されていない. フィールズ賞は 1936 年から授与されている. ただし, 40 歳未満の数学者のみが候補になる. フォン・ノイマンは 1903 年生まれなので, 1943 年に 40 歳を迎えることになるから, 受賞のチャンスは 1936 年しかなかった. 量子力学の数学的基礎付けという業績で受賞できるのか? 当時は量子力学が, 徐々に物理の主流に近づいて来たころではあるが, その数学的基礎付けが数学の世界で注目されたかどうか, 確信をもてない. この当時, プリンストン高等研究所は世界からスーパースターを集めた. アルバート・アインシュタイン, ヘルマン・ワイル, クルト・ゲーデル, オズワルド・ヴェブレン, そしてジョン・フォン・ノイマン. 中でもフォン・ノイマンは一番若かった. 非常に名前が売れていたはずである. ワイルが 1928 年に著した量子力学の教科書 [83] が難しくて不評だったことも災いして, 当時, 量子力学と非有界作用素の理論, 両方を理解できた数学者は, 残念ながら皆無 (フォン・ノイマンは除く) だったかもしれない.

　フォン・ノイマンはデルタ関数を避けて, ヒルベルト空間論と非有界作用素の理論を構築した. 一方, デルタ関数を数学的に正当化したローラン・シュワルツが 1950 年にフィールズ賞を受賞しているのは皮肉である.

　ノーベル賞はどうだろうか. ノーベル賞は 1901 年に第一回授賞式が行われた. 当時, 物理学賞, 化学賞, 生理学・医学賞, 文学賞, 平和賞の 5 部門で, 経済学賞は存在しなかった. 1968 年にスェーデン国立銀行から, ノーベル財団へ新たな部門の追加提案がされた. それが経済学賞である. しかも同行は賞金を自己負担すると申し出た. かくして, 1969 年から経済学賞がノーベル財団に認められた. '前年までに人類のために最大の貢献をした' 経済学者に授与されることになった. しかし, 実際は受賞理由に '将来の研究の発展の礎を築いた功績' が決り文句になっている. また, 女性の受賞者が 2020 年現在, 2009 年のエリノア・オストロム 1 人しかいない. 詳細に観察すると経済学賞と他の 5 部門の違いがみえてくる. 経済学賞の正式名称は 'アルフレッド・ノーベル記念経済学スェーデン国立銀行賞' という. ノーベル賞ではなく銀行賞なのである. 驚くべきことに, ノーベル財団も正式なメンバーも経済学賞に言及するときは 'ノーベル経済学賞' といわず '経済学賞' というのが一般的で, ノーベル財団の公式ウエッブサイトも 'ノーベル物理学賞', 'ノーベル化学賞' のようには紹介せず, '経済学賞' とのみ記されている. 記念講演に関しても 5 部門は 'ノーベル賞受賞記念講演' となっているが, 経済学賞は '記念講演' と呼ばれる. これらの微妙なニュアンスは報道等では無視されて 'ノーベル経済学賞' となっている. アルバート・アインシュタイン, マリー・キュリー, アーネスト・ヘミングウエイ, などのノーベル賞受賞者の名士にはすんなりと加入出来ないようである.

1994 年にジョン・ナッシュ, ラインハルト・ゼルテン, ジョン・ハーサニがはじめてゲーム理論でノーベル経済学賞を受賞している. ジョン・ナッシュは『Theory of Games and Economic Behavior』に巡り合いゲーム理論で博士論文を書いている. ジョン・ハーサニはフォン・ノイマンと同じギムナジウム出身のハンガリー人である. ナッシュの均衡理論を補強してノーベル経済学賞を受賞した [86, 405 ページ]. ハーサニもハンガリーの反ユダヤ政策に翻弄された人間の一人で, 巡り巡って最後はカリフォルニア大学バークレー校に所属した. そう考えると, フォン・ノイマンが, ゲーム理論でノーベル経済学賞を受賞できた可能性は高い. 1994 年は, フォン・ノイマンが存命であれば 91 歳であった. ちなみに, 2020 年までのノーベル賞受賞者最高齢は 2019 年化学賞のジョン・グッドイナフの 97 歳である. 日本の吉野彰, スタンリー・ウッティンガムと共同受賞している.

一方, 過去のノーベル賞受賞者をみると計算機科学でノーベル賞受賞は難しいだろう. 計算機科学のノーベル賞といわれるチューリング賞が 1966 年に創設されている. 1967 年の第 2 回受賞者はモーリス・ウィルクスで, フォン・ノイマンの『First Draft of a Report on the EDVAC』を読んで EDSAC を作ったことは既に述べた. フォン・ノイマンが存命であれば, 間違いなくチューリング賞は受賞できたであろう.

第2章

ハンガリー

1 ハンガリーという国

1.1 ハンガリーの国土

　フォン・ノイマンの故郷であるハンガリーについて国土とその歴史を簡単に振り返ってみよう．ハンガリーの正式名称はハンガリー語で Magyarország という．'ハンガリー'の語源として一般に認められているのは Onogur という語で十本の矢を意味する．古くはギリシア語で $O\gamma\gamma\alpha\rho\iota\alpha$ と表記されていた．

　2021 年現在，ハンガリーの国土面積は約 9 万 3 千km²で人口は約 970 万人，公用語はハンガリー語である．国土面積は日本のおおよそ 4 分の 1 で人口は 12 分の 1 にあたる．ハンガリーは高地が少なく，最高地点は海抜 1014m に過ぎない．そのせいか，33 歳のエドモンド・ヒラリーと 39 歳のテンジン・ノルゲイが 1953 年 5 月 29 日に初登頂した世界最高峰エベレスト（8848m）にハンガリー人が最初に到達したのは半世紀後の 2002 年のことである．

　国土はスロバキア，オーストリア，スロベニア，ウクライナ，クロアチア，ユーゴスラビア，ルーマニアの 7 カ国と接し，全長 2850km のヨーロッパで 2 番目に長いドナウ川が国の中央を南北に流れ，そ

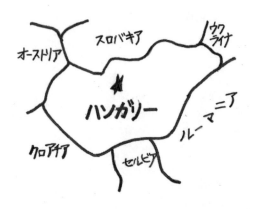

7 カ国に囲まれたハンガリー

　の川沿いにドナウの真珠こと人口 173 万人の首都ブダペストが栄
えている．ドナウはラテン語由来で，ローマ神話の河神の名である．
Danu はインド・ヨーロッパ祖語で川を意味する．黒海周辺にはド
ン川，ドニエプル川，ドネツ川，ドニエストル川など同様の単語から
派生したと見られる川の名が多数ある．
　ハンガリーを囲む国々をみてみよう．ユーゴスラビアは‘南のス
ラブ’の意であり，勿論スラブ人の国である．東欧革命以前のユー
ゴスラビア社会主義連邦共和国の構成国は，スロベニア，クロアチ
ア，ヴォイヴォディナ，ボスニア・ヘルツェゴビナ，モンテネグロ，
セルビア，コソボ，マケドニアであった．革命後の現在，セルビアと
モンテネグロがユーゴスラビア連邦共和国を形成している．スロバ
キアもまたスラブ人が多数を占める国で，東欧革命以前はチェコス
ロバキア を形成していた．スロバキア，スロベニア，クロアチアは
ローマカトリック教徒が多い．一方，ハンガリーと国境を接してい

るユーゴスラビアの構成国セルビアはギリシア正教徒が多数を占める. 1976 年のモントリオール・オリンピックを一世を風靡した白い妖精ナディア・コマネチの母国ルーマニアは‘ローマ人の土地’の意であり, マジャール人, トルコ人, ゲルマン人などが同化したルーマニア人が居住し, ギリシア正教徒が多数を占める. 最後にウクライナは, スラブ人種の一つウクライナ人で構成されている国家で半数以上が無宗派であるという.

　これほど多くの国々に囲まれ, 言語も宗教も民族も違うのだからハンガリーの歴史はさぞ複雑なことだろうと想像ができる. 筆者には接している其々の国柄などはピンとこないのだが, ハンガリー人には其々の土地柄, 言語, 文化, 様々なものが自然に心を過ぎることだろう. 対話をすることの重要さはこういう土地柄から生まれるてくるのだろうか.

　ブダペストではドナウ川の西側はブダと呼ばれ, 東側はペストと呼ばれている. ブダとペストは全長 380m のセーチェーニ鎖橋で結ばれている. 1830 年にドナウ蒸気船がウィーンとペストの間の運行を開始し, 3 日間で結んでいたにもかかわらず, ドナウ川にはペストとブダを結ぶ橋がかかっていなかった. そこで, セーチェーニ・イシュトヴァーンはイギリスから技術者を呼び吊橋型の橋を設計させて建設が始まった. 起工式は 1842 年 8 月 24 日で, 7 年の歳月をかけて 1849 年 11 月に完成した. それがセーチェーニ鎖橋である. 実は, セーチェーニは橋をかけただけでなく, ‘ブダペスト’という言葉を最初に使った人物でもある. セーチェーニ鎖橋は, 当時, 世界最長の吊橋だったが, この橋を最初に渡ったのは 1848 年の独立戦争でハンガリーが敗北したオーストリア人だった. セーチェーニ鎖橋は 1987 年にユネスコ遺産に登録されている. ブダは丘陵地で緑が広がり, ペストは商店, 官庁, 劇場が並ぶ賑やかな商業地である.

ブダペスト随一の繁華街バァーツイ通りは，このペストにある．

　筆者も一度ブダペストを訪れたことがある．ドナウ川，バァーツイ通り，セーチェーニ鎖橋は全てが大きく，歴史の重厚さを感じた．ハンガリー人の友人に勧めらて食べた，名物料理トゥルトゥット・パプリカやトゥルトゥット・カーポスタが懐かしい．滞在中に独立記念日3月15日（1848年の3月革命）に遭遇し大勢の市民が街中に繰り出していたことも印象的であった．

1.2 ハンガリー人物列伝

　ハンガリー出身の著名人は多い．作曲家にはバルトーク，コダーイやリストがいる．実は，スウェーデン放送交響楽団とユジャ・ワンのピアノ演奏によるバルトークのピアノ協奏曲第1番を聴きながら今，この原稿を執筆している．バルトークのピアノ協奏曲 第1番の初演は1927年7月1日にフランクフルトでバルトーク自身がピアノを弾いた．ノーベル賞受賞者は2020年現在で13人いる（物理3, 化学4, 医学生理学3, 文学1, 平和1, 経済1）．

P・エルデシュ

　　　　　エルデシュ数で有名な流浪の数学者ポール・エルデシュもハンガリー出身である．彼は生涯に1525編の論文を執筆し，多くが共著論文である．これは，数学者としてはオイラーに次いで多い論文数だそうだ．エルデシュ数を次のように定義する．エルデシュ本人は0, エルデシュと共著論文を書いた人は1, エルデシュと共著論文を書いた人と共著論文を書いた人は2. これを繰り返す．定義より，エルデシュ数0はエルデシュ本人のみ，エルデシュ数1は511人存在し，アインシュタインはエルデシュ数2, フォン・ノイマンはエルデシュ数3

である．エルデシュ数を持っている最古の数学者はデデキント（エルデシュ数7）とフロベニウス（エルデシュ数3）がいる．オイラーはエルデシュ数を持っていない．ちなみに筆者はエルデシュ数4である．エルデシュはフォン・ノイマンより10歳年少で，実は1938年にプリンストン高等研究所に彼を呼んだのは，当時，既にプリンストン高等研究所の教授であったフォン・ノイマンであった．しかし，奇行が目立ち1年で契約は取り消されている．また，1951年にエルデシュがコール賞を受賞したとき，コール賞を授与したのは当時のアメリカ数学会会長のフォン・ノイマンであった．エルデシュはフォン・ノイマンを「出会った中で最も優秀な人物」と生涯讃えた．

　宇宙飛行士も一人いる．ファルカシュ・ベルタランは1980年5月26日，ソユーズ36号でソ連人と共に，宇宙に7日20時間45分滞在し地球を124周した．実は，ハンガリー人実業家チャールズ・シモニーは2007年4月7日にソユーズTMA-10により宇宙へ向かい国際宇宙ステーションでの滞在後ソユーズTMA-9で4月21日に地球に戻った．さらに驚くべきことに2009年3月26日にソユーズTMA-14で再

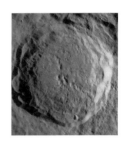

フォン・ノイマンクレーター

度宇宙へ向かい2度目の宇宙旅行を経験している．ただし旅費はシモニーの個人負担だったそうで，1回目が25億円で2回目が35億円だった．さて，月面にはフォン・ノイマン クレーターが存在する．直径78Kmのフォン・ノイマン クレーターは月の裏側に存在するので地球から眺めることはできない．

　スポーツはどうだろうか．オーストリア・ハンガリー帝国時代の1901年にサッカーハンガリー代表が誕生し，W杯には9回出場

している．1952 年のヘルシンキ・オリンピックでは見事金メダル
を獲得し，その後，ナショナルチームはマジック・マジャールと呼
ばれた．1954 年のワールドカップではハンガリーが優勝候補の筆
頭と目されたが，敢なく準優勝に終わる．1956 年のハンガリー動
乱で国内リーグが中止になり，その後サッカーは低迷しているよう
だ．1986 年を最後に W 杯には出場していない．また，ハンガリー
はフェンシングの強豪国であり 2020 年現在フェンシングだけで 35
個の金メダルをオリンピックで獲得している．日本の国技相撲は最
近海外勢が活躍しているがハンガリー出身の相撲取りも一人いる．
四股名を舛東欧（ますとうおう）という．柔道も最近人気スポーツ
だ．2017 年の柔道世界選手権はブダペストで開催された．

　筆者も堪能した，ハンガリー名物であるパプリカを使ったトゥル
トゥット・パプリカやキャベツの具詰め料理トゥルトゥット・カー
ポスタが美味である．ちなみに，パプリカからビタミン C を発見し
て，1937 年にノーベル化学賞を受賞したアルバート＝セント・ジェ
ルジはハンガリー人である．トカイワインは勿論全世界が認めるワ
インである．創業 1826 年のハンガリーの名窯ヘレンドのデビュー
は 1842 年の第一回ハンガリー産業博覧会だった．1864 年，由緒あ
るウィーン窯が閉窯したとき，最後のローマ皇帝フランツ・ヨーゼ
フの命でヘレンドにコーヒーカップ‘ウィーンの薔薇’が継承され
た．筆者もハンガリーで大枚をはたいて購入した．

　ハンガリーのこんな面白い情報もある．2010 年 8 月 4 日のロイ
ター通信の発表によると，世界中の 12500 人を対象に職場での服装
に関する意識の違いを調べた．その結果，スーツなどで仕事に行く
人の比率が最も高かったのはインドの 58% で最も低かったのはハ
ンガリーの 12% だった．最後にルービックキューブを発明したエ
ルノー・ルービックもハンガリー人である．

2　ハンガリー小史

2.1 古代ローマ帝国と神聖ローマ帝国

　フォン・ノイマンが生まれた時代背景を理解するためにはオーストリア・ハンガリー帝国について説明しなければならない．また，オーストリア・ハンガリー帝国を説明するためにはハプスブルク家と神聖ローマ帝国について説明する必要がある．そうすると，西ローマ帝国と東ローマ帝国，カトリック教会（Catholic Church）とギリシア正教会（Greek Orthodox Church）の話から始めることになる．以下西欧史の復習から始める．

　4 世紀以降ローマカトリック教はローマ帝国の国教としてローマ教皇を中心に地中海世界に広がった．395 年にローマ帝国は西ローマ帝国と東ローマ帝国に分裂した．そして，東ローマ帝国の国教となったのが現在のイスタンブールこと当時のコンスタンチノープルを中心としたギリシア正教である．

　ローマカトリック教会とギリシア正教会は西欧史の表舞台で徐々に対立するようになる．西ローマ帝国は 476 年にゲルマン民族の大移動によって滅亡したが，これからお話しするように 500 年の時を経て，神聖ローマ帝国として復活する．一方，東ローマ帝国はビザンツ帝国として 1453 年にオスマン帝国に侵入されるまで栄華を誇った．

　800 年 12 月 25 日，フランク王国国王のカール 1 世が，ローマ教皇レオ 3 世からサン・ピエトロ大聖堂で‘ローマ皇帝’の帝冠を授けられた．カール 1 世の戴冠によって，476 年に既に滅亡している西ローマ帝国の皇帝の称号が 325 年ぶりに復活した．これは，教皇権の優位の確認でもあり，東ローマ帝国への対抗措置でもあったのであろう．以降この先例は引き継がれていく．そして，ローマカト

リック教会とギリシア正教会との対立が強まることになる. 現在で
も, ハンガリーをとり囲む国々にはローマカトリック教を主とする
国とギリシア正教を主とする国が存在する.

　962 年 2 月 2 日, フランク王国から別れた東フランク王国のオッ
トー 1 世 (オットー大帝とも呼ばれる) が, ローマ皇帝の戴冠を受
け, ここに神聖ローマ帝国が誕生した. 少しややこしいが, ローマ王
とローマ皇帝の違いを説明する. 神聖ローマ帝国を代表して統治す
るのがローマ王で, さらにローマ王がイタリアへ赴きローマ教皇に
帝冠を授与されるとローマ皇帝と呼ばれた. 日本でいうと江戸幕府
の長である征夷大将軍を朝廷が任命しているようなものだろうか.
任命する方も, される方も権威付けされてお互いに安定した仕組み
が維持されるのだろう. さて, このローマ王は, イギリスやフランス
の世襲的な王家とは異なり, 神聖ローマ帝国の 7 名の選帝侯の投票
で決まった. 教会と教皇の守護者であるローマ皇帝は最高権威を教
皇と二分し, 皇帝の権威は教会を通じてヨーロッパ全体に及んでい
た. 神聖ローマ帝国史は 3 つの時期に区分される. (1) カール大帝
の戴冠から中世盛期に至るローマ帝国期 (800 年-961 年) (2) オッ
トー大帝の戴冠からシュタウフェン朝の断絶に至る帝国期 (962
年-1253 年) (3) 1254 年から 1806 年にいたる神聖ローマ帝国期.

2.2　ハンガリーとハプスブルク家

　ハンガリー の歴史をみてみよう. 神聖ローマ帝国が誕生した 10
世紀末に即位したマジャール人の君主イシュトヴァーン 1 世 (ドイ
ツ語読みで Stephan) は 1000 年 12 月 25 日にローマ教皇から戴冠
を受け, ハンガリー王国を建国した. 同時にキリスト教ローマカト
リックに改宗した. ちなみに, カール 1 世の戴冠が 800 年 12 月 25
日, イシュトヴァーン 1 世の戴冠は 1000 年 12 月 25 日. 区切りの

西暦を狙ったのだろうか. インターネットで調べてみたが, 900 年
12 月 25 日は大きな出来事がなかったようである.

イシュトヴァーン 1 世

ハンガリー王国は, 現在のユーゴスラビア辺
りまでを支配し大国に発展するが, 日本が元
寇の来襲を受ける 30 年ほど前の 1241 年 4 月
11 日, 同じようにモンゴル軍の襲来（モヒの戦
い）を受け大きな被害を受けた. しかし, ハン
ガリーにとっては幸運なことに, 翌 1242 年に
大ハーンであるオゴデイの死による遠征軍の
帰還命令を受け, モンゴル軍は, ハンガリーを
放棄し撤退した.

さて, どこの世界どこの時代にもあることだが, 神聖ローマ帝国
では, 1254 年から 7 人の選帝侯が私欲を追うのに夢中で互いに牽
制し合い, ローマ王を選出できずに空位が 20 年間続いた. これは
大空位時代として世界史の教科書に出てくる. そして, 先ほども話
題になった鎌倉時代の元寇襲来（1274 年 11 月 4 日）の頃, 1273 年
9 月 20 日に, 当時まだ弱小だったハプスブルク家のアルブレヒト 4
世に白羽の矢が当たりローマ王に選出されてルドルフ 1 世として世
に出た. ただし, ローマ皇帝になることはなかった. それから 150
年の間は, ローマ王とローマ皇帝の帝冠はハプスブルク家をいった
りきたりした.

14 世紀になると東方からオスマン帝国が興隆しバルカン半島に
進出してきた. この頃ハンガリーはキリスト教世界とイスラム教世
界の境界のような位置にいた. そして神聖ローマ皇帝でハンガリー
王のジキスムントは対抗したが 1396 年ニコポリスの戦いでオスマ
ン帝国に敗北した. さらに, オスマン帝国は 1453 年に東ローマ帝
国を滅ぼすことになるのだが, このときはまだ誰もそのことを知ら

ない.

1452 年にハプスブルク家のフリードリヒ 2 世がローマ皇帝につ
いてからは, その帝冠は 1918 年にハプスブルク家が滅ぶまで, 一貫
してハプスブルク家が維持することになる. 以降ハプスブルク家は,
20 世紀初頭まで, 中部ヨーロッパで強大な勢力を誇り, 以下の国々
の大公・国王・皇帝の家系となった. [1]

┌─ ハプスブルク家の支配した国 ─────────────
│
│ オーストリア大公国, スペイン王国, ナポリ王国, ボヘミア王
│ 国, トスカーナ大公国, ハンガリー王国, オーストリア帝国
│
└──────────────────────────────

例えば, 1492 年 10 月 12 日クリストファー・コロンブスが新大
陸に到達したときスペイン国王はフェルナンド 2 世, 王女はイサベ
ルだった. 現存する航海日誌 [90] にもフェルナンド 2 世とイサベル
への謝辞が述べられている. しかし, フェルナンド 2 世の死後, ス
ペイン王位はハプスブルク家のカルロス 1 世が継いだ. カルロス 1
世はさらに 1519 年には神聖ローマ皇帝に選出されたため, カール
5 世とも呼ばれる. この年, 1519 年 8 月 10 日にはポルトガル人の
フェルディナンド・マゼランが西回りで世界周航に出帆した. 確か
に, マゼランは航海日誌 [94] でカール 5 世に謝辞を述べている. 記
録によれば 5 隻の船に 270 人が乗り込み 100 トンの乾パンと一人
1 日 1 パイント (500ml 弱) で 2 年分のワインを積んでいたそうだ.

一方, 弟はフェルディナント 1 世として, 兄カルロスの在位中に
ローマ王, 退位後に神聖ローマ皇帝となり, ハプスブルク家の領土
のうちオーストリアを継承した. 16 世紀のスペイン・ハプスブルク

---

[1]君主 (支配者) の君主号によって, 王国 (王), 大公国 (大公), 公国 (公),
首長国 (首長=emirate), 帝国 (皇帝) などと呼ばれる.

家は新大陸に到達したことが契機となり大いに栄えた. ちなみに,
神聖ローマ帝国のマルチン・ルターがローマ教会に抗議して宗教改
革が始まったのが 1517 年である.

　日本では戦国時代の様相を呈してきた 16 世紀, ハンガリーはま
たもやオスマン帝国の脅威にさらされていた. 1526 年のモハーチ
の戦いでは 20 歳の若きハンガリー王のラヨシュ 2 世が戦死し大
敗を喫し, オスマン帝国軍が勝利した. この大敗は現在でもハンガ
リー人がよく口にする言葉らしい. 京都の応仁の乱のようなもの
か. その結果, ハンガリー領は 3 分割されてしまう. ハプスブルク
家が統治する王領ハンガリー, そのハプスブルク家と争った東ハン
ガリー王国, そしてオスマン帝国領ハンガリーである. 以降, ハンガ
リーは 150 年近くにわたり分割支配された.

　ガリレオやニュートンが科学革命を起こし, 日本では江戸城が開
城した 17 世紀に入ると, 神聖ローマ帝国で, 宗教戦争, 覇権争いが
続き, 1618 年から 1648 年の間に三十年戦争が起きる. 800 万人以
上の死者を出し, 人類史上最も破壊的な紛争の一つとなった.

　ハプスブルク家が支配するオーストリアと, オスマン帝国は三十
年戦争後に対立, ハンガリーとトランシルヴァニア (ルーマニ中部・
北西部) では紛争が絶えなかった. 1664 年にオスマン帝国がハンガ
リーへ侵攻してきたときはオーストリアがセントゴットハールドの
戦いでオスマン帝国軍に勝利した. しかし, ヴァシュヴァールの和
約で, (1) 20 年の休戦, (2) オスマン帝国傀儡のトランシルヴァニ
ア公アパフィ・ミハーイ 1 世の承認, (3) 毎年のオスマン帝国への
贈与金, などハプスブルク家に不利な内容で締結した. これがハン
ガリーとトランシルヴァニアの親ハプスブルク派貴族の反発を招い
た. 1683 年, オーストリア, ポーランド, ヴェネツィア, ロシアなど
の神聖同盟とオスマン帝国の戦争である大トルコ戦争が起きた. よ

うやく 1699 年に結ばれたカルロヴィッツ条約で, ハンガリーとトランシルヴァニアのほぼ全域がハプスブルク家のものとなり, オスマン帝国は急激に衰退していった.

　そのハプスブルク家では, 18 世紀に入り男系が絶え神聖ローマ帝国存亡の危機となった. そんなとき果断な女帝マリア・テレジアが現れた. プロイセンが侵入してきて戦争になったが, 当時の宮廷には頼りになる人材が存在せず, 1741 年, マリア・テレジアはハンガリー議会に赴き, 切々と救援を訴えた. 元々がハプスブルク家に反抗的だったハンガリーだが, このとき奇跡的な反応があったという. ハンガリー貴族の精鋭軍の支援を得ることに成功したのである.

　結局, プロイセンにシュレージエンはとられてしまったが, 単身乗り込んで, ハンガリー貴族を味方につけるなどマリア・テレジアは相当に魅力的な人間だったのだろう. ちなみにマリア・テレジアは 20 年間に 16 人の子供を出産している. その娘, マリー・アントワネットはライバルであるフランスのブルボン家に嫁ぎ, 1789 年のフランス革命で斬首されている.

　神聖ローマ帝国は 18 世紀後半からは一気に衰退し, フランス革命後ナポレオンに攻められ,

M・テレジア

1806 年 7 月には帝国 16 領邦がライン同盟を結成して帝国脱退を宣言した. 最後の皇帝フランツ 2 世は 1806 年 8 月 8 日に帝国の解散を宣言して, 神聖ローマ帝国は消滅した. この年はアメリカが建国 30 周年を迎えアメリカ大陸の探索はついに太平洋に到達していた. 日本では, この頃, 外国船が通商を求めて来航するようになったため, 1806 年に文化の薪水給与令を出し外国船に燃料を供給している. しかい, 1807 年, わずか 1 年で薪水給与令は撤回されている.

さて, ハンガリーだが, はその後もオーストリ帝国としてハプスブルク家に支配される.

2.3 ハンガリーの黄金期：オーストリア・ハンガリー帝国

F・ヨーゼフ帝

1848 年からヨーロッパ各地で革命が起きた. この革命を総称して諸国民の春という. ハンガリーにも 1848 年 3 月に独立戦争が勃発したが, その戦いはハプスブルク家に軍配が上がった. その 1848 年に最後のローマ皇帝になるフランツ・ヨーゼフ 1 世が帝位に就いた. しかし, 若き皇帝ヨーゼフは様々な難局に直面する.

1859 年のソルフェリーノの戦いで敗北して北イタリアのロンバルディアを失い, 1866 年のケーニヒグレーツの戦いでも大敗を喫し, ドイツ連邦から足場をとり払われた. 国内では, 多民族国家であることから諸民族が自治を求めて立ち上がり, 特にマジャール人を主とするハンガリーが最も強力に反政府運動を展開した.

1867 年, ついに, オーストリア・ハンガリー帝国 (Österreichisch-Ungarische Monarchie) という国名でハンガリーの独立が実現した. それでもハプスブルク家はオーストリア帝国とハンガリー王国で二重君主として君臨するが, 両国は外交などを除いて別々の政府を持っていたのである. 翌年, 1868 年 1 月 17 日, 約 9000 キロ離れた京都二条城・二の丸御殿では徳川 15 代将軍慶喜が大政奉還を行なっている. そんな騒々しい時代であった.

オーストリア・ハンガリー帝国が実現したのは, フランツ・ヨーゼフの皇后で類稀な美貌の持ち主, バイエルンの王女, シシィーという愛称で呼ばれるエリーザベトの存在が大きいといわれている.

エリーザベトはハンガリーを熱愛し続け，短期間でハンガリー語を
身につけるほどだった．

エリーザベト皇妃

　　　　　　エリーザベト皇后の美貌と生き様，悲劇的な
死は，世紀末の動乱とハプスブルク家の凋落，
そして第一次世界大戦に向かう混沌とした世
界情勢と相まって語られることが多い．バイエ
ルン王国での少女時代から，オーストリア皇帝
との婚約，宮廷の保守的な儀式や姑に対する反
逆，美貌へのあり得ない執着，数々の旅，そし
て 1898 年に暗殺されるまで，波乱に満ちたエ
リーザベト皇妃の生涯は人々の記憶から消え
ることはなく，ウィーンではシシィ博物館となって，様々な伝説と
史実が展示されているほどである．

　オーストリア・ハンガリー帝国に話を戻そう．オーストリア・ハ
ンガリー帝国の体制下では資本主義経済が発展し，オーストリアに
負けじとハンガリーのナショナリズムが大いに高揚し，経済・文化
でヨーロッパの中心の一つになった．この時期はまさにハンガリー
の黄金期であったといえよう．1867 年から，第一次世界大戦が始ま
る直前の 1913 年までの 47 年間，ブダペストはヨーロッパ随一の経
済発展を遂げた都市だった．この高揚とした時期にフォン・ノイマ
ンが生まれた．これはまさに日本の明治期の近代化と重なる．

　20 世紀を目前に控え，老帝となったヨーゼフ帝を様々な悲劇が襲
う．息子ルドルフ皇太子の自死（1889 年），そして愛妻エリーザベト
が 1898 年 9 月，旅行中のジュネーヴのレマン湖のほとりで暗殺さ
れる．息子を失い，甥のフランツ・フェルディナントが次の王位継
承者になる．ヨーゼフとは異なり，フェルディナントはオーストリ
ア・ハンガリー帝国はハンガリー人に対する卑屈な譲歩であるとし

て, マジャール人, チェコ人, ユダヤ人を排斥すべきだと主張した.

1908 年, オーストリアはボスニア・ヘルツェゴビナを併合した. ここにはセルビア人が多く, 南のセルビア王国への帰属を望む人々が多かった. またイスラム教徒も多く, 彼らはオスマン帝国への帰属を望んだ. 一方, カトリック教徒はオーストリアへの帰属を望んでいた. このように, 民族だけでなく宗教的にも複雑な地域を無理やり併合したオーストリアへの反感があった. バルカン半島は汎ゲルマン主義と大セルビア主義, それに加えて汎スラヴ主義が対立しヨーロッパの火薬庫の様相を深めていった. その対立が最も険悪な状況下にあった, ボスニア・ヘルツェゴビナの首都サラエボに陸上演習を参観に出かけたフェルディナントはその地で暗殺されてしまう. そして, このサラエボ事件の銃声が端緒となり 1914 年から第一次世界大戦が始まった.

第一次世界大戦が終結した 1918 年, ハプスブルク家が 650 年の歴史に幕を下ろし, それに伴ってオーストリア・ハンガリー帝国も瓦解し, ハンガリー王国として真の独立を果たした. ハプスブルク家の人物をハンガリー王として戴くことは, 国内にも反発が強く, ハプスブルク帝国の復活を怖れる周辺国の反発を招いた. このため, 国王が不在のまま王国という異常な形態をとり, 摂政が統治するという政体となった. それがホルティー政権である. まさに, この時期, フォン・ノイマンはギムナジウムで数学的な才能を発揮し, 周辺を驚かせ, 大学に進学し, 集合論の公理化や量子力学の数学的基礎付けに出会う頃だった.

[102] に従って詳しく解説すると次のようになる. ハンガリーでは 1918 年, カーロイ・ミハイによってハンガリー第一共和国が誕生した. 一方, ロシア軍の捕虜となっていたクン・ベラがハンガリーに帰国して 1 週間後の 1918 年 11 月 24 日にハンガリー共産党が

結成された. 1919 年 2 月 20 日, 共産党の活動は連合国との交渉で不利になるとして, 人民共和国政府は主な共産党幹部を逮捕してしまった. しかし, 直後に, 労働者階級の団結を求める声に圧されて社会民主党幹部が獄中のクンと交渉を開始する. そんなとき, 3 月 19 日に, 連合国軍から東部地域からの撤兵要求が出され, 大統領カーロイは, 責任を回避して 3 月 20 日に短命で辞職した. その結果, 社会民主党と共産党は合併しハンガリー社会党を結成し, 獄中のクンを連れ出し,「労働者, 農民, 兵士がプロレタリア独裁を実行する」と新党声明文を発表した. ドラマのような物語である. 当時の市民は歓喜したという. 革命統治評議会を結成し, ハンガリーは評議会共和国になる. ハンガリー社会党の結党時の党員数が 80 万人で最終的には 150 万人に達した. 1918 年末に休戦ライン内に残っていたハンガリー人は 800 万人だったので, 人口の 20% が党員だったということになる. 驚異的な大衆政党であった.

　しかし, 長くは続かなかった. この国内紛争は, ハンガリーとその近隣諸国との間にも軍事紛争をもたらした. 結果, ハンガリーはルーマニア王国に占領され, ブダペストはクンがウィーンに逃げる 3 日前の 8 月 4 日に陥落した. 僅か 4 ヶ月半の社会主義政権だった.

　1920 年 3 月にルーマニア軍はハンガリーから大量の貨物を押収した後に撤退し, 撤兵後に誕生したのが反ユダヤ政策を掲げるホルティー政権である. 1918 年から 1920 年にかけてのこの政変をハンガリー革命という. 黄金期に育ったハンガリーのユダヤ系の秀才たちは国を追われることになる.

2.4 共産主義の時代から東欧革命へ

　ハンガリーは第二次世界大戦で敗戦国となり, ブダペストは焦土と化した. そして, ハイパーインフレーションを経験し 1949 年の

選挙後, ハンガリー人民共和国憲法を採択し社会主義体制の道を歩みだした. ハンガリー勤労者党による一党独裁国家としてソ連の衛星国となったが共産主義体制に対する反発も根強く 1956 年にはハンガリー動乱が起こっている. 東側の社会主義国がソ連型社会主義の一党独裁政権に対して民主化を要求して立ち上がった事例は, この他に 1953 年のベルリン暴動や 1968 年のプラハの春などが存在するが, その度に出動したソ連軍によって運動は鎮圧されてきた.

　一方で西側も東側共産圏と冷戦状態の中で, 1961 年のベルリン危機, 1962 年にはキューバ危機で一触即発状態に陥った. この状況で月面着陸の先陣争いも熾烈だった. 地球の重力圏を脱出した人類は 2020 年現在で 27 人しかいない. 全員アメリカ人である. 一番最初に脱出したのはアポロ 8 号で, ぶっつけ本番のようにして 1968 年 12 月 21 日に地球の重力圏を抜けてクリスマスの 12 月 24 日に月の周回軌道に入った. 10 月にアポロ 7 号が初めて有人で地球の周りを回ってから, わずか 2 ヶ月後である. このとき, まだ月面着陸船は完成していなかった. 船長はフランク・ボーマン, 司令船操縦士はジム・ラヴェル, 着陸船操縦士はウィリアム・アンダースだった. 全員軍人で, フランク・ボーマンは「軍人としてソ連より早く月に到達することが最高の喜び」と語っている [13]. 月面到達をこのような文脈で捉えることは, 筆者も含めて冷戦の外にいる人々には信じられないことではないだろうか.

　1978 年にポーランド出身のヨハネ・パウロ 2 世がローマ教皇に就任した. 共産主義政権側の人々でさえも尊敬するヨハネ・パウロ 2 世の存在は, 民主化運動に弾みをつけたといわれている. ローマ教皇はローマ皇帝の帝冠を与え続けてきたところである. この帝冠を巡って歴史が動いてきたヨーロッパで, またもローマ教皇がキーになる所に西洋文明の面白さを感じる.

　1986 年 4 月にソ連で起きたチェルノブイリ原子力発電所事故によりソ連国内が急激に衰退し始めた．その結果 1980 年代後半からソ連によって進められたペレストロイカ（再構築）とグラスノスチ（情報公開）による政治改革は東欧革命につながり，そこでハンガリーは非常に大きな役割を果たすことになる．

　1989 年 5 月 2 日，ハンガリーはオーストリア国境に設けられていた鉄のカーテンを撤去し，国境を開放した．その結果，西ドイツへの亡命を求める東ドイツ市民がハンガリーに殺到し，冷戦を終結させる大きな引き金となった．終焉は一気に訪れた．1989 年 11 月 9 日午後 10 時 45 分にベルリンの壁が崩壊したニュースは瞬く間に世界を駆け巡った．この年，チェコ・スロバキアのビロード革命，ポーランドの非共産党国家の成立，ルーマニアのチャウセスク政権の崩壊というドミノ倒しのような東欧革命に巻き込まれ，ついに，ハンガリーでも社会主義体制が崩壊した．

　筆者は，この当時，連日報道される東欧革命のニュースによって，東ドイツ市民がハンガリー経由で西側に流れ出したこと，そしてチュウセスク書記長の処刑などを，昨日のように鮮明に記憶している．それくらいセンセーショナルな出来事であった．

　1999 年に北大西洋条約機構（NATO）に，そして 2004 年にはヨーロッパ連合（EU）に加盟し，西側ヨーロッパ社会への復帰を果たした．2018 年の統計で 1 人当たり名目 GDP（IMF 統計）は 16484US ドルで 54 位/192 ヵ国．ブダペストの人口は 173 万人，平均寿命は 75.82 歳である．

第3章

フォン・ノイマンの生涯

1 人間フォン・ノイマン

　人類の歴史を振り返れば，気の遠くなるくらい長い石器時代に人類は100万年以上石をたたき続けた．漸く5000年前に世界各地に文明が勃発し，400年前にはヨーロッパで科学革命が起き，250年前にはイギリスで産業革命が起きた．その後，世界が急激に進歩し，20世紀に入りさらに加速する．中世の100年間で街並みはなんら変わらず，街中で聞こえる音も家畜の鳴き声だけだったといわれている．しかし，2021年現在，昨年のスマホが最新版でないのは常識で，年齢性別人種に無関係にどんな人間でもいつでもネットでなんでも検索できる時代になった．日本からヨーロッパへは11時間以内で行けるし，近所の小さなスーパーで，アメリカ産のオレンジも，チリ産のサーモンも，イタリア産のモツァレラチーズも，北海道産のジャガイモもなんでも手に入る．

　フォン・ノイマンは人類の進歩を促す大きな揺動力の中の特異点のような存在であった．20世紀，量子力学の発見や戦争の勃発などの人類史上の大きな出来事がフォン・ノイマンに触れると一瞬で未来の社会を照らす何かを生み出す．科学文明の開花と戦争によって

世界が複雑で混沌とした 20 世紀初頭, 多くの人間と国家が彼を必要とした.

　果たしてフォン・ノイマンの人物像とはどのようなものだったのか. 現在, 残っている資料をみる限り, フォン・ノイマンは強引強欲で声の大きいリーダーではなかった. 反対に, 相手に面と向かって論破することが苦手で, 何より, 人間同士の輪を壊すことが好きではなかった. 運動も音楽も苦手. いつも正装で笑顔を絶やさず小太り, そして抜群の記憶力と語学力. 事実だけを羅列すれば優しくて優秀で人畜無害な青二才を想像してしまう. しかし, 第二次世界大戦で, アメリカのマンハッタン計画の中枢にいたときは, 原爆をどこで破裂させると最大の威力を発揮できるのかを理論的に導き出し, どこの都市に投下するか, その選定にも携わった. 人道的な見地から原爆の開発と投下を否定するようなメッセージが発せられた形跡はない. さらに水爆開発の推進派でさえあった. 科学の危うさ, 人間の危うさを体現しているのもフォン・ノイマンである.

2　ブダペスト時代 (1903-1926)

2.1　ブダペストとチューリッヒ

　時間のネジを戻して, フォン・ノイマンが誕生する時代, つまりオーストリア・ハンガリー帝国時代に戻ろう. 1890 年代, 実力のあるユダヤ人が能力に見合う収入と地位を得たのは, 世界でオーストリア・ハンガリー帝国時代のブダペストとニューヨークだけだったといわれている. ちなみに 1900 年, ハンガリーのユダヤ人人口は当時全体の 24% であった.

　当時のハンガリーの発展ぶりを数値でみてみよう. ハンガリーの鉄道は 1825 年のイギリスの鉄道開業から 22 年後の 1847 年に開

業している. ハンガリーの鉄道貨物輸送は 1866 年の 300 万トンが 1894 年には 2 億 7500 万トンに急増し, 鉄道の乗客数は 17 倍に増えた. 小麦の生産量も 1870 年から 1900 年の間に 2 倍以上になり, 輸出は 3 倍に増えた. 1880 年代, ハンガリーは世界一の小麦輸出国になり, 1890 年代のブダペストの製粉業は世界一であった. 1873 年にブダとペストが統合されて首都ブダペストが誕生し, その年のブダペストの人口は約 29 万 7000 人でヨーロッパ第 17 位, それが 1910 年には約 88 万人で第 6 位になっている. さらに, ブダペストの工場労働者は 1896 年の 6 万 3000 人が 1910 年には 17 万 7000 人に膨れ上がった. 世界初の地下鉄は 1863 年 1 月 10 日に開通したロンドンの地下鉄であることはよく知られているが, その燃料は石炭であった. 実は世界初の電気式地下鉄は, 1894 年にドイツのシーメンス・ウント・ハルスケ社により建設が開始され 1896 年 5 月 2 日にブダペストのアンドラーシ通りの地下に完成した. 現在ブダペストの地下鉄は世界遺産に登録されている. ちなみに日本の地下鉄開業は, イギリスに遅れること 55 年の 1918 年である.

　当時のブダペストの有名ギムナジウムの卒業生で名を成した学者の大半はユダヤ人だったという. この時代ハンガリーから多くの天才が現れた. 生物物理学者で内耳の仕組みを研究したゲオルク＝フォン・ベーケーシ, 生理学者でビタミン C を発見したアルバート＝セント・ジェルジ, ホログラフィーを発明したデニス・ガボール, 航空機開発のテオドール＝フォン・カルマン, 化学反応速度論のマイケル・ポラーニ, フォン・ノイマンの一生涯に色濃く関わってくる 3 人の核物理学者レオ・シラード, ユージン・ウィグナー, エドワード・テラー, そして, 天然元素としては最後から 3 番目の発見となった元素番号 72 のハフニウムをみつけたゲオルク＝ド・ヘヴェシーなどである. ハフニウムは, 当時未完成だった量子力学か

ら存在と性質が予想されていた元素で, 1922 年, 量子力学創始者の一人ニールス・ボーアのノーベル物理学賞授賞式の直前に発見された. その発見の報は電報でストックホルムに伝えられ, 受賞講演の最後にボーアによって報告されるというドラマがあった. ちなみにハフニウムはコペンハーゲンのラテン語名 Hafnia が由来である.

　このような時代背景の中, フォン・ノイマンは, オーストリア・ハンガリー帝国のブダペストで生まれた. 1903 年の世界と日本の様子をみてみよう. 6 月に アメリカでフォードモーターが設立され, 7 月に第 1 回大会ツール・ド・フランスが開催されている. また, 10 月にメジャーリーグの第一回ワールドシリーズが開催されボストン・レッドソックスが優勝し, 11 月にはパナマ共和国がコロンビアから独立した. 日本はどうだろうか. 1903 年は明治 36 年にあたる. 1 月に大谷光瑞率いる大谷探検隊がインドで釈迦の住んだ霊鷲山を発見し, 夏目漱石がイギリス留学から帰国している. 5 月には数学者高木貞治が, 論文『有理虚数体におけるアーベル数体について』を発表している. 10 月には小村寿太郎らによって日露交渉が開始され, 11 月に第 1 回早慶戦が開催された. しかし, アインシュタインの特殊相対性理論 (1905) もボーアの原子模型 (1913) もまだ発表されていなかった. さらに, 驚くべきことに, 真空管 (1904 年発明) も存在しなかった.

　フォン・ノイマン誕生の 11 日前の 1903 年 12 月 17 日, ライト兄弟が, キティーホークでライトフライヤー号を使って 4 回の飛行実験を行い, オービル・ライトが 12 秒で 37m の飛行を行い, ウィルバー・ライトは 59 秒で 260m の飛行を行っている. ちなみに, チャールズ・リンドバーグが史上初めてニューヨーク-パリ間を 33 時間 30 分かけて単独無着陸飛行したのは 1927 年 5 月 20 日である.

　既に説明したが, 1913 年にマックス・ノイマンに貴族の称号が与

えられた．裕福な家庭で育ったフォン・ノイマンは家庭教師にも恵
まれた．弟ニコラスの著した『John von Neumann as seen by his
brother』 によれば，ノイマン家の昼食と夕食は，話題に事欠かな
かった．世界史について，詩について，反ユダヤ政策について，科学
について，たまには父親の勤める銀行の融資の話まで幼い息子たち
を囲んで話をしていたという．

　フォン・ノイマンの記憶力と語学力は並外れていたことも確か
だ．母国語のハンガリー語の他に英語，フランス語，ドイツ語，イ
タリア語，ラテン語，ギリシャ語も堪能だった．逸話によれば6歳
から昼食の時に父親とギリシア語でおしゃべりしていたと，いろい
ろな資料に書いてあるが真実はわからない．英語力はすばらしいも
のだった．ただ，th と r の発音が苦手だった．また，インテジャー
（integer）のジャーをガーと発音した．これはフォン・ノイマンの
トレードマークになった [93, 38 ページ]．

　父親のマックスが知人からウイルヘルム・オンケンの『世界史』
全44巻を譲り受けた．弟のマイケルによると，兄フォン・ノイマン
は『世界史』を隅から隅まで読んだという．何十年か後，ある章ま
るまるそらんじて友人を驚かせたという逸話も残っている．また，
ハーマン・ゴルドスタインは，その著書『Computer from Pascal
to von Neumann』の中で，次のような誇張とも受け取れる逸話を
紹介している．「私の知る限りでは，フォン・ノイマンは本や記事
を一度読めば一言一句違わず引用することができた．それだけでな
く，何年後でも瞬時にそれをすることができた．また，少しも速度
を落とすことなくそれをもとの言語から英語に言い換えることがで
きた．あるときフォン・ノイマンの能力を試してみようとチャール
ズ・ディケンズの佳作『Tale of two cities』（二都物語）の冒頭部
分をいってみてくれと頼んだら，一瞬もためらうことなく，即座に

第一章を暗唱し始め, もういいというまで 10 分から 15 分暗唱し続けた」. 二都物語の時代背景はフランス革命前後で内容は現在でいうと心理サスペンス系の歴史小説である. 出版は 1859 年. フォン・ノイマンはギボンの『ローマ帝国衰亡史』やケンブリッジから出ている『古代史』や『中世史』のセットに至るまで有名な百科事典形式の歴史書を何年もかけて読み尽くした.

　フォン・ノイマンは暗記力だけでなく, 計算力もずば抜けて早かった. ユージン・ウィグナーは, アメリカ数学会が 1966 年に制作したフォン・ノイマン のドキュメンタリーフィルムで次のような逸話を紹介している. マックス・ボルンがあるパーティーでフォン・ノイマンに次のような問題を出した.

> ― チョウと自転車の問題 ―
>
> 2 台の自転車 A, B が 20 マイル離れて向かい合っている. 夫々が時速 10 マイルで同時に走り出す. A からは同時に時速 15 マイルで同じ向きにチョウが進む. チョウは B に当たれば, 向きを変えて A に向かって時速 15 マイルで進む. さらに, A に当たればまた向きを変えて進む. これを繰り返して, A, B の自転車がちょうど衝突するまでにチョウは何マイル飛ぶのか?

　出題通りに考えると無限級数和を計算をすることになってややこしいことは想像できるが, 賢い人は次のように考えるだろう. A, B が衝突するまでに 1 時間かかるのだから, チョウの飛行時間も 1 時間である. よって飛行距離は 15 マイルと答えるだろう. チョウが何度向きを変えたかは飛距離の計算とは無関係なことに気付くのがポイントである.

χと自転車の問題

自転車 A ————→ 20 マイル ←———— 自転車 B
　　　　10 マイル/時　　　　　　　　10 マイル/時

15 マイル/時

　フィルムではすずめになっているが，ここではチョウで説明する．
ボルンも，フォン・ノイマンは超賢いので，一瞬でそのように解答
すると思った．そして，ボルンの予想通りフォン・ノイマンは一瞬
で解答したのだが，フォン・ノイマンの返答は「無限級数を計算す
ればすぐにできるよ」だった．ウィグナーはここで爆笑する．つま
り，フォン・ノイマンはパーティーの席で突然尋ねられて一瞬で次
のように考えたと思われる．

　20 マイルを 3：2 の比に分けて，チョウは出発して 12 マイル飛
んで，8 マイル動いた B にぶつかる．そのとき A も 8 マイル動いて
いるから A, B の距離は 4 マイル．4 マイルを 3：2 の比に分けて，
チョウは 12/5 マイル飛んで，チョウが向きを変えた直後から 8/5
マイル動いた A にぶつかる．そのときの A, B の距離は 4/5 マイ
ル．4/5 マイルを 3：2 の比に分けて，チョウは 12/25 マイル飛ん
で，チョウが向きを変えた直後から 8/25 マイル動いた B に再びぶ
つかる．これを繰り返すとチョウの飛んだ距離は

$$\sum_{n=1}^{\infty} \frac{3}{5^n} \times 20 = \frac{1/5}{1-1/5} \times 60 = 15$$

になる．ちなみのこの計算は著者が一瞬ではなく，紙にいろいろ書
いて，何度か間違えて考えたもので，フォン・ノイマンがどのよう
な無限級数の計算をしたのかまでは伝わっていない．

　フォン・ノイマンは暗算の能力も優れ 8 桁の計算ができた．IBM

のカスバート・ハードはコンピュータープログラムを頭の中で作成
したり修正したりするフォン・ノイマンの超人的能力について絶賛
している.

　1890 年以降のハンガリーはオーストリア・ハンガリー帝国とい
う二重帝国の中, オーストリアに負けじと教育改革に熱心になり,
1890-1930 年のハンガリーのギムナジウムは本物のエリートを生み
出すという意味で古今東西のギムナジウムで一番の実績を挙げてい
た. 当時のブダペストには 3 つのギムナジウムがあった. 評判は
ミンタ校が格上, その下がルーテル校, そして 3 番目がレアール校
だった.

M・フェケテ

　　　　　フォン・ノイマンは父の勧めでラテン語とギ
リシア語をみっちり学べるルーテル校（Fasori
Evangelikus Gimnázium in Budapest）に進
学し, 1914 年から 1921 年まで通った. ギムナ
ジウムの在籍者の宗派をみるとハンガリーの
この時代の背景がわかって興味深い. フォン・
ノイマンが 1921 年に卒業したときのギムナジ
ウムの在籍者が 653 名だった. ルーテル派が
198 名, プロテスタント他派が 54 名, ローマカ
トリック派が 61 名, そしてフォン・ノイマン
と同じユダヤ人が 340 名もいた. 授業料も宗派ごとに異なり, ユダ
ヤ人が最も高額な授業料を払っていた.

　フォン・ノイマンはギムナジウムで数学の才能を見出され, 直交
多項式で有名なセゲー・ガーボルが家庭教師につき, その後, エル
デシュの先生でもあるミハエル・フェケテ, 位相群上のハール測度
で有名なアルフレッド・ハール, リポート・フェイエール, リース・
フリジェシュも彼を教えている. セゲーはフォン・ノイマンの数学

ミンタ校	テラー, カルドア
ルーテル校	フォン・ノイマン, ウィグナー, フェルナー
レアール校	シラード

ブダペストのギムナジウムの同級生

的な才能に瞬時に気が付き涙したと語っている．フォン・ノイマンは 17 歳で最小多項式の零点に関する論文 [27] をフェケテと共著で書いている．フォン・ノイマンは位相群に関するヒルベルトの第 5 問題についても大きな貢献をするが, ハールの位相群上の測度論が大きなアイデアになっている．また, リースによる関数空間への完備な距離の導入は, フォン・ノイマンが構築する抽象ヒルベルト空間論の根幹をなす．このようにみていくと, 10 代の若きフォン・ノイマンは秀才たちに囲まれ, 期待され, 当時の最先端の知識を瞬く間に吸収し, 20 代で 100 倍にして吐き出したことがわかる．

　1918 年, 第一次世界大戦敗戦後, ハプスブルク家は崩壊し, ハンガリーに国王なき王国の摂政としてホルティー政権が誕生した．結果的に 1944 年までホルティー政権は反ユダヤ政策をもたらすことになる．そのため, ハンガリーはユダヤ人には大変住みづらい環境になった．

　この頃の同世代の優秀なユダヤ人に, レアール校のレオ・シラード, ルーテル校で一年先輩のユージン・ウィグナー, 一年後輩のウイリアム・ジョン・フェルナー, ミンタ校のエドワード・テラー, ニコラス・カルドアがいる．全員, ホルティー政権の反ユダヤ政策を逃れるためにアメリカに渡った．その中の一人フェルナーは Eidgenössische Technische Hochschule Zürich（ETH, チューリッヒ連邦工科大学）をフォン・ノイマンと一緒に過ごし, エール大学

経済学部教授になり，後にジェラルド・フォード第38代アメリカ大統領の経済顧問や1969年のアメリカ経済学会の会長にもなっている．

A・ハール

テラー，ウイグナー，シラードは，いずれもアメリカの核爆弾開発計画であるマンハッタン計画に関わっている．テラーは水爆の父と呼ばれ，シラードはアインシュタインを通じて第二次世界大戦中に第32代アメリカ大統領フランシス・ルーズベルトへ原爆開発の進言をした人物として知られている．その書簡がアインシュタインのサイン付きで残っていて，アインシュタインは生涯これを悔やんだ．ちなみに，シラードはベルリン大学でアインシュタインの学生であった．ウィグナーもこの進言に携わっていた．彼は1963年に原子核および素粒子に関する理論，特に対称性の基本原理の発見とその応用でノーベル物理学賞を受賞している．フェルナーとウィグナーはいろいろな場面でフォン・ノイマンの学生時代の様子を畏敬の念をもって発言していて，それは異口同音に「フォン・ノイマンは他の人とは違っていた」というものである．

ギムナジウムのフォン・ノイマン

話をギムナジウムに戻そう．ギムナジウムでは数学と物理の全国競争試験がありエトベシュ数学賞・物理学賞と呼ばれた．1919-21年はハンガリー革命のために実施されなかったが，フォン・ノイマンは1918年（まだ14歳！）に非公式参加が認められ，見事1等賞を受賞している．1928年までの1等賞受賞者はL・フェイエール，Th・フォン・カールマン，D・クーニック，A・ハール，

M・リース，G・セゲー，E・テラーである．一方，L・シラードは2等賞だった．後世に名を残した偉人ばかりである．

　フォン・ノイマンはギムナジウムを首席での卒業だったが，教科ごとの成績では習字・体育・音楽がいつも落第すれすれだった．ハンガリーのお家芸であるフェンシングも習う機会があったようだがダメだった．ギムナジウム卒業後，フォン・ノイマンは父親の勧めもありベルリン大学の応用化学に進み，その後，ETHの2年生に編入予定だった．同時にブダペスト大学大学院の数学科にも応募が認められている．いきなり数学で大学院というのも凄いが，同時

E・ウィグナー

に応用化学を勉強するところにも非凡さが現れている．ベルリンではETH受験のための化学の勉強もしたようだが，本腰を入れたのはやはり純粋数学だった．特に，形式主義のヒルベルトと直観主義のブラウワーの間で論争になっていた集合論に的を絞って研究を開始した．1921-23年にかけてベルリン，チューリッヒ，ブダペストの落ち着かない生活をしていたが，1923年9月にETHの応用化学の2年生の編入試験を受け合格．ETHにはブラウワー派のヘルマン・ワイルやジョージ・ポーヤがいた．講義の代講をしたり彼らとも親交を深めている．1926年にブダペスト大学大学院で最高ランクで公理的集合論に関する業績で数学の博士号を取得し，同時にETHで応用化学の学士号も取得している．フォン・ノイマンが学位論文で完成させた集合論の公理系は現在，ノイマン・ベルナイス・ゲーデルの公理系（NBG公理系）と呼ばれている．これはヒルベルトの23の問題の第2問題に相当する．弱冠22歳であった．

2.2 素朴集合論から公理的集合論へ

　ユークリッド以来 2000 年以上が経過し, 代数学や幾何学は新しいレベルに到達し, 20 世紀の数学に踏み込もうとしていた.

　カントール以来の集合論にも疑問が投げかけられた. 素朴集合論 (naive set theory) におけるバートランド・ラッセルによるラッセルのパラドックスでは自分自身を含まない集合を考える. 例えば, 全ての物を含む集合 X というものを考えると, それは自分自身も含むべきなので $X \in X$ となる. そのような自分自身を含む集合を F と呼ぶことにする. $X \notin X$ であるような集合を T と呼ぶ. T な集合 X を全て集めたものを A とする. 少しややこしいが次を考えてみよう.

A が T のとき　A の定義より $A \in A$. しかし, これは, A が F であることを表しているので矛盾.

A が F のとき　$A \in A$ だから A は F である集合 A を含むことになり A の定義に矛盾.

以上で次が分かるだろう.

┌─ ラッセルのパラドックス ──────────

　自分自身を元として含まない集合全体の集合の存在は矛盾を導く.

└────────────────────────

　選択公理で有名なエルンスト・ツェルメロとアドルフ・フレンケルは, 集合を単なるものの集まりとすることを考え直した. ツェルメロ・フレンケルの選択集合論では, 集合を公理化し, ラッセルが考えたものの集まりは '集合' にならないことを暗に示した. NBG 公理系では '類' という集合より大きな集まりを考える. 集合は類であり, 集合ではない類を真の類 (proper class) という. 例えば,

自分自身を元として含まない集合全体の集合は素朴集合論では存在せず，これは真の類であることを NBG 公理系で示すことが出来る.

フォン・ノイマンは 1923 年に人生で 2 編目となる論文 [51] を書いている. この論文はギムナジウム時代から準備されていたものであったと [50, 44 ページ] に報告されている. 内容は超限数（tranfiniten Ordungszahlen）の特徴づけに関するものである. 超限数とは無限の順序数のことである.

自然数は物の個数を表すとき，ひとつ，ふたつ，みっつ，のように使われる. このとき自然数は基数と呼ばれる. 一方，順番を表すときは第 1，第 2，第 3，と使われる. このとき自然数は序数と呼ばれる. 序数を拡張したものが順序数である. 以下で，詳しく説明しよう.

順序 $\prec$ の定義された集合 A を順序集合といい $(A, \prec)$ と表す. 順序が分かりきっているときは A と簡単に表す. 2 つの順序集合 $(A, \prec)$ と $(A', \prec')$ に対して，単射 $\phi: A \to A'$ が存在して，以下のように順序を不変にしているとする.

$$a \prec a' \to \phi(a) \prec' \phi(a')$$

このとき $(A, \prec)$ と $(A', \prec')$ は同型であるといい，同じとみなす. $(A, \prec)$ を代表元とする同値類を $\langle (A, \prec) \rangle$ と表し，順序型と呼ぶ. $A_n = \{1, \ldots, n\}$ に，順序関係 $<$ を導入して順序集合を定義する. 実は元の個数が n の順序集合は $(A_n, <)$ と同型になる. よって $n = \langle (A_n, <) \rangle$ と表す. n は自然数のようにみえるが，ここでは，同値類のことである. これを順序型 n と呼ぶ. $\langle (\mathbb{N}, <) \rangle = \omega$ と表す.

> **整列集合の定義**
>
> 順序集合 $(A, \prec)$ が, A の空でない任意の部分集合が最小の元をもつとき, 整列集合という.

例えば, 自然数 $\mathbb{N}$, $\{1, 2, \ldots, n\}$ は整列集合である. 実際, 任意の部分集合に最小値が存在する. 一方, 整数 $\mathbb{Z}$, 有理数 $\mathbb{Q}$, 実数 $\mathbb{R}$ はいうまでもなく整列集合ではない.

> **順序数の定義**
>
> 整列集合の順序型を順序数と呼ぶ.

ここで, 順序数といっているが, 数ではなく順序型のことである. ただし, 上の約束を使えば, $\langle (A_n, <) \rangle$ の順序数は n といういい方になるから, 序数の拡張になっていることが分かるだろう. 勿論 $\langle \mathbb{N} \rangle$ の順序数は ω である. ちなみに $\mathbb{Z}$ は整列集合でないので $\langle \mathbb{Z} \rangle$ は順序数ではない.

実は, 順序数の集合には順序関係と和と積の演算が定義できる. それをみよう. 順序数 $\langle A \rangle = \alpha$ と $\langle B \rangle = \beta$ に順序を定義したい. 次のようにする. $a \in A$ に対して $A(a) = \{x \in A \mid x \prec a\}$ とする. つまり a より小さい元全体の集合のことで, これを A の切片という. このとき次の3つの場合のうちの一つ, しかも, ただ一つだけが成立する.

(1) A と B は同型.
(2) A は B のある切片と同型.
(3) B は A のある切片と同型.

そこで A は B のある切片と同型となるとき $\alpha < \beta$ と表すと約束する. このように定義すると, 任意の順序数 α, β に対して $\alpha = \beta$,

$\alpha < \beta$, $\alpha > \beta$ のうち一つ，しかも，ただ一つだけ成立すること
が示せる．さらに，$\alpha < \beta, \beta < \gamma \implies \alpha < \gamma$ も示せる．よって，
$<$ は順序関係である．順序数 α より小さな順序数全体を $W(\alpha)$
と表す．これは上で定義した順序で順序集合である．例を示そう．
$W(n) = \{1, 2, \ldots, n\}$ となる．ここで，再度注意する．n は順序数
であって自然数ではない．右辺の $1, 2, \ldots,$ も同様に順序数で，〈整
列集合〉と表されるものである．

〈A〉$= \alpha$ として写像 $\phi : A \to M(\alpha)$ を $\phi(a) = \langle A(a) \rangle$ で定義す
ると，この写像は A と $M(\alpha)$ の間の同型写像になる．特に $M(\alpha)$
は整列集合で，その順序数が α になることがわかる．さらに，この
ことから，X を順序数を元とする集合とすれば整列集合になること
が分かる．なぜならば，X が空集合なら整列集合だから，X は空で
ないとする．$Y \subset X$ は空でない部分集合とする．Y に最小元が存
在することを示せばいい．$y \in Y$ とする．これが最小元なら証明終
わり．最小元でないとする．$Y \cap X(y)$ は，整列集合 $X(y)$ の部分集
合だから整列集合である．故に $Y \cap X(y)$ の最小元 z が存在する．
これは Y の最小元になっている．[終]

フォン・ノイマンは $A \cong M(\alpha)$ をアイデアに順序数の特徴付け
を行なった．

┌─ フォン・ノイマンによる順序数の定義 ─────────

　順序数は全ての先行する順序数の集合である．

└──────────────────────────────

順序数の定義の中に'順序数'という言葉が入っていて気色悪いの
で，[51, 199 ページ] に倣って，順序数を定義すると次のようになる．
順序数 $0 = O$ から始まって，順序数 1 は，先行する順序数の集合だ
から $\{O\}$ となる．これを続けると下のようになる．

$$0 = O$$
$$1 = \{O\}$$
$$2 = \{O, \{O\}\}$$
$$3 = \{O, \{O\}, \{O, \{O\}\}\}$$
$$\vdots$$
$$\omega = \{O, \{O\}, \{O, \{O\}\}, \ldots, \}$$
$$\omega + 1 = \{O, \{O\}, \{O, \{O\}\}, \ldots, \omega\}$$

公理的集合論で必ず顔を出すのが次のパラドックスである.

┌─ ブラリ・フォルチのパラドックス ─────

　全ての順序数を含む集合の存在は矛盾を導く.

実は，全ての順序数を含む集合は真の類に属する.

　順序数には和と積が定義できる. しかし，これは我々が通常みている代数演算とは少し違う. 説明しよう. 順序数 $\langle (A, \prec_A) \rangle = \alpha$ と $\langle (B, \prec_B) \rangle = \beta$ の和を定義したい. $(A, \prec_A)$ と $(B, \prec_B)$ は整列集合であった. $A \cap B = \emptyset$ としよう. $A = \{a_1, a_2, \ldots\}$, $B = \{b_1, b_2, \ldots\}$ と小さい方から順に並んでいるとする. $A + B = \{a_1, a_2, \ldots, b_1, b_2, \ldots\}$ とする. これは $A + B$ に次のように順序が入っていることを表している. $A + B \ni x, y$ に対して

(1) $x \in A, y \in B \to x \prec y$

(2) $x \in A, y \in A, x \prec_A y \to x \prec y$

(3) $x \in B, y \in B, x \prec_B y \to x \prec y$

　$\prec$ が，$A + B$ の順序関係になることは一瞬でわかるが，$A + B$ が整列集合になることはゆっくり考えないとわからない. 結論をいえば整列集合になる. よって，$\langle (A + B, \prec) \rangle$ は順序数になる.

$\alpha + \beta = \langle (A + B, \prec) \rangle$ と定義する. 例を示そう.

(1) $n + m = n + m$. 自明な等式になってしまったが, 左辺は順序数の和で, 右辺は自然数の和である.

(2) $n + \omega = \omega$. なぜならば, $A + B = \{a_1, \ldots, a_n, b_1, \ldots\}$ は $\mathbb{N}$ と同型になるからである. 一方, $\omega + n$ はこれ以上計算できない. なぜならば $A + B = \{b_1, \ldots, a_1, \ldots, a_n\}$ は $\mathbb{N}$ と同型にならない. つまり, $\omega + n \neq n + \omega$ となり, 和は非可換になる. 故に, $\omega = n + \omega$ かつ $\omega < \omega + n$ のようなことが起きる.

　積についても同様に議論できる. 上の順序数 α と β の積を定義したい. $A = \{a_1, a_2, \ldots\}$, $B = \{b_1, b_2, \ldots\}$ と小さい方から順に並んでいるとする. $A \times B = \{(x, y) \mid x \in A, y \in B\}$ に対して, 次のように辞書式に順序を入れる.

$$(x, y) \prec (x', y') \iff \lceil y \prec_B y' \rfloor \text{ または } \lceil y = y' \text{かつ } x \prec_A x' \rfloor$$

このとき, $(A \times B, \prec)$ が整列集合であることが示せて, $\alpha\beta = \langle (A \times B, \prec) \rangle$ と定義する. 和と同様に $nm = nm$ である. 左辺は順序数の積で, 右辺は自然数の積である. また,

$$n\omega = \omega$$
$$\omega n = \underbrace{\omega + \cdots + \omega}_{n}$$

特に $n\omega \neq \omega n$ で非可換になる.

　実は, 和と積は共に可換ではないが, 結合法則と分配法則が成立することも示せる. つまり, $\alpha + (\beta + \gamma) = (\alpha + \beta) + \gamma$, $\alpha(\beta\gamma) = (\alpha\beta)\gamma$, $\alpha(\beta + \gamma) = \alpha\beta + \alpha\gamma$. 現在, 順序数の特徴付けはフォン・ノイマン以外のものも多く発見されている.

2.3 ゲーデル登場

　ツェロメル・フレンケルの公理系では無限個の公理が必要であったが, フォン・ノイマンのそれは有限個の公理だけからなっていた. そのため, フォン・ノイマンは, この公理系の無矛盾性に自身があったという.

K・ゲーデル

　しかし, 1930 年のケーニヒスベルクで開催された数学会で, 集合論における強力に否定的な結果がウィーン大学のクルト・ゲーデルにより示された. それは「ある性質を満たす自然数論の理論において決定不能な命題が存在する」というものであった. フォン・ノイマンもその会議に出席していて, 彼のゲーデル評は「ゲーデルの現代論理における業績は, 特異で記念碑的なものである. 実際, それは記念碑以上のものであり, 時空を超えて目に見えるランドマークである. 論理の主題は, ゲーデルの業績によってその性質と可能性を完全に変えた」である.

　フォン・ノイマンの集合論の公理化に関する論文発表数は次のように推移している.

┌─ 集合論の公理化に関する論文発表数 ────────

1923 年（1 編）→ 1925 年（1 編）→ 1927 年（1 編）

→ 1928 年（2 編）→ 1929 年（1 編）→ 1931 年（2 編）

└──────────────────────────────

ゲーデルに遭遇して, 1932 年以降, 集合論の公理化への意欲を失ったようにもみえる. ゲーデルとは将来プリンストン高等研究所で同僚となり, フォン・ノイマンの死の直前までお互いを認め合う関係になる.

3 ドイツ時代（1926-1930）

3.1 ゲッチンゲン大学

　フォン・ノイマンは，学位取得後，アメリ
カのロックフェラー財団から奨学金を得てダ
フィット・ヒルベルトの待つゲッチンゲンに赴
くことになる．当時のゲッチンゲンには将来
を非常に嘱望される数学的頭脳の持ち主が大
勢集まっていた．現在でも‘クーラン・ヒルベ
ルト’の愛称で親しまれている名著『Methods
of mathematical physics』の著者リヒャルト・
クーラント，ランダウの記号 O で有名な解析

D・ヒルベルト

数論のエトムント・ランダウ，基礎論のパウル・ベルナイス，ネー
ターの定理やネーター環で有名なエミー・ネーターがいた．錚々
たるメンバーである．さらに，ロバート・オッペンハイマーがいた．
フォン・ノイマンは，これからの人生を共に歩むことになるオッペ
ンハイマーにゲッチンゲンで初めて会った．

　ダフィット・ヒルベルトは 1862 年 1 月 23 日にケーニヒスベルク
に生まれ，ケーニヒスベルク大学に進学した．ハインリッヒ・ウェー
バーや円周率の超越性を示したフェルディナント＝フォン・リンデ
マンから学んだ．同大学でヘルマン・ミンコフスキーとアドルフ・
フルヴィッツと知り合っている．1895 年にゲッチンゲン大学教授
に就任した．

　1900 年にパリで講演したときに提出した‘ヒルベルトの 23 の
問題’は 20 世紀の数学に多大な影響を与えたことは既に説明した．
まさにヒルベルトは当時のヨーロッパ数学会の最重鎮であった．

Personal History Record Submitted in Connection
with Application for a Fellowship

International Education Board
61 Broadway, New York, N. Y., U. S. A.

Date (5-11-26) ?

Name in full _John Lewis Neumann v. margitta_

Present Position _Doctor of philosophy (mathematics)_

Present address _Zürich, Kraniastrasse 14_

Permanent address _Budapest, Vilmos császár út 62_

Place of birth _Budapest, Hungary_

Date of birth _28 XII 1903_   Citizenship _Hungarian_

Single, Married, Widowed, Divorced _Single_

Wife's name

Wife's address

Name and address of nearest kin if unmarried _only father:_
Dr. Max v. Neumann, Budapest, Vilmos császár út 62

Age and sex of children

Have you any constitutional disorder or physical defects _None_

What languages do you speak _Hungarian, German, English, French, Italian_

What languages do you read _Latin as well as the above mentioned_

　ロックフェラー財団にフォン・ノイマンの奨学金の申請書類が残っている. 名前は John Lewis Neumann v.margitta と書かれている. 話せる言語が, ハンガリー語, ドイツ語, 英語, フランス語, イタリア語で, ラテン語は読めると記されている. ギリシア語が読めるとは書かれていない. フォン・ノイマンがどれだけヒルベルトを慕っていたかの逸話がある. ブダペスト出身でハーバード大学の大幾何学者ラウール・ボットがフォン・ノイマンにカクテルパーティーで「偉大な数学者であるというのはどんな気分なものであるか」と尋ねたところ, その返答が「正直なところ偉大な数学者といえるのは一人しか知らない. それはダフィット・ヒルベルトだ. そして, 神童ということについて言えば, 私に関する限り, 自分が期待されているほどの人間になっているとは到底思えない」だった.

3.2 行列力学と波動力学の対立に遭遇

　1920 年代初頭, ゲッチンゲン, ミュンヘン, コペンハーゲンは量子論のゴールデントライアングルを築いていた. ゲッチンゲン大学の物理はマックス・ボルンが仕切っていて, 若いパスキエ・ヨルダンもいた.

　ミュンヘン大学を卒業したハイゼンベルクはゲッチンゲン大学でボルンの助手となり, 1925 年に量子力学を完成させる. それは行列力学と呼ばれている. 一方, 1926 年に, シュレディンガーがド・ブロイの電子の物質波説をヒントに電子の波動方程式を構築した. それは, ハイゼンベルクの行列力学とは異なる量子論の定式化で波動力学と呼ばれた.

　行列力学と波動力学は古典力学とは大きく異なり, どちらが真の量子論を語っているのか大きな論争になった. 行列力学には, エネルギーが高いところから低いところへ, またはのその逆むきの運動

が一瞬で起きるという量子飛躍なる概念があり，古典論からは到底受け入れ難いものであった．波動力学には波動関数という古典論に対応物がないものが存在し物議を醸した．

　フォン・ノイマンがゲッチンゲンに赴いてすぐにハイゼンベルクが自分の理論とシュレディンガーの理論の違いについて講義をした．老境のヒルベルトはハイゼンベルクの講義が理解できなく，助手のロタール・ノルトハイムに尋ねる．これを小耳にはさんだフォン・ノイマンは数日でヒルベルト好みの簡潔な公理系による解説を書いたとノルトハイムは語っている [100, 128 ページ]．

　時系列的には 1925 年 7 月にハイゼンベルクが史上初めて量子力学の現れる歴史的な論文 [29] を出版したが，そこに行列は出てこない．‘量子論的なかけ算’という形で演算が現れる．それを 1925 年 11 月にボルン・ハイゼンベルク・ヨルダンが [10] で行列を使って定式化した．さらに，1926 年 1 月にパウリが [39] で行列力学を使ってバルマー系列を導いた．一方，シュレディンガーは 1926 年 1 月と 2 月にシュレディンガー方程式を導く論文を出版し，それによりバルマー系列を見事に説明した．さらに 3 月には行列力学と波動力学が同値であることを [48] で証明している．この証明は当時の物理学者に受け入れられたようであるが，数学的には不十分なものである．何よりも量子力学の数学的な設定がされておらず，‘同じもの’とか‘同値’の意味すら定かではない．

　数学的同値性の議論はさておき，ハイゼンベルクとシュレディンガーはお互いの理論の物理的解釈で激しく論争した．1920 年代当時，行列の代数演算（和と積のこと）はあまり認知されておらず，保守的な物理の重鎮達はシュレディンガーの波動力学を擁護することが多かった．単純化して大雑把に言えば，当時の重鎮はシュレディンガーに理解を示し，若者はハイゼンベルクの側に立った．このこ

とは第 7 章で詳しく説明する.

　さて, 1926 年の夏にシュレディンガーがミュンヘンで講演する機会があった. そこにハイゼンベルクも参加し, 2 人が初めて直接議論することになった. フォン・ノイマンもこのセミナーに参加した. 講演が始まってみると, 量子飛躍など一切出ず, その数学は美しく, 参加していた重鎮たちもシュレディンガーに傾いた. そしてハイゼンベルクは悄然としてしまった. しかし, フォン・ノイマンはシュレディンガーの波動力学とハイゼンベルクの行列力学が数学的に同じものであることを見抜いたのである. 1927 年, フォン・ノイマンはヒルベルト空間論, 非有界作用素の理論, スペクトル分解の理論と瞬く間に現代の関数解析の基礎を築きあげる. そして 3 部作 [52, 54, 53] を発表する. ヒルベル自身は有界な作用素のスペクトル分解を構築していたが, フォン・ノイマンは非有界な作用素に拡張したのである. というのも量子力学に現れる基本的な作用素は非有界だからである.

3.3 ベルリン大学

　フォン・ノイマンは 1927 年 12 月 13 日に教授資格を得て, 翌 1928 年にベルリン大学で私講師として講義を開始した. 弱冠 24 歳での私講師は, 当時ベルリン大学のあらゆる分野で歴史上最も若い私講師だった. そこにはヒルベルトの弟子であるエルハルト・シュミットがいた. この頃, シュレーディンガーもウィーンからベルリンにプランクの後継者として赴任してきている. フォン・ノイマンは 1927 年の終わりまでに 12 編の論文を執筆し, 29 年末まで

E・シュミット

には 32 編の論文を完成させている．約一月に 1 編の割合で論文を執筆したことになる．1926 年から量子力学の基礎付けに関する論文を大量に書いている．1929 年にはハンブルク大学の私講師になる．

　同年 1929 年，父マックス・フォン・ノイマンが死去する．父が死去する前はフォン・ノイマンの家族の誰もがキリスト教に無関心だったが，亡くなってからは全員カトリックの洗礼を受けた．フォン・ノイマンは若き数学者としてドイツで地盤を築きつつあったが翌年にはアメリカに渡ることになる．

4　プリンストン時代（1930–）

O・ヴェブレン

　　　　　プリンストン大学の数学者で 1923 年から1924 年にかけてアメリカ数学会の会長を務めたオズワルド・ヴェブレンはアメリカ数学会の現状と将来をヨーロッパのそれと比較して心配していた．そんなときに目をつけたのがフォン・ノイマンだった．

　　　　　当時，プリンストンのジョーンズ教授職に就いていたワイルが，ヒルベルトの後任としてゲッチンゲンに戻っていたので，将来フォン・ノイマンがジョーンズ教授職に就くというのがヴェブレンの腹づもりだった．遂にヴェブレンはフォン・ノイマンを 1930 年にプリンストン大学に客員教授として招聘する．このとき同郷のウィグナーも招聘されている．

4.1 結婚・離婚・再婚

　1930 年にフォン・ノイマンはマリエット・ケベシと結婚する．マリエットは非常に裕福な家柄で，祖父は不動産で巨万の富を稼ぎ，父はブダペスト大学医学部の教授，母は宗教心が篤く，マリエットが門限を破って帰宅が遅くなると 1, 2 日寝込んだというからかなりのものである．マリエットは，当時ブダペスト大学で経済を勉強していた．1929 年の夏にプロポーズされ，1930 年の 1 月に式を挙げた．新婚旅行も兼ねて豪華客船ブレーメン号でアメリカに渡り新しい生活が始まる．1930 年，母も兄弟もフォン・ノイマンに従ってアメリカに渡った．フォン・ノイマンは自分のファーストネームを英語化してジョンとしたが，貴族に与えられるフォン・ノイマンの名前はそのままであった．彼の兄弟は Neumann や Vonneumann と英語化した名前を名乗った．

　1935 年に娘マリーナが生まれる．フォン・ノイマンの生涯で唯一の子供である．マリーナ・フォン・ノイマンは，後に，ラドクリフ大学を卒業し，アメリカの第 37 代大統領リチャード・ニクソンに請われて女性初の大統領経済顧問になるという名誉をえる．実は，フォン・ノイマンのギムナジウムの 1 年後輩のフェルナーはマリーナの後任として，次代のジェラルド・フォード大統領の経済顧問になったことは既に説明した．

　さて，娘の誕生直後から，いつもうわの空なフォン・ノイマンと，マリエットとの間に亀裂ができ始める．プリンストンの自宅でのパーティーの最中でも思いつけば，マリエットに任せて部屋に戻って計算を始めてしまう．6 歳年下の若くて開放的なマリエットには苦痛だったのだろう．1936 年のパリ旅行で決定的となる．フォン・ノイマンはアンリ・ポアンカレ研究所で講演したが，マリエットはさっさとブダペストに帰ってしまったのだ．そして 1937 年に二人

は離婚する.

フォン・ノイマンの独身生活は長くは続かなかった. 1937 年の大戦前最後のブダペスト旅行で幼なじみのクララ・ダンと再会する. クララは既に結婚していた. クララは文句の多い女性で, 手紙で, フォン・ノイマンを「未熟者で怖がりのくせに自分は天才だから道は自ずと開けると思っている」とけなしたり,「他の人の気持ちをわかろうとしない」と非難したりしている. また, クララはいつも気持ちがふさぎがちだったようだ. 1938 年の 9 月にフォン・ノイマンに書かれた数通の手紙には「ひどく気分が悪い」を連発している. 実は, この時期クララはイライラしていた. いつでも夫と離婚できる覚悟があり, ナチズムへの恐怖があり, 一刻も早くフォン・ノイマンと結婚してアメリカに渡りたかったのである. 事実, クララからフォン・ノイマンへの手紙には「自分が生き残れるかどうかはひとえにあなたの両手にかかっている. 自分の望みはアメリカへ行くことと正常な結婚生活をおくることだけ」と訴えている. 1938 年 10 月 29 日に離婚が成立し, 11 月 7 日にフォン・ノイマンと再婚を果たした. その後まもなく, クイーン・メリー号でニューヨークへ向けて出発した.

クララの父はブダペストで裕福に暮らしていたが, クララの父も 1939 年にアメリカに渡っている. しかし, この土地の生活に馴染めず, 1939 年のクリスマスに轢死した. これは自殺と思われる. そして, クララの母も 1940 年にブダペストに帰ってしまい, その後クララの妹のいるイギリスで生活した. 最後に, クララ自身であるが, フォン・ノイマンが他界した後の 1963 年に入水自殺している.

4.2 プリンストンでの生活

プリンストンでのフォン・ノイマンの衣食住は次のようであった. フォン・ノイマンはウエストコット・ロード 26 に居を構え, その家はプリンストンで最も広い家だった. グーグルマップで検索すると現在も大きな家が一軒建っているが, これが果たしてフォン・ノイマンが生活した 65 年前の家かどうかは分からない. 当時, その家の評価額は 30000 ドルだった. 家を担保にプリンストン高等研究所から 25000 ドルを借りている. ちなみにフォン・ノイマンの 1941 年の年収は 12500 ドルだった.

クララによると, フォン・ノイマンはカロリー以外なんでも数えることができ, 食べたり飲んだりすることが大好きだった. そのせいか, プリンストンでは週に 2 回自宅でパーティーを開いていた. これもフォン・ノイマンの人柄を表す事実であろう. フォン・ノイマンは甘いものやこってりした料理, それもクリームをベースにした栄養満点のソースを添えたのが好きだった. メキシコ料理も好きで原爆の国家プロジェクトでロスアラモスに滞在していた頃はメキシコ料理のレストランで食事をするために 120 マイルも車を走らせた.

身なりに関しては, ゲッチンゲン時代からいつも気を付けていて, 常に正装で, 保守的なグレーのフランネルのビジネススーツを愛用していた. ラバにまたがってグランドキャニオンを駆け下りたときも, スリーピースにピンストライプの正装だったという逸話が残っているし, ヒルベルトが 1926 年にフォン・ノイマンの学位審査のときに彼の仕立て屋は誰ですか? と質問したともいわれている. また, クララによれば, フォン・ノイマンは特売品のスーツは決して買わなかったそうで, いつもしかめっ面でスリーピースだった.

アメリカに渡った直後のエピソードが [100, 158 ページ] に紹介

されている. フォン・ノイマンはプリンストンでコンプトン家に招待される. ハンガリーの習慣では午後8時に招待されれば午後8時40分に伺うのが儀礼だった. 一緒に招かれたウィグナーは薄くなりかけた髪を復活させるにはすっぱり剃ってしまえば, 後はどんどん生えてくるという論文を読んで感動し, まさに実行していた. しかし, 全く効果がなく卑猥に頭をテカテカと光らせて登場. マリエットは初のパーティーだったので気合を入れて, 背中が完全に開いた夜会服を選ぶ. その年のパリモードだったがプリンストンの田舎には不具合だった. つるっぱげのウィグナー, 背中丸出しのマリエット, タキシードをびっしり着込んだフォン・ノイマンでこの世のものとは思えない3人がコンプトン家に到着したときは, 他のお客さんはデザートに入っていた.

40年代のコンバーティ
ブル

かなり車の運転が下手だったとも伝えられている. にもかかわらず運転と車が大好きで, キャデラック・コンバーティブルやスチュードベイカーのアメリカ車を乗り回し, 何度も違反を繰り返し罰金を払っている. これはフォン・ノイマンの多くの伝記に記されている. 記録では1950年11月16日事故, 1951年10月23日交通違反, 1953年5月19日スピード違反, 1953年7月15日駐車中の車のドアにぶつかった. 特にプリンストンにはフォン・ノイマンが何度も事故起こした交差点があり, フォン・ノイマンコーナーと呼ばれていた.

　フォン・ノイマンは雑音の中でも仕事ができたという. 研究室では, フォン・ノイマンが非常に大きな音量でドイツのマーチを流すので, 近くの研究室から不平が出ていた. それにはアインシュタインも含まれていたというからなんと人間的な話だろうかと感心してしまう. 妻に, 静かな部屋を準備するようにと言ったこともあった

が, それを使うことはなく大きな音量のテレビが流れてるリビング
ルームがお気に入りだった. フォン・ノイマンの弟ニコラスによれ
ばアインシュタインとフォン・ノイマンはあまり親しくなかったよ
うだ. アインシュタインの統一場理論の研究を懐疑の目でみていた
という. また, アインシュタインとフォン・ノイマンの思考パター
ンを『ライフ』誌は掲載している. アインシュタインは何かについ
て何年も考え黙想的だが, フォン・ノイマンは真逆で稲妻のようで
目の眩むような速さだったという. 学生に講義するときも黒板に数
式を書きなぐって学生はそれを写す暇もなく消してしまうことで有
名だった. また, 電車の中もフォン・ノイマンの書斎だった. 5 時
間 32 分の乗車時間の間にノート 53 ページを費やして原稿を書い
たという逸話も残っている. 平均すると 6 分 10 秒で 1 ページを仕
上げていた計算になる. 電車ネタでは, アインシュタインがニュー
ヨークへ行くというのでフォン・ノイマンがプリンストン駅まで車
で送った. フォン・ノイマンは悪ふざけでわざと行き先の違う電車
にアインシュタインを乗せたらしい.

4.3 プリンストン高等研究所

資産家のバンバーガー兄妹はユダヤ人の医学校を作ろうと考え,
アメリカの化学者エイブラハム・フレックスナーとヴェブレンに相
談した. そして, 医学校ではなく世界の優秀な学者を集めて 1932 年
にニュージャージー州に作ったのが Institute of Advanced Study
である. 日本ではプリンストン高等研究所と呼ばれている.

ラウール・ボットのプリンストン高等研究所の回想によれば, 研
究所の周りで見かけるごく普通の人が実はその道の著名な人物だと
知って非常なショックを受けたそうだ. 警察が逮捕しようとしてい
るみるからに胡散臭そうな人が数学者のジャン・ルレーだったり,

毎朝, 11 時頃に天気や郵便物の遅れの話をアインシュタインと気軽に話したり, 昼食を摂っている騒々しい若者たちの真ん中にやけに無口な人物がいて, それがディラックだったりする, そういう場所がプリンストン高等研究所だそうだ.

1932 年開所当時の人事ではアインシュタインが衆目を集めた. アインシュタイン, ワイル, ヴェブレン, ゲーデルそしてフォン・ノイマンが教授の候補に上がるがフォン・ノイマンは承認されなかった. さらに, ワイルからはゲッチンゲンに留まりたいという連絡を受けてしまう. しかし, ヒトラーの台頭による反ユダヤ政策に鑑み, 1933 年の 1 月 15 日にプリンストン大学とプリンストン高等研究所の話し合いでフォン・ノイマンをプリンストン高等研究所の終身教授にする案が出る. 1 月 28 日にそれは理事会で承認された. さらに, 2 日後の 1 月 30 日にはドイツでヒトラーが首相に就き, それによってワイルから「この前の約束を復活していただけないか?」と手紙が送られてくる. フォン・ノイマンは 1933 年 9 月に正式にプリンストン高等研究所の教授に就任する. そして亡くなるまで生涯をプリンストン高等研究所の数学教授として過ごした. ちなみにフォン・ノイマンは 1937 年にアメリカ市民権を得ている.

当時, フォン・ノイマンの所属していたプリンストン高等研究所では自動計算機や実験は煙たがられ, 純粋数学と理論物理が上だった. 超優秀な学者が, 出来の悪い学生相手に講義などせず, 世事に邪魔されることなく, 日々思索して誰にもできないものを作り出すことが美しいことであると考えられていた. しかし, 1990 年にプリンストン高等研究所 60 周年記念で喧伝した業績は

(1) 連続体問題に関するゲーデルの仕事

(2) パリティーに関するリー・ヤンの業績

（3）フォン・ノイマンのコンピューターの開発

だけであったのは皮肉である．また，リチャード・ファインマンは
「講義をして，学生と付き合うからこそ仕事は前に進む．誰が発明
したか知らないが，教えなくていいハッピーな立場なんて絶対に嫌
だ」とプリンストン高等研究所を批判している [100, 175 ページ].

4.4 大戦前の研究

　大戦前のプリンストン高等研究所におけるフォン・ノイマンの純
粋数学の研究の様子をみてみよう．フォン・ノイマンは 1933 年か
ら 1942 年にかけてプリンストン高等研究所を主な仕事場として 36
編の論文を書いている．

　1932 年，名著『Mathematische Grundlagen der Quanten-
mechanik』[63] が出版される．続いて，フォン・ノイマンはエル
ゴード理論について論文 [64] を書いた．これは，クープマンの法則
に名前が残るバーナード・クープマンやエルゴード理論のジョー
ジ・バーコフらに影響を与える．

　1933 年にはヒルベルトの第 5 問題に関する位相群の論文 [67] を
執筆している．つまり，位相群がいつリー群になるのか？

　1934 年春にコロンビア大学で学位をとったフランシス・ジョセ
フ・マレーがフォン・ノイマンの論文を読み，その後，共同で作用
素環の研究に入る．マレーの回想によれば，30 分の議論でフォン・
ノイマンは因子環を次元関数の値域で分類した．現在 I_n 型，II_1 型，
II_∞ 型，III 型と命名されている．

　ヘラルド・ボーア [3] は $\mathbb{R}$ 上の一様ノルム $\|f\|_\infty = \sup_x |f(x)|$
に関する三角多項式の閉包として一様概周期函数を定義した．つま
り，f が一様概周期的であるとは，$\forall \varepsilon > 0$ に対し，一様ノルムに関

して f からの距離が ε よりも小さいような正弦波と余弦波の有限な線形結合が存在することをいう．1934 年，フォン・ノイマンは局所コンパクトアーベル群上の概周期関数の理論 [68] を構築しボーシェ賞を受賞している．

　華々しく見えるが，スタニスワフ・ウラムの回想によればフォン・ノイマン自身あまりこれらの研究にのめり込んでいなかったらしい [100, 180 ページ]．また，[100] では，1931 年-1937 年のフォン・ノイマンを 'プリンストンの憂鬱' として紹介している．ゲッチンゲンでの心高ぶる量子力学論争への哀愁，離婚と再婚，プリンストン高等研究所の方針などが，精密機械のようなフォン・ノイマンの心でさえも乱してしまったのかもしれない．しかし，それでも研究は超一流であったのが超人的なところである．

4.5 弾道学研究所

　この節からフォン・ノイマンのプリンストン時代の後半について説明する．1930 年代後半から大戦がフォン・ノイマンに重くのしかかってくる．筆者にとって，1939 年から終戦にかけてのフォン・ノイマンの略歴を的確に説明することは非常に荷が重い作業である．何故ならば戦争という，戦略，思想，人種，利害が有機的に絡み合ったものからフォン・ノイマンの一糸だけを抜き出して解説することは相当な歴史学者でなければできない作業と考えるからである．

　戦争の足音が急速に近づいてくるなか，フォン・ノイマンは 1939 年 1 月にアメリカ陸軍将校予備軍の中尉になろうと試みる．ペーパー試験には簡単に合格するものの 35 歳という高齢のため不採用になる．そして 8 ヶ月後の 1939 年 9 月 1 日早朝，遂にドイツ軍がポーランドへ侵攻する．その 2 日後の 9 月 3 日にはイギリスとフランスが相次いでドイツに宣戦布告し，2 週間後の 9 月 17 日にはソ連

軍も東からポーランドに侵攻し，ポーランドは独ソ両国に分割・占領された．ここに第二次世界大戦が始まった．

┌─ 1939 年-1945 年のフォン・ノイマン ─

39 年　陸軍将校予備軍中尉の試験に失敗する．

39 年 9 月　第二次世界大戦勃発する．

40 年　弾道学研究所（Ballistic Research Laboratory）科学諮問委員会委員に就く．

41 年　国防研究委員会（National Defense Research Committee）の顧問に就く．

41 年 12 月　日本の真珠湾攻撃によりアメリカ参戦

42 年 9 月　海軍兵器局の顧問に就く．

42 年 10 月　マンハッタン計画が始まる．

43 年 7 月　イギリス海軍と接触する．

43 年 9 月　ロスアラモス研究所顧問かつ陸軍兵器局顧問に就く．

44 年 8 月　ENIAC を見学する．

45 年 6 月　EDVAC に関する報告書を提出する．

45 年 8 月　第二次世界大戦終結する．

　戦争の勃発に伴ってフォン・ノイマンはアメリカで重責を担うことになる．1940 年には弾道学研究所の科学諮問委員会委員に就く．弾道学について説明しよう．第一次世界大戦でドイツ軍は砲弾が理論値よりも遠くに飛ぶことに気がついた．それは砲弾が薄い空気の中を通るからであった．しかし，飛距離を理論的に正確に割り出すことは非常に難しかった．砲弾が高くなれば空気の密度は薄くなり，低くなれば密度は濃くなるので，飛距離を計算するためには非線形偏微分方程式を解かなければならないからだ．最初のコンピュー

ターが出現するのが 1946 年なので，当時，人間の手計算だけでは全く手に負えなかった．こういう理由で弾道学は戦時中に重要だが難解かつ複雑な研究対象になり，そのため，コンピューターの進歩に弾道学は大きく貢献することになる．1941 年 12 月，日本から真珠湾攻撃を受けアメリカが第二次世界大戦に参戦すると，弾道学研究所は砲弾を正確に目標に向けて撃つために必要な弾道表の整備を緊急にすすめた．

4.6 戦時中の研究

　フォン・ノイマンは 1942 年 9 月に 海軍兵器局の顧問に就き，1943 年にはイギリスに出張し，イギリス海軍省と接触する．帰国すると陸軍兵器局顧問について，今度は大気中での爆発が研究主体になる．衝撃波 [74, 第 VI 巻,178-202 ページ] や爆撃波 [74, 第 VI 巻,203-218 ページ] に関する論文を発表している．[74, 第 VI 巻,238-299 ページ,300-308 ページ,309-347 ページ] では，爆弾を爆発させる場所とその効果の関係について研究している（下図）．

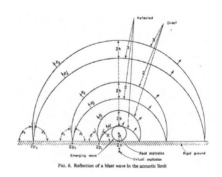

Fɪɢ. 6. Reflection of a blast wave in the acoustic limit

論文 [74, 第 VI 巻, 309-347 ページ] の Fig.6

[71] や [74, 第 VI 巻, 361-379 ページ] では，水中での衝撃波の数値解析的な手法を提案している．実際には，衝撃波に関する微分方程式を導出して，それを差分方程式に変形している．特に [74, 第 VI 巻, 361-379 ページ] の § 18 では，「弾道学研究所の punch-card equipment（ENIAC のことだろう）を使えば，設定なども合わせて 10 時間以内で解ける」と自信たっぷりである．

1940-42 年頃にはプリンストン高等研究所で，ポール・ハルモスが半年間助手をして共同研究をしている [28]．ハルモスもブダペスト出身のユダヤ人である．スブラマニアン・チャンドラセカールとは星の分布による重力場の研究 [14, 15] も行なっている．こうなると超人以外の何物でもない．モルゲンシュテルンとの大著『Theory of Games and Economic Behavior』[77] をプリンストン出版から刊行したのは 1944 年である．また，フォン・ノイマンの拡大経済モデルの英訳 [70] が世に出たのは 1945 年である．

4.7　ロスアラモス研究所とマンハッタン計画

L・シラード

1932 年にジェームズ・チャドウィックによって中性子が発見され，翌 1933 年，フォン・ノイマンの同郷で同世代のレオ・シラードは原子核に中性子をぶつけると連鎖反応が起き，莫大なエネルギーが出ることに気がついた．

すでに本書で何度も登場している，原爆開発のキーパーソンの一人シラードを紹介しよう．1898 年，オーストリア・ハンガリー帝国のブダペストで生まれ，1916 年に，王立ヨージェフ工科大学（Királyi József Müegyetem）に入学する．第一次世界大戦

では, 体調を壊し従軍することはなかった. 終戦後, シラードはプロテスタントに改宗していたが, 反ユダヤ政策や, ユダヤ人に敵意を燃やす学生達によって暴力的に大学から締め出され, 1919 年にハンガリーを後にしベルリンに落ち着く. ベルリン大学では, アインシュタインに頼み込み統計力学のセミナーを受け持ってもらった. 参加者にはウィグナーやフォン・ノイマンもいた. 1930 年代, ドイツで台頭してきたナチスに強い危機感をもち, 1933 年 3 月 23 日にヒトラーによる独裁体制が始まると, ついに 3 月 30 日シラードは単身でオーストリア行きの列車に乗った. これは国境で非アーリア人に対する取り締まりが始まるわずか 1 日前の列車であった. このころ核分裂反応に気がつく. その後, コロンビア大学, シカゴ大学と渡り歩くことになる. ナチスによるこの体験が, 原爆開発の推進力になったことは間違いない.

　1934 年 1 月にイタリア人のエンリコ・フェルミは原子核に中性子をあてて多くの放射性同位体元素を作ることに成功した. 4 年後 1938 年にノーベル物理学賞を受賞するが, 妻がユダヤ人であったためムッソリーニの反ユダヤ政策から逃れるため, 授賞式後そのままアメリカに渡ってしまった.

　　　　　同じ年 1938 年に革命的な発見があった. オットー・ハーンとフリッツ・シュトラスマンらが天然ウランに低速中性子を照射し生成物にバリウムの同位体を見出した. これをリーゼ・マイトナー女史とオットー・フリッシュらが核分裂反応であると解釈して, 核分裂反応が史上初めて確認されたのだ. つまり

$$^{235}\mathrm{U} + \mathrm{n} \rightarrow {}^{92}\mathrm{Kr} + {}^{141}\mathrm{Ba} + 3\mathrm{n}$$

Ｅ・フェルミ

という化学反応が起きた．肩の添字は中性子と陽子の個数の和を表す．n は中性子，Ba はバリウム，Kr はクリプトンである．左右の中性子と陽子の和が 236 で一致している．左辺でウラン 235 に一個の中性子を当てて，反応後の右辺をみると 3 個の中性子が現れている．この 3 個の中性子が，ウラン 235 に当たれば，また化学反応が起きて，これが連鎖する仕組みである．さらに，左辺の総質量 a と右辺の総質量 b が異なっている．実際は

$$\Delta = a - b > 0$$

となり，反応後に質量が減る．$E = mc^2$ の式から質量とエネルギーは等価なので，$E = \Delta c^2$ のエネルギーが発生することになる．

　1878 年生まれのマイトナーはこのとき既に 60 歳であった．1945 年から 1948 年にかけて毎回ノーベル物理学賞候補に挙がるも受賞には至らなかった．しかし，彼女の名前は 109 番目の元素マイトネリウムとして永遠に残ることになった．

　核分裂反応が確認されると，原爆の開発は現実味を帯びてくる．$E = mc^2$ は世界一美しい方程式から悪魔の方程式に変わろうとしている．そして，科学者が働きかける．第 32 代アメリカ大統領フランシス・ルーズベルトは，1939 年にシラードとアインシュタインから原爆開発に関する書簡を受け取り，原爆の開発計画を推進した．アメリカの参戦前の 1941 年にイギリスからオットー・フリッシュとルドルフ・パイエルスの記した核エネルギーの兵器応用のアイディアが伝えられると，1942 年 10 月，ルーズベルト大統領は国家プロジェクトとして原爆の開発を決意する．それはマンハッタン計画といわれた．

　イギリスは，原爆をドイツより早く作らなければ，ヒトラーに文明が破壊されてしまうが，早く開発できればその破壊を阻止できる

と考えていた. マンハッタン計画のイギリス側のリーダーはチャドウィックであった. アメリカ軍側の責任者として, レズリー・グローヴス准将が 1942 年 9 月に着任した. そして, グローヴスは研究所長に 1939 年のノーベル物理学賞受賞者のバークレー放射線研究所所長の天才アーネスト・ローレンスではなく, ドイツ系アメリカ人の超天才ロバート・オッペンハイマーを選んだのである. 自尊心の強いオッペンハイマーだが, ノーベル賞を授与されるような業績がなく, 大きな嫉妬心が存在していた. ハンス・ベーテ曰く「オッペンハイマーはワンランク落ちる」だった. グローヴスは巧みにそれを利用したのである. オッペンハイマーなら自分自身の名誉のために忠誠を誓って一生懸命働くはずだと.

R・オッペンハイマー

オッペンハイマーの父はドイツからの移民で, 母は東欧ユダヤ人だった. ハーバード大学で化学を専攻し, 1925 年に最優等の成績を修めてハーバード大学を 3 年で卒業すると, キャベンディッシュ研究所で物理学や化学を学んだ. オッペンハイマーはここでボーアと出会う. そして, ゲッチンゲン大学へ移籍して, ここでフォン・ノイマンと一緒になり, 博士号を取得する. 彼は第二次世界大戦後, プリンストン高等研究所の所長にもなる.

マンハッタン計画の研究所はロスアラモスに建てられた. そこには, 世界中の超優秀な科学者 300 人と家族あわせて 6000 人が集まり, 戦時中とは思えない豊かな生活環境が約束されていた. 翌 1943 年 9 月にフォン・ノイマンはロスアラモス研究所顧問に赴任している. そしてハンス・ベーテ, リチャード・ファインマン, エドワード・テラー, エンリコ・フェルミ, ニールス・ボーアなどの世界中の

超一流物理学者もロスアラモスに赴任した．フォン・ノイマンはこの並み居る秀才の中でも群を抜いて計算力があった．

原爆にはウラン型とプルトニウム型がある．ウラン型はウラン235が臨界質量に達すれば核分裂を起こすので，爆発させるのは容易であった．ただ，天然に存在するウランは質量数238が約99.274%を占めるが，原爆に利用できるウラン235は約0.7204%に過ぎない．そのためウラン235を濃縮するのに時間がかかる．一方，プルトニウム型は原料を得ることは容易いが，ウランと違いプルトニウムを爆薬で包んで，この爆薬を爆発させて核分裂を起こさせるために高度な技術が必要になる．フォン・ノイマンはまさにこの爆縮の理論的な研究に従事していた．最終的にはウラン型は広島に，プルトニウム型は長崎に投下された．

フォン・ノイマンは爆縮レンズの開発に従事し，爆薬を32面体に配置することによって効率的な核爆弾が開発できることを導き出し，原爆を爆発させるべき高度の計算も行った．これらを導き出すには10ヶ月に渡る計算を要したが，この際にフォン・ノイマンは高速計算の必要性を痛感して，自動計算機の開発に取り組むようになったといわれている．弾道学研究所が担当していた世界初の素子型自動計算機ENIACのプロジェクト開始から1年後の1944年に，フォン・ノイマンはこの自動計算機プロジェクトに気付き，自動計算機開発に携わることとなる．

1945年春，ドイツの降伏が確実になり，原爆開発を大統領に進言したシラードが，原爆開発に反対する手紙をルーズベルト大統領に送ろうと試みる．しかし，ルーズベルト大統領は手紙が届く直前の1945年4月12日に急逝した．その後，日本への投下も含めて原爆の反対を次の第33代アメリカ大統領ハリー・トルーマンに送ったが，トルーマン大統領はそれを無視した．大統領に就任する前の

トルーマンは秘密裏に進んでいたマンハッタン計画を知らず，原爆開発に注ぎ込まれていた議会承認を得ていない資金を，使途不明金として政府を追求していた政治家であった．大統領に就任し，マンハッタン計画とその総予算の膨大さに愕然とし，原爆開発を止めることができなくなってしまった．一方で，フォン・ノイマンは 1940年代のアメリカ人にならってソ連を非常に敵対視していた．シラードは核兵器使用反対で戦争の終結を考えていたが，フォン・ノイマンは原爆を落とすことでソ連に対して優位にたてると考えていた．また，大戦終了後も核抑止力によって世界の秩序が保たれると既に予想していた．フォン・ノイマンはソ連について次のように発言している「極端に危険だという潜在意識があり，並外れた威力の仕掛けを作り出し，壊滅状態にする必要がある」．フォン・ノイマンが原爆開発に手を貸した理由はソ連を倒すという望みを叶えるためだったとスチーブ・ハイムズは [92, 210 ページ] で述べている．1945年5月10日開催の標的委員会でのフォン・ノイマンの手書きメモが残っている．フォン・ノイマンは原爆を落とす高度と輸送が担当であった．原爆投下候補地は京都，広島，横浜，皇居，小倉軍需工場，新潟だったが，フォン・ノイマンは皇居と新潟には反対した．

　5月にドイツが降伏した後も原爆の開発は続けられた．原爆完成までに残る問題は，原爆の 32 箇所の起爆装置を 100 万分の 2 秒以内に同時に爆発させることだけだった．1945年7月16日に遂に原爆実験に成功する．1944年のノーベル物理学賞受賞者のイジドール・ラビによれば，「実験に成功して，オッペンハイマーは人生絶頂期の様子で，ふんぞり返るように胸を張っていた」という．

　8月までに最終的に投下地点の候補は，広島，長崎，小倉軍需工場に絞られ，8月6日たまたま晴れていた広島にウラン型爆弾が投下され，9日は第一候補が小倉軍需工場だったが，視界が霞んでいたた

め，長崎に向かい雲の合間からプルトニウム型爆弾が投下された．

　マンハッタン計画を主導したオッペンハイマー所長は自らの手柄を喜んだという．フォン・ノイマンは第二次世界大戦後トルーマン大統領から功績章を受けるが理由は「高性能爆薬の効果的使用に関するアメリカ海軍の基礎研究を主導し，攻撃用の新しい武器使用原理を見出した．爆発気体の威力増大につながるもので，日本への原爆投下でも有効性が実証された」であった．

　アメリカの核兵器開発は，シラードがギリギリ逃れたナチスが，核兵器を完成しつつあるという恐怖心から始まった．しかし，実際は，ドイツの核兵器開発は学術的な研究のみで，資金難のために爆弾の開発は，奇しくもマンハッタン計画が始まる直前の 1942 年 6 月に中止になっていた．さらに，1945 年 5 月にドイツは降伏した．アメリカが核兵器をつくる当初の理由はなくなっていたのだ．しかし，その後も核兵器開発は続けられた．総予算が 20 億ドル，現在のレートで 3 兆円規模の原爆開発をここで中止にするわけにはいかなかった．シラードは，原爆の威力を実験で誇示するだけで，実際に投下する必要がないと訴えたが，オッペンハイマーは科学者として成し遂げたかった．「戦争を終わらせるために，原爆を投下する」という論理がまかり通ってしまう．しかし，結果的に 2 種類の原爆を投下したことを考えると，戦争終結のためというのは詭弁にすぎない．結局，一部の科学者は内部で原爆投下に反対したものの，大きな運動にはならず研究を止めることはできなかった．アメリカの科学史を研究しているパスカル・ザッカリーは，「守秘義務を忠実に守り，外に向けて「原爆は危険だ」と訴えた科学者がいなかったことが重大だ」と指摘している．科学者の仕事は科学者としての専門業務であり，それがどう評価され，どう政治的に使われるのかは専門外であるという考えが消えることはなかった．

5　終戦後（1945-1957）

5.1　終戦後の研究

　フォン・ノイマンは終戦後, 引き続き, 自動計算機, ENIAC を用いた数値解析, オートマトンの研究を行っている. 数値解析は ENIAC をつかって大量に論文を生産している. [74, 第 V 巻] に一覧がある. [11] では, 数値解析で, 順圧渦度方程式（barotropic vorticity equation）を解いて, 天気予想に応用している. [38] では ENIAC で計算した 2000 桁の π と e のデータを基に, π, e に表れる, 非負整数の χ^2 分布を調べている. つまり,

$$\pi = 3.14159265358979323846264338327 9 \ldots$$
$$e = 2.718281828459045235360287471352 \ldots$$

で, n 桁までに表れる $i = 0, \ldots, 9$ の回数を D_i^n とする. 食い違いの測度を

$$a_n = \sum_{i=0}^{9} \frac{(D_i^n - n/10)^2}{n/10}$$

として, 自由度が 9（10 ではない）の χ^2 分布に従うかどうか検証している. また, [76] では数論のクンマー和を ENIAC で計算している. ENIAC を使うことが楽しくて仕方ない雰囲気が伝わってくる.

　オートマトンに関しては, 1948 年から 5 編の論文を出版している. （1）1948 年 9 月の Hixon シンポジウムの講演 [72], （2）1949 年 12 月のイリノイ大学における 5 回の講義, （3）1952 年 1 月のカリフォルニア工科大学における講義 [74, 329-378 ページ], （4）1952 年-1953 年にかけて執筆した『The theory of automata, construction, reproduction homogeneity』, （5）1955 年から 1956 年にかけて執筆した, フォン・ノイマン最後の著書『The computer and the brain』[73].（2）と（4）はフォン・ノイマンの死後に原稿として残され，[75] に収録された.

5.2 水爆実験

　1945 年 8 月に日本の降伏で終戦を迎え，ロスアラモスの研究者は夫々自国に帰還する. しかし，フォン・ノイマンはアメリカがもっと強力な爆弾を作るべきだと考えていた. 1947 年にフォン・ノイマンの意に反してオッペンハイマーがプリンストン高等研究所の所長に就任する. さらに，1949 年 8 月 29 日にソ連が核実験に成功する. これはフォン・ノイマンの予想するところであったが，アメリカの政治家にとっては寝耳に水だった. アメリカは水爆開発に進むかどうかで迷うが，テラーとローレンスは熱心に水爆開発を説いた.

　エドワード・テラーはフォン・ノイマンと同じブダペスト出身の核物理学者であることは既に述べた. 1908 年生まれで，反ユダヤ政策のホルティ政権から逃れるため，1926 年にドイツへ移住した. 1930 年にライプツィヒ大学のハイゼンベルクの元で博士号を取得している. ちなみに，このときハイゼンベルクは29歳である. 他のユダヤ人科学者同様に 1933 年のヒトラー政権誕生後ドイツも離れる決心をし，1935 年 8 月にアメリカに移住し，マンハッタ

E・テラー

ン計画にも参加した. 1949 年のソ連の核実験後ロスアラモスへ舞い戻り，その後水爆開発に携わった. 1954 年には身上調査の審問を受けた際にテラーがオッペンハイマーを非難したことが元でテラーとオッペンハイマーとの間の溝は広がることになる. テラーは終始

核爆弾の最も強力な擁護者の 1 人で, 1982 年には第 40 代アメリカ大統領ロナルド・レーガンよりアメリカ科学界最高峰の栄誉とされるアメリカ国家科学賞を贈られる. 一方, 1991 年にはイグ・ノーベル平和賞を授与されている. 授賞理由は「我々が知る '平和' の意味を変えることに, 生涯にわたって努力したことに対して」.

　さて, 水爆開発の話に戻ろう. テラーとローレンスの説得にも関わらず, オッペンハイマー率いる総合諮問委員会のメンバーの殆どは水爆開発に反対した. 水爆は広島の原爆の殺傷力の 1000 倍であり, そのために何十億ドルもつぎ込むことを躊躇したし, オッペンハイマーは技術的に無理であると猛反対した. しかし, フォン・ノイマンはソ連が既に水爆開発をすすめているからアメリカも水爆開発を始めるべきだと意見した. もし, ソ連が先に開発に成功すればスターリンによって世界が大変なことになってしまう.

　事実, ソ連では 1948 年から物理学者アンドレイ・サハロフが水爆開発を行っていた. サハロフは 1921 年 5 月 21 日に生まれているから 1948 年当時は弱冠 27 歳ということになる. この若さは驚きに値する. サハロフはソ連において 'ソ連水爆の父' と呼ばれた. しかし, 後に, 反体制運動家として政治的な言動が常に注目され続け, 1975 年にノーベル平和賞を受賞している.

A・サハロフ

　さて, フォン・ノイマンはソ連の核実験後, アメリカも水爆開発を始めることを, オッペンハイマーに説得したが, 全く聞く耳をもってもらえなかった. しかし, 翌年早々の 1950 年 1 月にトルーマン大統領が陸海空軍の最高司令官の立場で原子力委員会に水爆を含む核兵器の業務を継続するよう支持を出した. それは水爆を開発せよ

という司令と解釈され，ロスアラモスに再び科学者が集まった．そこにはベーテもフェルミもいた．

1951 年 3 月にテラー・ウラム型と呼ばれる設計でなんとか水爆開発の突破口が開けた．ウラムとはフォン・ノイマンとオートマトンを研究したスタニスワフ・ウラムのことである．彼もユダヤ系のハンガリー人である．第 4 章を参照．このアイディアは，核融合燃料のそばに起爆剤として原爆を置いて，その核分裂反応を用いて核融合燃料を圧縮・加熱するというものである．

いよいよ水爆実験が始まった．1951 年のジョージ実験，続いて1952 年 11 月 1 日のマーシャル諸島エニウェトク環礁アイビーマイク実験が成功する．マイク実験の威力は TNT 爆弾換算で 1000 万トンの威力である．広島の原爆が 1.3 万トン規模だから，約 800 倍に当たる．ただし，まだ飛行機に積める大きさではなかったため実用的ではなかった．しかし 14 ヶ月後の 1954 年 3 月 1 日にはマーシャル諸島ビキニ環礁キャッスルブラボー実験で飛行機に積み込める大きさで威力が 1500 万トンの水爆実験が成功した．その結果，実験を行なった島は消え去り，深さ 120m，直径 1.8km のクレーターが出現した．また，日本の第 5 福竜丸が被爆して大きな社会問題になった．最終的に，アメリカは 1958 年までにマーシャル諸島で 67回の核実験を行なった．

水爆実験は順調に進んだが，水爆開発に反対していた原爆の父オッペンハイマーに不運が訪れる．冷戦を背景に，ジョセフ・マッカーシーが赤狩りを強行した．これがオッペンハイマーに大きな打撃を与える．オッペンハイマーの妻，親族，元婚約者に共産党員がいたのだ．1954 年 4 月 12 日，原子力委員会はこれらの事実にもとづき，オッペンハイマーを機密安全保持疑惑により休職処分とした．事実上の公職追放である．オッペンハイマーを攻撃した人間に

は水爆開発を反対されたテラーやローレンスもいた. しかし, フォン・ノイマンは水爆推進派であったが, 中立の立場からオッペンハイマーを擁護した. オッペンハイマーは咽頭癌により, 1967 年 2 月 18 日にプリンストンの自宅で死去した. 62 歳だった. 一方, マッカーシーだが, 1954 年 12 月に失脚し, その後表舞台へ出ることもなく, 急性肝炎でベセスダ海軍病院で 1957 年 5 月 2 日に 48 歳の若さで死去している.

5.3 巨星逝く

　フォン・ノイマンは 1951-52 年にかけてアメリカ数学会会長に就く. その前年 1950 年 8 月 30 日から 9 月 6 日にアメリカのケンブリッジで開催された国際数学者会議で講演している. 講演タイトルは 'Shock Interaction and Its Mathematical Aspects'（衝撃作用とその数学的側面）であった. 戦争で中断されて 14 年ぶりに開催された, この会議では, ゲーデル, 角谷, モース, ウィナーらが講演している. フィールズ賞はアトル・セルバーグとローラン・シュワルツが受賞している. シュワルツの功績はフォン・ノイマンが嫌っていたデルタ関数の数学的な正当化であった. 1954 年のアムステルダムで開催された国際数学者会議でも講演している. 講演タイトルは 'On Unsolved Problems in Mathematics'（数学の中の解けない問題）であった.

　さて, トルーマン時代の 1950-52 年にかけて軍の要職にも就く. リヴァモア研究所は水爆推進派のテラーとローレンスが核兵器の研究開発を目的として 1952 年に新設した研究所である. ロスアラモス研究所のライバルである. フォン・ノイマンは両研究所の顧問ということになる. アメリカ空軍科学諮問委員会の委員長はブダペスト出身の 70 歳テオドール＝フォン・カールマンであった. 実は,

フォン・ノイマンが大学に進学するときに, 父親は, 息子が実業家
の道に進むように説得してほしいと, 航空力学者のフォン・カール
マンに頼んだことがある. 結局は妥協の産物で ETH で化学を学ぶ
ことになった経緯がある. 今回, フォン・カールマンはフォン・ノ
イマンを委員に誘った.

┌─ 1950 年-1952 年のフォン・ノイマン ──────────

- 武器体系評価グループ (Weapons Systems Evaluation
  Group) 顧問
- 国軍特殊武器計画 (Armed Forces Special Weapons
  Project) 顧問
- 中央情報局 (Central Intelligence Agency) 顧問
- 原子力委員会 (Atomic Energy Commission) の総合諮
  問委員会 (Governmental Advisory Committee) 委員
- リヴァモア研究所顧問
- アメリカ空軍科学諮問委員会顧問

1953 年 1 月に, フォン・ノイマンが心酔していたトルーマン大
統領に代わって, 第 34 代アメリカ大統領にドワイト・アイゼンハ
ワーが就く. 空軍は改革推進の作業を加速するため空軍内の様々
な委員会を整理統合することを計画し, その要となる委員会の長を
フォン・ノイマンに委嘱した. 空軍長官や国防長官に答申するこの
委員会は 'フォン・ノイマン委員会' と呼ばれた. フォン・ノイマン
委員会のメンバーは錚々たるものだった. チャールズ・リンドバー
グ, 後の大統領科学顧問, 企業人サイモン・ラモとディーン・ウル
ドリッジ, ランド研究所 (RAND Corporation) の創立者, 未来の
ヒューズ航空機社長, カリフォルニア工科大学教授 2 名, ベル研究
所代表, ロスアラモス研究所代表, リヴァモア研究所代表であった.

1955年からはアイゼンハワー大統領に指名されて原子力委員会委員に就き，超多忙な生活を送る．

そんな矢先，同年8月にベセスダ海軍病院で左肩鎖骨に腫瘍がみつかり手術を受ける．そして11月には車椅子生活になってしまい，1956年1月にはウォーター・リード陸軍病院に再入院する．2月にアイゼンアワー大統領から車椅子の姿で自由勲章を授与される．

6月には娘のマリーナ・フォン・ノイマンが結婚するが結婚式にも出席できなかった．夏には母親マーガレット・フォン・ノイマンが亡くなる．以前は信仰に熱心でなかったにもかかわらず，改宗したカトリック教会の司祭と話すことを望んで周囲を驚かせた．病院には同僚マストン・モースがプリンストン高等研究所が自動

自由勲章を授与される

計算機の研究を中止したことの詫び状を送ってくる．ゲーデルは見舞いがてら数学の超難問に対する意見を求めてくる．そして，病床で，フォン・ノイマンは『The computer and the brain』[73] を執筆していた．それは死後に出版されることになる．9月には手紙を読むこともできなくなり，1957年2月8日この巨人は帰らぬ人となった．53歳だった．

現在，フォン・ノイマンは母親とクララ・ダンと共に，ウエストコット・ロード26の自宅に近いプリンストン墓地に埋葬されている．

第4章

フォン・ノイマンと自動計算機

1 アタナソフの自動計算機

　コンピューターの歴史を振り返ってみよう.
はじめて真空管を素子とする自動計算機を開
発したのは, ジョン・アタナソフである.

　真空管とは, 内部に陰極と陽極を封入した管
のことである. 熱電子を流れやすくするために
内部は真空になっているので真空管と呼ばれ
る. 陰極を高温にして熱電子放出効果により,
陰極表面から比較的低い電圧により電子を放
出させて, 陽極がこれをキャッチする. この熱

J・アタナソフ

電子を電界や磁界により制御することにより増幅, 検波, 整流, 発振
ができる. 実際は, ガラスや金属あるいはセラミックスなどで作ら
れた容器内部に複数の電極を配置し, 内部を真空もしくは低圧とし
少量の稀ガスや水銀などを入れた構造になっている. 発明は 1904
年である.

　想像できるように 原理的に熱電子源であるフィラメントやヒー
ターが必要なので消費電力が莫大に大きく, さらに発熱する. その

ため, 寿命が短かく, 数千時間程度しかもたない. 仮に1万時間の寿命だとすれば, 1万本の真空管を使えば, 1時間に一本の割合いで壊れることになる. さらに, 真空管そのものが大きいために機器の小型化や耐震性に問題が残る. 真空管にはこのような欠点があった. しかし, 当時としては画期的なものであったことは間違いない. ちなみに, 後にトランジスタが発明され1960年代以降, 真空管生産が減少し, さらに, トランジスタも, 現在, 集積回路に形を変えている.

さて, 1930年代半ば, 物理学者だったアタナソフは, 連立一次方程式を解くことができる自動計算機を構想した. アタナソフは, クリフォード・ベリーを助手として, 1939年の終わりに自動計算機を完成させた. この自動計算機は演算部と記憶部が分かれていて, 演算部には真空管が採用されていた. 1940年12月, アタナソフはアメリカ科学振興協会の会合でジョン・モークリーと出会った. モークリーは気象学に関心を持っていて, 太陽の活動が天候に及ぼす影響を調べようと, 真空管かネオン管を使って自動計算機を組み立てようと考えていたが, 彼は, アタナソフと会うまでは自動計算機の回路を自分では全く組み立てられなかった.

アタナソフは, モークリーに自分の自動計算機のことを話し, モークリーは1941年6月, アタナソフの自動計算機を見学した. アタナソフとベリーの自動計算機は, 真空管を使って自動計算機を製作できることを実証した点で, きわめて重要な意味を持っている. ただ, 記憶を読み出すのに時間がかかってそれほど高速ではなかったうえ, 故障も多く満足に動かなかった. 結局, アタナソフとベリーの自動計算機はアメリカの参戦などのゴタゴタで試作機のままで終わってしまった. その試作機はと呼ばれている.

2 ENIAC

1941 年頃, モークリーはペンシルヴァニア大学ムーアスクールの電気工学科に所属しており, ジョン・エッカートと出会った. エッカートは当時修士課程を終えたばかりの大学院生だった. アタナソフとの偶然の出会いによって自動計算機に関心を強めていたモークリーは, 1942 年 8 月, 『高速真空管装置の計算への利用』というメモをつくり, 真空管による自動計算機構想の概略をまとめた. 1943 年 4

J・モークリー (左) と J・エッカート

月には, エッカートとともに '電子差分解析機' の製作を提案する企画書を作成し, 陸軍に提出した.

この提案は弾道学研究所に採用され, 1 年後には基本設計がまとまった. このとき, 自動計算機の名前は ENIAC (electronic numerical integrator and calculator) に変更された. ENIAC は計算のためのデータと命令を遂一, コンピューターに一つ一つ外部より与えて計算を進める遂次制御方式という方式で動いていた. 内部の数値表現は 10 進数で, 記憶部と演算部は一体となっていたのでアタナソフの自動計算機とはアーキテクチャがまったく異なっていた. 次の仕様からわかるように ENIAC は巨大であったために電源を入れると弾道学研究所のあったフィラデルフィア中の明かりが一瞬暗くなったという噂が生まれた. 真空管は毎日数本が壊れ修理には毎回 30 分ほどかかった. 故障の大部分は電源の投入・切断時に起きていた. これは真空管のヒーターとカソードの加熱と冷却の際にもっともストレスがかかるためであった. そこで, 真空管を改良し, 真空管の故障率を 2 日に 1 本という割合にまで低減させ, 1954

年には 116 時間（<5 日）という連続運転記録を達成している．116
時間しか動かない計算機は現代では全く使い物にならないが，当時
は画期的であった．

ENIAC

　ENIAC は逐次制御方式だったので計算するときは，ケーブルの
配線を人手で組み替えて命令を与える必要があった．これまた現代
では考えられない作業である．さて，ENIAC は，配線を組み替える
必要はあったが，実質的にいかなる問題も解けた．それが，史上初の
コンピューターと呼ばれる由縁である．モークリーとエッカートは
史上初の素子型自動計算機 ENIAC を開発したことになった．終戦
後，1946 年 11 月 9 日，ENIAC は完成する．この計算機は弾道計算
だけではなく，例えば水爆の設計にも使われ，1949 年には円周率を
2037 桁まで計算することに成功した．最終的に 1955 年 10 月 2 日
まで運用された．

> ─ ENIAC の仕様 ─
>
> - 幅 30m・高さ 2.4m・奥行き 0.9m, 設置面積 167 ㎡
> - 重量 27 トン, 消費電力 150kW, 真空管 17468 本
> - 計算回数 5000 回/秒, 逐次制御方式, 10 進数

3 EDVAC

ENIAC が弾道計算を越えて, 多くの問題に
適用されるようになったのには, ENIAC 開発
グループとフォン・ノイマンとの出会いが重要
だった. 1944 年初夏, ハーマン・ゴールドスタ
イン大尉は, 弾道学研究所のあるアバディーン
で, フォン・ノイマンと会った. 自分自身数学
者だったゴールドスタイン大尉は, 弾道学研究
所で ENIAC プロジェクトを採用した中心人
物だった. フォン・ノイマンは気さくにゴール

H・ゴールドスタイン

ドスタイン大尉と話していたが, ENIAC の話題を持ち出すと, 顔
色を変えて舌鋒鋭く質問を飛ばし始めた.

> ─ ENIAC の問題点 ─
>
> (1) 記憶容量が足りない.
> (2) 10 進数のため回路が複雑で真空管の本数が多過ぎる.
> (3) プログラム毎に配線を変えるので時間と手間がかかる.

フォン・ノイマンは, 当時, 爆縮の研究で, 原爆を効率的に爆発さ
せるための複雑な偏微分方程式をどう解くかに頭を悩ませていた.
複雑な計算に使える自動計算機を探していたフォン・ノイマンに

とって, ENIAC は理想的な自動計算機と考えられた. 1944 年 8 月, フォン・ノイマンは ENIAC を見学し, ENIAC の論理設計に大きな問題があることに即座に気づいた. このとき ENIAC はまだ稼働していない. フォン・ノイマンは ENIAC グループの顧問に就任して, グループとともに改良に取り組むことになった. ENIAC の後継機は EDVAC (electronic discrete variable automatic computer) と呼ばれた. ENIAC と同様, EDVAC はペンシルベニア大学が弾道学研究所のために製作したが, EDVAC の方式は ENIAC の逐次制御方式とは異なりプログラム記憶方式と呼ばれる. 次の点を改良した.

改良点

(1) 記憶容量の不足解消のために, 水銀遅延線を使った.

(2) 2 進数を採用し, 真空管の本数を 1/3 に減らした.

(3) 基本回路に論理回路を採用し, 演算部と記憶部を分離した. 記憶部にプログラムとデータを一緒に格納し, プログラムの変更が簡単に出来るようにした. その結果複雑なアルゴリズムも自動的に連続実行できるようにした.

1945 年春には, ほぼアイデアが固まったので, フォン・ノイマンは整理を始めた. フォン・ノイマンは, ニューメキシコ州ロスアラモスまで電車で通勤中に EDVAC の報告書を手書きで書き, ゴールドスタインは, その報告書をタイプし複製した.

それが 1945 年 6 月 30 日の日付の『EDVAC に関する報告書の第一草稿』である. この報告書はノイマンの名で発表されているが, 実際には, EDVAC 開発チームの創案によるものであり, 発想を実用化に導いた功績はフォン・ノイマンにあるものの, 決して彼個人の独創ではなかったと指摘されている. フォン・ノイマンはあくま

でも内部向けと考えていたので, 報告書の著者名は自分一人としたが, その後評判を呼んだこの草稿は外部にも漏れ, フォン・ノイマンの名声とともに, この草稿はさらに有名になった.

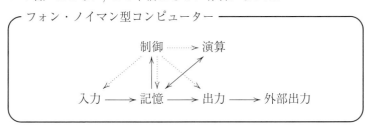

┌─ フォン・ノイマン型コンピューター ──────

制御 ┈┈> 演算

入力 ──> 記憶 ──> 出力 ──> 外部出力

上図で, 破線矢印は制御信号, 矢印はデータの流れを表す. また, 外部記憶装置はパンチカード, 紙テープ, 磁気ワイヤ, 鋼鉄テープなど.

　基本原理がフォン・ノイマンよって明確に定義されたことから, 新しい原理のコンピューターはフォン・ノイマン型コンピューターと呼ばれるようになった. フォン・ノイマンはそれを 6 つの主要な装置 (演算, 制御, 記憶, 入力, 出力, 外部出力) に細分している. EDVAC は 1949 年 8 月に弾道学研究所に運び込まれ, いくつかの問題に対処した後, 1951 年に部分的に稼動した.

┌─ EDVAC の仕様 ──────────

- 設置面積 45.5 ㎡, 重量 7850 kg
- 消費電力 56kW, 計算回数 1182 回/秒
- 真空管約 6000 本, ダイオード約 12000 個
- プログラム記憶方式, 2 進数

　EDVAC は設置面積, 重量, 消費電力が ENIAC の 1/3 に抑えられた. 完成までに時間がかかったのは, ペンシルベニア大学とエッカートとモークリーとの間で特許権を巡る争いがあったためといわれている. EDVAC では加算に 846 マイクロ秒かかったというか

ら, 1 秒間に 1182 回の加算ができたことになる.

　2013 年に NVIDIA が発表したスマートフォン向けの Tegra K1 SoC は 3650 億回/秒の計算ができる. また Tegra K1 SoC は 5W 程度の消費電力だから, 計算能力は ENIAC の 7300 万倍で, 消費電力は 3 万分の 1 になったことになる. すなわち, 1W あたりの計算性能は約 2.2 兆倍改善されたことになる. そして, これが手のひらに載るスマートフォンに入るというのは驚くべきことである. 真空管から LSI, そして微細化とアーキテクチャの発展がこの進歩を可能にした. 大きい方では理化学研究所のスーパーコンピューター富岳は 1 秒間に 4.1553×10^{17} 回の計算ができる. これは EDVAC の $3.5 \times 10^{14} = 350$ 兆倍である. ただし, 富岳には 1300 億円の開発費用がかかっており, 維持費は年間 160 億円. また, 幅 80cm, 奥行き 140cm, 高さ 220cm, 重量約 2 トンの自動計算機が 432 台連なっていることもお忘れなく.

富岳の仕様

- 設置面積約 480 ㎡
- 重量約 860 トン
- 消費電力 3-4 万 kW
- 計算回数 4.1553×10^{17} 回/秒

　フォン・ノイマンの EDVAC 報告書の影響を受けて, アメリカでコンピューターの研究開発が推進される. 例えば, もともとパンチカードの会社であった IBM (International Business Machines Corporation) は 1952 年に商用のコンピューター一号機 IBM701 を完成させ 18 台を出荷した. EDVAC 報告書は, 現代のコンピューティングの出発点であった.

4 オートマトン

フォン・ノイマンはロスアラモス研究所で「機械は自分自身を複製することができるか」という問題を考えている. オートマトンとは, 複数の格子状のセルの単純な時間発展の模型で, 生命現象, 結晶成長, 乱流といった複雑な自然現象を解析できると信じられている. 実際, フォン・ノイマンは自己複製するオートマトンを構成した. フォン・ノイマンが提示した模型は, 生命現象を自動計算機で仮想的に実現するという, 人工生命研究における重要な手法の元祖になっている.

オートマトンは, ロスアラモス研究所で同僚だったスタニスワフ・ウラムとフォン・ノイマンが発見した. ウラムは 1909 年 4 月 3 日にオーストリア・ハンガリー帝国で生まれたユダヤ人で, 1935 年にフォン・ノイマンに招かれてプリンストン高等研究所を訪れている. 1943 年からはフォン・ノイマンの招きでマンハッタン計画にも参加した.

1950 年代, ウラムとフォン・ノイマンは液体の動きを計算する方法を生み出した. その中心となった考え方は液体を離散的単位の集まりとみなすということで, 各単位の動作をその近傍の挙動に基づいて計算する. それらが元となってオートマトンが生まれた.

S・ウラム

オートマトンの概略を以下で説明する. 各格子点には状態という概念が定義されている. 時刻 T での格子点の状態とその近傍の格子点の状態によって, 時刻 $T + 1$ での格子点の状態が決定される. 次の例は 1 次元のオートマトンの例である. 時刻

$T+1$ の i 番目の格子点の状態 S_i^{T+1} は時刻 T の近傍の格子点の状態 $S_{i-1}^T, S_i^T, S_{i+1}^T$, で決まる.

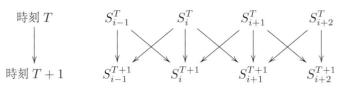

1 次元オートマトンの例

　フォン・ノイマンの考案したオートマトンは 2 次元で, 格子点の時間発展は隣接する上下左右 4 つの格子点で決まる. 1 つの格子点あたり 29 個の状態を持っていた. [75, 第 2 章] にならって簡単に説明しよう. 構造は極めて単純だが組合せ論的な複雑さがある. 状態の個数が 29 というのは, 妙に中途半端な数で, 素数ということも目を引くが, 実は次の理由による. 状態には, 伝達 (transmit) 状態 $T_{u\alpha\varepsilon}$, 合流 (confluent) 状態 $C_{\varepsilon\varepsilon'}$, sensitized 状態 S_Σ, 最後に興奮不可能 (unexcitable) 状態 U がある. 伝達状態 $T_{u\alpha\varepsilon}$ は, 伝達の向き $\alpha = $ 右 $= 0,$ 上 $= 1,$ 左 $= 2,$ 下 $= 3$ の 4 通りに分かれる. α ごとに, 興奮状態 $T_{u\alpha1}$ と静穏状態 $T_{u\alpha0}$ に分かれ, また, α, ε ごとに, 特別状態 $T_{1\alpha\varepsilon}$ と普通状態 $T_{0\alpha\varepsilon}$ に分かれる. 合わせて, 16 個の伝達状態が存在する. 合流状態 $C_{\varepsilon\varepsilon'}$ は $C_{1\varepsilon'}$ が興奮状態, $C_{0\varepsilon'}$ は静穏状態. $C_{\varepsilon0}$ は '次に静穏' 状態, $C_{\varepsilon1}$ は '次に興奮' 状態を表す. Sensitized 状態 S_Σ は $\Sigma = \theta, 0, 1, 00, 01, 10, 11, 000$ の 8 通りが存在する. ここまでで $16 + 4 + 8 = 28$ 個. 最後に U が一つで総数が 29 個になる. 29 個の状態全体の集合を $\mathfrak{S}$ と表す. フォン・ノイマンは格子点を $\vartheta = (i, j) \in \mathbb{Z} \times \mathbb{Z}$ と書いて, 離散的な時刻 t での格子点 ϑ の状態を n_ϑ^t と表す. 格子点 $\vartheta = (i, j)$ を固定する. ϑ の状

態の時間発展の規則 F は,自分自身と自身の上下左右の格子点で決まるから $F : \mathfrak{S} \times \mathfrak{S}^4 \to \mathfrak{S}$ で,

$$n_\vartheta^t = F(n_\vartheta^{t-1}, n_{\vartheta'}^t, \vartheta' = (i \pm 1, j), (i, j \pm 1))$$

と表せる.規則 F の考えられる全個数は $29^{29^5} = 29^{20511149} \approx 10^{3 \times 10^7}$ 個存在する.この中から自己増殖するような F を選ぶことになる.この数は宇宙に存在する陽子数 10^{80} 個より遥かに多い.といえば,何か途方もないことを考えているような気持ちになるが,実際は $10^{3 \times 10^7} < \infty$ であり,有限個の関数の話なので,5 つしか関数が存在しない世界と気持ちは同じ.つまり,一つ一つ試せばいつか終わる(宇宙の陽子数より多いのに...).

フォン・ノイマンの導入した規則 (T.1)-(T.4) を紹介する.これは [75, 2.8 節] で与えられている.$n_\vartheta^{t-1} = T_{u\alpha\varepsilon}, C_{\varepsilon\varepsilon'}, U, S_\Sigma$ のとき n_ϑ^t を決める規則を与えればいい.やや複雑だが紹介しよう.$v^0 = (1,0)$, $v^1 = (0,1)$, $v^2 = (-1,0)$, $v^3 = (0,-1)$ と約束する.また,S_Σ で $\Sigma = \theta, 0, 1, 00, 01, 10, 11, 000$ だった.

$$\Sigma 1 = 1, 01, 11, 001, 011, 101, 111, 0001$$
$$\Sigma 0 = 0, 00, 10, 000, 010, 100, 110, 0000$$

とする.右側の添字で Σ に含まれないものは,

$$001, 011, 101, 111, 0001, 010, 100, 110, 0000$$

である.次のように約束する.$S_{0000} = T_{000}$, $S_{0001} = T_{010}$, $S_{001} = T_{020}$, $S_{010} = T_{030}$, $S_{011} = T_{100}$, $S_{100} = T_{110}$, $S_{101} = T_{120}$, $S_{110} = T_{130}$, $S_{111} = C_{00}$.これで準備完了.

┌─ フォン・ノイマンによる 29 状態の時間発展の規則 ─

(T-1) $n_\vartheta^{t-1} = T_{u\alpha\varepsilon}$ は次で $n_\vartheta^t = U, T_{u\alpha1}, T_{u\alpha0}$ に変わる.

U　　$n_{\vartheta'}^{t-1} = T_{u'\alpha'1}(\exists\vartheta' \ st \ \vartheta - \vartheta' = v^{\alpha'} かつ u \neq u') - (*)$

$T_{u\alpha1}$
$\begin{cases} (*) が不成立で \\ n_{\vartheta'}^{t-1} = T_{u\alpha'1}(\exists\vartheta' \ st \ \vartheta - \vartheta' = v^{\alpha'} \neq -v^\alpha) \\ または \\ n_{\vartheta'}^{t-1} = C_{1\varepsilon'}(\exists\vartheta' \ st \ \vartheta - \vartheta' = v^\beta \neq -v^\alpha \ \forall\beta) \end{cases}$

$T_{u\alpha0}$　その他

(T-2) $n_\vartheta^{t-1} = C_{\varepsilon\varepsilon'}$ は次で $n_\vartheta^t = U, C_{\varepsilon'1}, C_{\varepsilon'0}$ に変わる.

U　　$n_{\vartheta'}^{t-1} = T_{1\alpha'1}(\exists\vartheta' \ st \ \vartheta - \vartheta' = v^{\alpha'}) = (*)$

$C_{\varepsilon'1}$
$\begin{cases} (*) が不成立で \\ n_{\vartheta'}^{t-1} = T_{0\alpha'1}(\exists\vartheta' \ st \ \vartheta - \vartheta' = v^{\alpha'}) \\ かつ \\ n_{\vartheta'}^{t-1} \neq T_{0\alpha'0}(\vartheta - \vartheta' = v^{\alpha'}) \end{cases}$

$C_{\varepsilon'0}$　その他

(T-3) $n_\vartheta^{t-1} = U$ は規則で $n_\vartheta^t = S_\theta, U$ に変わる.

S_θ　$n_{\vartheta'}^{t-1} = T_{u\alpha'1}(\exists\vartheta' \ st \ \vartheta - \vartheta' = v^{\alpha'})$
U　その他

(T-4) $n_\vartheta^{t-1} = S_\Sigma$ は次で $n_\vartheta^t = S_{\Sigma1}, S_{\Sigma0}$ に変わる.

$S_{\Sigma1}$　$n_{\vartheta'}^{t-1} = T_{u\alpha'1}(\exists\vartheta' \ st \ \vartheta - \vartheta' = v^{\alpha'})$
$S_{\Sigma0}$　その他

└─

自分で絵を描いてみればわかるが, 代数的な式だけ眺めてもピンと
こないだろ. 例えば, $n_{\vartheta'}^{t-1} = T_{u'\alpha'1}(\exists\vartheta' \ st \ \vartheta - \vartheta' = v^{\alpha'})$ とは, ϑ
の上下左右のどこかに, ϑ に流入する伝達状態が存在するというこ

とをいっているに過ぎない.

時刻 t での状態の配置を次で定義する. $s_t : \mathbb{Z} \times \mathbb{Z} \ni \vartheta \mapsto n_\vartheta^t \in \mathfrak{S}$. 有限オートマトンを, $\# s_t^{-1}(\mathfrak{S} \setminus \{U\}) < \infty$ で定義する. つまり, 格子点上の状態は有限個を除いて, 興奮不可能状態 U である. フォン・ノイマンはこの模型で 20 万個の格子点を使って, それが無限に自己複製を繰り返すことを数学的に証明した.

第5章

フォン・ノイマンのゲーム理論

1　ゲーム理論とモルゲンシュテルン

　フォン・ノイマンは，ドイツ時代から意思決定理論にも興味をもっている．意思決定理論はゲーム理論ともいわれる．事実，1928年，既に，ゲーム理論について論文 [56] を書いている．量子論の数学的な基礎付けの研究と同時にゲーム理論を研究していたことになる．

O・モルゲンシュテルン

　オスカー・モルゲンシュテルンは 1902 年 1 月 24 日にドイツで生まれた経済学者である．フォン・ノイマンより一年年長で，オーストリアで学びアメリカで活躍した．1938 年ナチスによるドイツのオーストリア併合があり，その結果ウィーン大学を解雇され，同年にプリンストン大学教授となった．この頃プリンストン高等研究所で初めてフォン・ノイマンと邂逅した．そして 1944 年にフォン・ノイマンと共著でゲーム理論の名著 [77] を出版した．これによってゲーム理論が誕生したといわれている．ゲーム理論はフォ

ン・ノイマンの名声とともに企業戦略の基本的な数学的道具として後世に多大な影響を与えた. 現在でもミクロ経済学の教科書には必ず登場する. ゲーム理論の対象は複数のグループが参加する戦略的状況下での利得競争である.

自分の利益はちょうど相手の損, 自分の損はちょうど相手の利益になるゲームをゼロサムゲームという. フォン・ノイマンは [77] でゼロサムゲーム理論における合理的選択の基準の一つであるミニマックス定理を証明している. ここで, 合理的というのは, ある目的をもって戦略を選択し競争に挑むということである. 何も考えず, 成功の確率の少ない戦略を選択して一攫千金を狙うのは合理的な選択ではない. フォン・ノイマンのいう合理的選択とは理論的にわかる利得の下限を下回らない選択のことである.

2 純粋戦略

	B_1	$\ldots$	B_j	$\ldots$	B_n
A_1	(p_{11}, q_{11})				(p_{1n}, q_{1n})
$\vdots$					
A_i			(p_{ij}, q_{ij})		
$\vdots$					
A_m	(p_{m1}, p_{m1})				(p_{mn}, q_{mn})

A と B の利得表

2 人でするゼロサムゲームは, 現代の視点でみると簡単な線形代数の問題なので, その概略を紹介しよう. 2 人でするゼロサムゲームを定義する. A と B の 2 人がルールを決めてゲームをする. A は戦略 $\{A_1, \ldots, A_m\}$, B は戦略 $\{B_1, \ldots, B_n\}$ をもっていると仮

定する. 次のように A と B の利得を仮定する.

　前ページの表は次のように読む. A が戦略 A_i を採用し, B が戦略 B_j を採用すれば, A の利得は p_{ij} で, B の利得は q_{ij} である. 勿論 $p_{ij}, q_{ij} \in \mathbb{R}$ なので負になることもあり, 例えば, p_{ij} が負のとき, A は $-p_{ij}$ だけ損をしたと読む. A の利得表が次で与えられたとする.

	B_1	B_2
A_1	2	-1
A_2	-3	0

A の利得表

　A が A_1, B が B_1 を戦略として採用すれば A は 2 獲得する. A が A_1, B が B_2 を戦略として採用すれば A は 1 損をする.

　ゼロサムゲームを以下のように定義する.

ゼロサムゲームの定義
$$p_{ij} + q_{ij} = 0 \quad \forall ij$$

　これが意味することは, 自分の得と相手の損が帳消しになっているということである. 勝ちすぎて, 第3者から税金が課せられるとか, 場所代を召し上げられるとかそういうことが起きないといっている. 上の例でゼロサムゲームとすれば必然的に B の利得表は次のようになる. つまり A が A_1, B が B_1 を戦略として採用すれば A は 2 獲得して B は 2 損をすることになる. さて,

$$\alpha = \max_i \min_j p_{ij} \quad \beta = \min_j \max_i p_{ij}$$

を夫々ゲームの下限 (またはマックスミニ値), 上限 (またはミニマックス値) という.

	B_1	B_2
A_1	-2	1
A_2	3	0

ゼロサムゲームの B の利得表

以下, A からの目線で考える. 下限の意味は次のようになる. 戦略 A_i を採用してゲームに臨んだときの最低の利得が $\min_j p_{ij}$ である. さらに i で最大値を選んだのが α だから, α が正であれば理論的に稼げる最低の利得である. または, α が負であれば $-\alpha$ は理論的にこれ以上損をしないという値である. α を A が得られる利得の下限と言い表す. ゼロサムゲームだから, B が得られる利得の下限は $-\beta$ である. 何故ならば

$$\max_i \min_j q_{ij} = \max_i \min_j (-p_{ij}) = -\min_i \max_j p_{ij} = -\beta$$

さて, 確定的なゲームという概念を次のように定義する.

確定的なゲーム

$\alpha = \beta$ となるときゲームは確定的といい, そのような戦略の組 $\{A_i, B_j\}$ を均衡戦略という.

例えば次のような A の利得表を考える.

	B_1	B_2	B_3
A_1	5	6	4
A_2	1	8	2
A_3	7	2	3

A の利得表

各列の max と各行の min を表記すれば次のようになる.

	B_1	B_2	B_3	min
A_1	5	6	4	4
A_2	1	8	2	1
A_3	7	2	3	2
max	7	8	4	

A の利得表に min と max を記入

そうすると $\alpha = \beta = 4$ となるから, このゲームは確定的である. 確定的なゲームとは A, B 各々が合理的な気持ちでゲームに臨んだとき到達する等しい利得である. 上の例で A は戦略 A_1 を選ぶのが合理的な選択である. その理由を説明しよう. 利得が少ない場合を考える. 次の3通りがある.

(1) A が A_1 を選択する. B が B_3 を選択すればがっかり.
(2) A が A_2 を選択する. B が B_1 を選択すればがっかり.
(3) A が A_3 を選択する. B が B_2 を選択すればがっかり.

合理的選択では最低限のがっかりを狙う. つまり (1) を選択する. そうすれば最低でも利得4を獲得できる. 今度は利得が多い場合を考える. 次の3通りがある.

(1) B が B_1 を選択する. A は A_3 を選択すればボロもうけ.
(2) B が B_2 を選択する. A は A_2 を選択すればボロもうけ.
(3) B が B_3 を選択する. A は A_1 を選択すればボロもうけ.

合理的選択では最低限のもうけを狙う. つまり (3) を選択する. そうすれば最低でも利得4を獲得できる. ゲームが確定的だから A_1

を選択すると, B は何を選択しようと A は最低でも利得 4 を獲得できる. 以上まとめると, A_1 を選択すれば利得 4 以上が '確定した'.

次の利得表を考えよう. 各列の max と各行の min を表記した.

	B_1	B_2	B_3
A_1	-4	2	0
A_2	4	3	1
A_3	1	-3	2

A の利得表

$\rightarrow$

	B_1	B_2	B_3	min
A_1	-4	2	0	-4
A_2	4	3	1	1
A_3	1	-3	2	-3
max	4	3	2	

A の利得表に max,min を記入

故に $1 = \alpha \neq \beta = 2$ となりこのゲームは確定的ではない.

ゲーム理論で重要な鞍点を定義しよう.

$$p_{it} \leq p_{st} \leq p_{sj} \quad \forall ij$$

となるとき p_{st} を鞍点という. t 列を止めて i 行を動かしたとき p_{st} は最大値を与えるが,

一方で s 行を止めて j 列を動かしたとき p_{st} は最小値を与えるので鞍点と呼ばれるのは納得できるだろう. 利得表に鞍点は一般には存在しないこともあれば, 複数個存在することもある. はじめの例では鞍点が存在する. それは (A_1, B_2) の 4 である. 2 つ目の例では鞍点が存在しない.

次が成り立つ

ゲームが確定するための必要十分条件

(1) ゲームが確定する $\Longleftrightarrow$ 鞍点が存在する.

(2) 鞍点の値は存在すれば全て等しい.

この定理から, 利得表に鞍点が存在すれば, 鞍点の存在する行の戦略を採用すれば, 利得が下限 α を下回ることはない. つまり最も合理的な選択であることが分かるだろう. 勿論, 一回きりのゲームで一攫千金を狙う人はそうはいかないが.

3   混合戦略

2 人のゼロサムゲームで鞍点が存在しなければ合理的なゲームの落とし所が存在しないことになる. しかし, フォン・ノイマンはゼロサムゲームを複数回実行すればある種の均衡戦略に近づけることが可能だということを示した. それをみよう.

前節まで, A の戦略は $\{A_1, \ldots, A_m\}$ の m 個で, この中から一つの戦略を選んだ. これを純粋戦略という. ここでは混合戦略という概念を導入しよう. $x_1 + \cdots + x_m = 1$, $x_j \geq 0$ とする. x_j は A_j が選択される確率を表している. 形式的に

$$x_1 A_1 + \cdots + x_n A_n$$

を混合戦略という. 特に, $x_j = \delta_{ij}$ とするとき A_i となり純粋戦略になる. 例えば, $x_j = n_j/N$ とする. $n_1 + \cdots + n_m = N$ で, n_j は非負整数とする. このとき, 戦略 $x_1 A_1 + \cdots + x_n A_n$ の意味は, N 回のゲームで, A_1 を n_1 回採用し, A_2 を n_2 回採用し, . . . ということと思ってもいい.

記述を簡単にするために A の利得表の成分だけ抜き出して $m \times n$ 利得行列を考え, P とおく.

$$P = \begin{pmatrix} p_{11} & \cdots & p_{1n} \\ \vdots & \ddots & \vdots \\ p_{m1} & \cdots & p_{mn} \end{pmatrix}$$

以下のように集合 X, Y を定める.

$$X = \{x = \begin{pmatrix} x_1 \\ \vdots \\ x_m \end{pmatrix} \mid \sum_i x_i = 1, x_i \geq 0\}$$

$$Y = \{y = \begin{pmatrix} y_1 \\ \vdots \\ y_n \end{pmatrix} \mid \sum_j y_j = 1, y_j \geq 0\}$$

$x \in X,\ y \in Y$ とする. $\mathbb{R}^m$ のユークリッド内積を $(z, w) = \sum_{j=1}^m z_j w_j$ とする. A は戦略 $x_1 A_1 + \cdots + x_m A_m$ を採用して B は戦略 $y_1 B_1 + \cdots + y_n B_n$ を採用したと仮定する. これは, 確率 x_i で A_i が, 確率 y_j で B_j が採用されると読むのだった. このとき, (x, Py) を A の期待利得という. 期待利得の意味は次である. 利得表の p_{ij} が採用される確率は A_i と B_j が採用される確率の積だから $x_i y_j$ となる. つまり, このゲームの期待値は $\sum_{i,j} x_i p_{ij} y_j$ であるが, これがまさに期待利得である.

$$\text{期待利得} = (x, Py) = \sum_{i,j} x_i p_{ij} y_j = \text{ゲームの期待値}$$

ゼロサムゲームなので期待値が負になることも勿論ありえる. 混合状態の確定的なゲームを次で定義する.

┌─ 確定的なゲーム ─────────────────────────

　(1) 次が成り立つときゲームは確定的という.

$$\max_{x \in X} \min_{y \in Y} (x, Ay) = \min_{y \in Y} \max_{x \in X} (x, Ay) = v$$

　(2) $v = (x, Ay)$ となる組 $(x, y) \in X \times Y$ を均衡点という.

└──────────────────────────────────

　フォン・ノイマンは次を示した.

┌─フォン・ノイマンのミニマックス定理────────────
│
│　任意のゼロサムゲームには混合戦略で均衡点が存在する.
│
└──────────────────────────────────

混合戦略の組み合わせの確率 $x \in X$ を決定するのにミニマックス定理を適用すると, 両者の妥協点がみつかる. これがミニマックス定理である. 前節同様に鞍点を定める.

$$(x, Pq) \leq (p, Pq) \leq (p, Py) \quad \forall x, y$$

となるとき $(p, q) \in X \times Y$ を鞍点という.

$$E(x, y) = (x, Py) : X \times Y \to \mathbb{R}$$

を期待利得関数という.

　混合戦略で均衡点 (x^*, y^*) での期待利得関数の値 $E(x^*, y^*)$ をゲームの値といい $v(A) = E(x^*, y^*)$ と表す. $e_j (\in X$ または $\in Y)$ は第 j 番目だけ 1 で, 他は全て 0 とする. 次のことが成立する.

┌─均衡点とゲームの値──────────────────────
│
│　(1) (x^*, y^*) は均衡点 $\Longleftrightarrow (x^*, y^*)$ は鞍点
│　(2) (x^*, y^*) が均衡点で v がゲームの値
│　　　$\Longleftrightarrow E(e_i, y^*) \leq v \leq E(x^*, e_j) \quad \forall i, j$
│　(3) (x^*, y^*) が均衡点で v がゲームの値
│　　　$\Longrightarrow \max_i E(e_i, y^*) = v = \min_j E(x^*, e_j)$
│
└──────────────────────────────────

　例を一つ示そう. この例はフォン・ノイマンと一緒に爆弾の研究をし, BBC の科学ドキュメンタリーの作家でもあるジェイコブ・ブロノフスキーがフォン・ノイマンから教えてもらった例である. [100, 253 ページ] に紹介されているが解法が記されていないのでここで考えてみる.

光くんと有衣さんが次のようなゼロサムゲームをする．自分も相手も同時に1本か2本の指を突き出して相手の出す指の数を予想して1か2という．両方とも当たりかはずれだと無得点．自分だけ当たりなら二人の指の数の合計が点数となる．'n 本指を出して, m という' 戦略を $[n, m]$ と記せば, 光くんの利得表は次のようになる．

	$[1, 1]$	$[1, 2]$	$[2, 1]$	$[2, 2]$
$[1, 1]$	0	2	-3	0
$[1, 2]$	-2	0	0	3
$[2, 1]$	3	0	0	-4
$[2, 2]$	0	-3	4	0

光くんの利得表

これを行列表示する．

$$P = \begin{pmatrix} 0 & 2 & -3 & 0 \\ -2 & 0 & 0 & 3 \\ 3 & 0 & 0 & -4 \\ 0 & -3 & 4 & 0 \end{pmatrix}$$

期待利得関数 $E(x, y) = (x, Py)$ を求めよう．ここで注意が一つ．P は歪対称なので

$$\min_y \max_x (x, Py) = \min_y \max_x (-(y, Px))$$
$$= \min_y (-\min_x (y, Px)) = -\max_y \min_x (y, Px)$$

つまり, ゲームの値は $v = 0$ である．また, $E(x, x) = -E(x, x)$ な

ので $E(x,x) = 0$.

$$p = \begin{pmatrix} x \\ y \\ z \\ w \end{pmatrix}, \quad x + y + z + w = 1, \quad x, y, z, w \geq 0$$

として混合戦略

$$x[1,1] + y[1,2] + z[2,1] + w[2,2]$$

を考える. このゲームの均衡点を求めよう. 期待利得関数は

$$E(p, e_1) = -2y + 3z, \quad E(p, e_2) = 2x - 3w$$
$$E(p, e_3) = -3x + 4w, \quad E(p, e_4) = 3y - 4z$$

となる. 均衡点 (x^*, y^*) とゲームの値 $v = 0$ は

$$E(e_i, y^*) \leq v \leq E(x^*, e_j) \quad \forall i, j$$

を満たすのだった. $x^* = p$ として, 右側の $j = 2, 3$ の不等式に注目すると, $2x - 3w \geq 0$ かつ $-3x + 4w \geq 0$ となるのは $x = w = 0$ のみ. $j = 1, 4$ の不等式から, y, z については

$$-2y + 3z \geq 0$$
$$3y - 4z \geq 0$$

となる. $y = 1 - z$ を代入すると以下のようになる.

$$\frac{2}{5} \leq z \leq \frac{3}{7}$$

左側の不等式も同様に解けて, 均衡点は

$$(x^*, y^*) = (\begin{pmatrix} 0 \\ 1-z \\ z \\ 0 \end{pmatrix}, \begin{pmatrix} 0 \\ 1-z' \\ z' \\ 0 \end{pmatrix}), \quad \frac{2}{5} \leq z, z' \leq \frac{3}{7}$$

となる. 光くんは $\begin{pmatrix} 0 \\ 1-z \\ z \\ 0 \end{pmatrix}$ の混合戦略を採る限り利得は 0 以上に

なる. ところで, 有衣さんも合理的な考えを持っているとどうなる
だろうか. 有衣さんも, 勿論 $[1,2]$ か $[2,1]$ しか選択しない混合戦略
を採るだろう. 結局このゲームはお互い利得が 0 のままということ
になる.

　次に光くんは合理的だが, 有衣さんが合理的でない場合を考えよ
う. つまり, 有衣さんがミニマックス定理を知らないとする. 光く
んは合理的だから上の議論から $x = w = 0$ となり混合戦略

$$y[1,2] + z[2,1]$$

のみを考えればいい. 故に, 改めて利得行列を

$$Q = \begin{pmatrix} -2 & 0 & 0 & 3 \\ 3 & 0 & 0 & -4 \end{pmatrix}$$

として考える. 期待利得関数は $E(q,p) = (q, Qp)$ となる. 均衡点と
ゲームの値を探そう. ゲームの値を v とすると, 均衡点 (x^*, y^*) は
次を満たす点だった.

$$E(e_i, y^*) \le v \le E(x^*, e_j) \quad \forall i \in \{1,2\}, \forall j \in \{1,2,3,4\}$$

右側の不等式を解く.

$$x^* = \begin{pmatrix} y \\ z \end{pmatrix}, y + z = 1, y \ge 0, z \ge 0$$

とする. 右側の不等式から $y = 1 - z, 0 \le z \le 1$, とすれば

$$E(x^*, e_1) = 5z - 2 \ge v$$
$$E(x^*, e_2) = 3 - 7z \ge v$$

この領域を $z - v$ 平面上で描けば次のようになる.

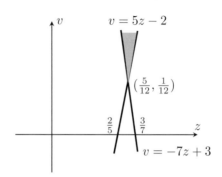

$v \leq E(x^*, e_j), \forall j \in \{1, 2, 3, 4\}$ の領域

次に左側の不等式を解く.

$$y^* = \begin{pmatrix} X \\ Y \\ Z \\ W \end{pmatrix}, X + Y + Z + W = 1, X \geq 0, Y \geq 0, Z \geq 0, W \geq 0$$

とすれば, 左側の不等式から

$$E(e_1, y^*) = -2X + 3W \leq v$$
$$E(e_2, y^*) = 0 \leq v$$
$$E(e_3, y^*) = 0 \leq v$$
$$E(e_4, y^*) = 3X - 4W \leq v$$

となる. $v < 0$ のときは解がないので, $v \geq 0$ となる. そうすると

$$W \leq \frac{2}{3}X + \frac{v}{3}$$
$$W \geq \frac{3}{4}X - \frac{v}{4}$$

この領域を $X-W$ 平面上で描けば次のようになる.

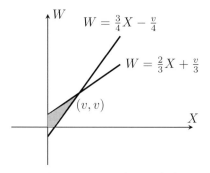

$E(e_i, y^*) \leq v \forall i \in \{1,2\}$ の領域

　上の2つのグラフを比べるとゲームの値は

$$v = \frac{1}{12}$$

で, 均衡点は

$$(x^*, y^*) = (\begin{pmatrix} 7/12 \\ 5/12 \end{pmatrix}, \begin{pmatrix} 1/12 \\ s \\ 5/6 - s \\ 1/12 \end{pmatrix}), \quad 0 \leq s \leq 5/6$$

となることがわかるだろう. まとめると以下のようになる.

┌─ 光くんと有衣さんのゲーム… 素晴らしい！ ─────

光くんも有衣さんも合理的な場合　何回ゲームをしてもお互いの利得は 0 で不変.

光くんが合理的で有衣さんが合理的でない場合　光くんが 12 ゲームで戦略 $[1,2]$ を 7 回, 戦略 $[2,1]$ を 5 回の割合で出し続ければ最低でも $1/12$ の利得を得る.

4　経済拡大モデル

4.1 経済学との出会い

N・カルドラ

　　　　　フォン・ノイマンはベルリン大学の私講師時
代の 1928 年に, ブダペストのギムナジウムミ
ンタ校出身で5歳年下のニコラス・カルドアに
会ったことがきっかけで経済学に興味をもっ
た. カルドアは 1908 年5月12日にブダペス
トで生まれ, 後にイギリスから男爵 (Baron)
の称号を与えられ, イギリスで財務大臣顧問を
勤めた. カルドアがフォン・ノイマンに数理経
済学史をまとめた本を貸したのが, 彼が経済学
に興味をもった切っ掛けであろうとノーマン・
マクレインは指摘している [100, 247 ページ].

　経済学に関しては, 1932 年にプリンストン高等研究所で僅か 30
分の数学セミナーを行っている. ウィーンの位相幾何学者で, シェ
ルピンスキーカーペットを3次元化した 'メンガーのスポンジ' で
有名なカール・メンガーが, 1936 年に, フォン・ノイマンに経済学
のセミナーをしたいと声をかけた. メンガーは数学者であるが, 父
は経済学者であり, 息子のメンガーも後にゲーム理論で業績を挙げ
る. しかし, このころ, フォン・ノイマンは 'プリンストンの憂鬱'
の時代で 1932 年のプリンストンでのセミナーをもとにしたドイツ
語の9ページのノートをメンガーに送るだけだった. メンガーは
「彼は私が出会った中で間違いなく天才に一番近い存在だ」といっ
ている. しかし, セミナーの論文集 [69] が 1937 年に出版されたが
あまり注目されることはなかった. 1937 年といえばマリエッタと
破局の最中で論文執筆にも力が入らなかったであろう. フォン・

ノイマンは 1939 年にこの論文をカルドアに送っている．そして，モルゲンシュテルンが英訳して，1945 年に『Review of Economic Studies』に掲載された [70]．この論文は後にフォン・ノイマンの経済拡大モデル（Expanding Economy Model=EEM）と名前がつけられた．1937 年の論文は，スェーデンの経済学者クヌート・ヴィクセルと，同じくスェーデンの経済学者で，あまり人気のないグスタフ・カッセルの著書を読んだのが切っ掛けと思われる．カッセルは 1918 年に『Theory of Social Economy』を著し，一般均衡系の概念を導入した．これをフォン・ノイマンが読み，安定状態成長均衡系の概念が湧き上がったといわれている．

　この論文は，半世紀後に絶賛されることになる．デューク大学の経済学者エリオット・ロイ・ワインとロープは，「この論文は数理経済学における史上最高の論文」と評している．1989 年刊の『ジョン・フォン・ノイマンと近代経済学』はノーベル経済学賞受賞者 2 名を含む 11 名で書かれたものだが，フォン・ノイマンを絶賛している．また，1937 年の論文を酷評したリチャード・グッドウィンは 80 年代「あれは生涯最大の誤りだった」と反省している．それどころか「今世紀で最も独創的な論文…」と述べている．

　経済拡大モデルとはあらゆる商品をなるべく安いコストでなるべく大量に生産するという方向に経済問題の解が存在するというものである．具体的には，生産性の低い部門から労働力を吸い上げ，実質賃金を上げることなく新しい生産業に回すというものである．日本の高度経済成長では農村から多くの労働力が都市に流れ日本経済は大成長を遂げた．

4.2 フォン・ノイマンの経済拡大モデル

論文 A model of general economic equilibrium [70] に沿ってフォン・ノイマンのモデルを紹介しよう. その特徴は以下である.

```
┌─ フォン・ノイマンの経済拡大モデル ───────────

  (1) 単位時間の生産過程を単位とする.
  (2) 生産過程の産出物に減価償却するものを含む.
  (3) 価格と経済活動の水準（intensity）が調整し合う.

```

(1) については, 例えば, 単位時間が 1 分ならば 1 時間かかる生産過程は 60 個の過程に分割する. (2) については, 例えば, スパゲティーを生産するとき,

$$\{ \text{乾麺,水,ガスコンロ,鍋,労働} \}$$

を使って産出されるのはスパゲティーだけではなく

$$\{ \text{スパゲティー,古くなった鍋,古くなったガスコンロ} \}$$

とするのである.

　抽象的な設定をする. n 個の財があって, m 回の生産過程 $P_1, \ldots, P_m$ を考える. 生産過程というのは財を財に移すものとする. 第 1 回目の生産過程で

$$(a_{11}, \ldots, a_{1n}) \overset{P_1}{\to} (b_{11}, \ldots, b_{1n}),$$

第 2 回目では,

$$(a_{21}, \ldots, a_{2n}) \overset{P_2}{\to} (b_{21}, \ldots, b_{2n})$$

として, これを m 回繰り返す. まとめて書けば

$$A = \begin{pmatrix} a_{11} & \dots & a_{1n} \\ \vdots & \ddots & \vdots \\ a_{m1} & \dots & a_{mn} \end{pmatrix} \to B = \begin{pmatrix} b_{11} & \dots & b_{1n} \\ \vdots & \ddots & \vdots \\ b_{m1} & \dots & b_{mn} \end{pmatrix}$$

となる. a_{ij} と書いたとき, i が生産過程の番号で, j は財の名前である. 財を使わなかったり, 産出されなかったときは 0 と約束する. 各財の価格を $Y = \begin{pmatrix} y_1 \\ \vdots \\ y_n \end{pmatrix}$, 各生産過程の経済活動の水準を $X = (x_1, \dots, x_m)$ とする. XA が各財の投入量, XB が各財の産出量をあらわす. $\sum x_i > 0, \sum y_j > 0$ とする. ここでは, 同じ大きさの行列 S, T に対して, $S \geq T \iff S_{ij} \geq T_{ij} \forall ij$ と約束する. 作用素としての大小関係ではないことに注意. ルールとして生産した財でもって次の生産過程に進む. 次の不等式を満たす, 価格と経済活動の水準 X, Y, 及び比率 $\alpha > 1, \beta > 1$ をみつけよというのがフォン・ノイマンのモデルである.

(1) $XB \geq \alpha XA$

(2) $BY \leq \beta AY$

(3) $A + B > 0$

(1) は投入量よりも産出量が多くなることをいい, (2) は価格が高騰しないことをいっている. フォン・ノイマンは最初の 2 式を経済方程式 (economic equation) と呼んでいる. 最後の不等式は簡単のために導入している. 直感的に $a_{ij} + b_{ij} = 0$ もあり得るので, 強い仮定のように思うが, 「任意に小さくとれるからいい」[70, 3 ページ下から 5 行目] と言い訳がましく書いている. 当時は離婚問題も

あって集中できなかったのかもしれない. X と Y が決まれば

$$\alpha = \min_{1 \leq j \leq n} \frac{\sum_i x_i b_{ij}}{\sum_{ij} x_i a_{ij}}$$

$$\beta = \max_{1 \leq i \leq m} \frac{\sum_j b_{ij} y_j}{\sum_{ij} a_{ij} y_j}$$

となることは仮定からすぐに分かる. 二次形式の比を次で定義する.

$$\phi(X, Y) = \frac{XBY}{XAY}$$

フォン・ノイマンは, ゲーム理論でも散々使った鞍点の理論を用いて, 最終的に (1) (2) を満たす解は必ず存在して,

$$\alpha = \beta = \phi(X, Y)$$

を満たすことを示した. つまり, $X(B - \lambda A) = 0$ かつ $(B - \lambda A)Y = 0$ となる, $\lambda > 1$ と X, Y が存在することが示された.

21世紀の今日, 現代数学の視点でみれば, [70] は僅か9ページの線形代数と二次形式の話題でしかない. しかし, フォン・ノイマンの偉大なところは1930年代に, 当時の経済学のおける均衡理論の著書を読み, 一瞬にして数学的な定式化を行なったことだろう. 量子力学や意思決定理論の数学的定式化など, フォン・ノイマンの得意ワザが経済学でも披露された. 一度定式化されれば, 仮定 (3) を外したり, 仮定 (1), (2) の不等式を変形した

(1′) $XB \geq \alpha XA + Q(\alpha, \beta, X, Y)$
(2′) $BY \leq \beta AY + P(\alpha, \beta, X, Y)$

のような経済モデルも考察できる. フォン・ノイマンの数学的な定式化が絶大な影響力をもったことは確かだ.

5　ゲーム理論と経済学賞

　アメリカの数学者ジョン・ナッシュは 1994
年にゲーム理論の経済学への応用に関する貢
献によりラインハルト・ゼルテン, ジョン・ハー
サニと共にノーベル経済学賞を受賞している.
ゲーム理論におけるナッシュ均衡はゲーム理
論の基本となっている. ナッシュは微分幾何学
者として有名であるが, 1950 年にプリンスト
ン大学に提出した学位論文はゲーム理論であ
る. 1950 年といえば [77] が世に出てまだ 6 年
しか経過していない. ナッシュは, 2015 年 5 月

J・ナッシュ

19 日にリーマン多様体の埋め込み問題に関する功績によりルイス・
ニーレンバーグとともにアーベル賞を受賞したが, オスロで行われ
た授賞式からの帰路, 5 月 23 日にニュージャージー州で乗っていた
タクシーが事故を起こし死亡した.

　ジョン・ハーサニは, フォン・ノイマンと同
じルーテル校出身で, エトベシュ数学賞・物理
学賞で 1 等賞になっている. フォン・ノイマン
のゲーム理論がミクロ経済学の一分野を形成
し, ノーベル経済学賞の栄誉を受け, さらに受
賞者が同じルーテル校出身のハンガリー人で
あることに対して, フォン・ノイマンが生きて
いたらどんな感想を述べただろうか.

　1994 年のノーベル経済学賞以降数多くの
ゲーム理論の研究者がノーベル経済学賞を受

J・ハーサニ

賞している. ノーベル経済学賞の常連研究分野ともいえよう. 2005

年のノーベル経済学賞は, 冷戦へのゲーム理論への応用で, ロバート・オーマンとトーマス・シェリングへ授与された. トーマス・シェリングは米ソの核抑止力を合理的なゲームとして解析し, ロバート・オーマンはアラブ・イスラエル紛争にゲーム理論を応用した. 2007 年のレオニード・ハービッツ, エリック・マスキン, ロジャー・マイヤーソンはメカニズムデザイン論のパイオニアで, ここでもゲーム理論が使われている.

　『ゲームの理論と経済行動学』の序文には, この理論はゲームそのものと, 経済学や社会学に貢献するだろうと書かれている. 発刊直後から, この本を起爆剤にして多くの研究者がゲーム理論, 経済学の視点から論文を書いた. それは, 第 2 版, 第 3 班の序文を読むとその様子がよくわかる. 1953 年の第 3 版の序文には, 『... 文献が著しく増加した. これらの著者の全てを網羅した目録をつくれば, 数百にも及ぶので,...』と言っている. なんと革命的な著書であろうか.

第 II 部

量子力学と測度論の発見

第6章

エネルギー量子の発見

1　量子論の幕開け

1.1　光の観察

　量子論の幕開けを語るには時計を 400 年ほど巻き戻さなければならない.

G・ガリレイ

　17 世期の幕開けとともに光の進む速さの議論があった. 1564 年生まれのガリレオ・ガリレイは, 当時では初老となる 45 歳を超えた 1609 年から自ら改良した 30 倍の望遠鏡で本格的に惑星の観察を開始した. 1610 年出版の『Sidereus Nuncius』(星界の報告) [87] には, 木星を観察し, 4 つの衛星が回っていることを発見したとスケッチ付きで報告されている.

『Sidereus Nuncius』によれば 1610 年の 1 月 7 日の夜から木星の観測を始め, 4 つの衛星を当初は恒星だと思った. 1 月 8 日も観測し, 翌 9 日は期待を裏切られて曇り. 10 日も観測し, 4 つの恒星の周りを木星が動いているのではなく, 木星の周りを 4 つの衛星が回っていることに気がついた. それから, 3 月 2 日まで約 2 ヶ月間に渡っ

て観測している[1]. 人類が史上初めて星が星の周りを回っていることを直接観察したのであった. 当初はガリレオの発見を受け入れるのをためらっていたイエズス会も, 1611 年に自ら作った望遠鏡で天空を観測してガリレオの発見を確認した. コペルニクスはガリレオ生誕前の 1543 年に没しているが, それから 67 年, 遂に, ギリシア文明以来のアリストテレスの形而上学とキリスト教の呪縛からヨーロッパが解き放たれて, 地動説が机上の理論から現実へ飛翔した瞬間であり, 17 世紀の科学革命の始まりの合図でもあった. 現在, この 4 つの衛星は木星に近い方から順にイオ, エウロパ, ガニメデ, カリストと呼ばれ, 命名はガリレオではなくシモン・マリウスである. ギリシア神話のゼウス（木星）の 4 人の愛人の名前から命名された. 『Sidereus Nuncius』では, トスカナ大公メジチ家のコジモ 2 世に敬意を表して, 4 つの衛星をメジチ衛星と呼んでいるが, 今日これらはガリレオ衛星と呼ばれている.

　星が星の回りを回転することを理論的に説明するには, ニュートン力学が必要だが, 現在, その様子はイメージとしては常識になっている. しかし, ニュートン力学の集大成『プリンキピア』（1687 年初版）が世に出る 80 年前の 1610 年 1 月 7 日の晩に, 一人で木星を観測していたガリレオが, 星たちが木星の周りを回っていることに気がついた瞬間の衝撃を想像すると鳥肌が立つ. アリストテレス以来, 1500 年以上不変だったヨーロッパの自然科学の重い歯車が, 一つ前に回った瞬間である.

---

[1]マリウスはガリレオより早く, 1609 年 12 月 29 日から木星の衛星の観測を開始したとされている. しかし, それはユリウス暦を使用したと考えられており, グレゴリオ暦（現行の太陽暦）に換算すると 1610 年 1 月 8 日になる. そのため, ガリレオが先に発見し, その数日後にマリウスが独立して発見したとされている.

　さらに，1638 年，ガリレオは雷には光の切れ端があることから光
の速さは測れるはずだと確信する．面白いことに 1676 年，コペン
ハーゲン大学のオーレー・レーマーは，ガリレオ衛星の一つイオが
木星の裏に回り込んで隠れる現象を利用して初めて光の速さを秒速
約 21 万 km だと求めた．余談になるが，現在，コンピューターシ
ミュレーションで，ガリレオの観測精度の素晴らしさが証明されて
いる．例えば，1613 年 1 月 28 日のガリレオによる木星と 3 つの衛
星の観測記録の右下に ‘b’ として海王星が記録されている．ガリ
レオは当初この星を恒星だと考えていたのだが，前夜の位置から移
動していることに気付き，書きとめたという．そのころの海王星は
ガリレオが記録したのとほぼ同じ位置に，暗い恒星のように見えて
いたことはコンピューターシミュレーションでわかっている．2011
年 7 月 12 日に海王星は 1846 年の公式に認められている初観測か
らようやく 1 周年を迎えた．海王星の公転周期は約 165 年である．
しかし，ガリレオが海王星を記録に残してから，公式に認められて
いる初観測まで，海王星が太陽の周りを 1 周半していたのは滑稽で
ある．

　古代から雨後の虹は謎だった．1637 年にルネ・デカルトは，著書
『屈折光学』でこの疑問に一つの答えを出した．彼は虹は大気中の
水滴が太陽光を屈折させるために現れる現象であることを証明した
が，7 色の違う色がどうして現れるのかは謎のままだった．その疑
問は 30 年後にペスト禍で大混乱のイギリスで解かれることになる．
電弱統一理論でノーベル物理学賞を受賞した，科学史家でもあるス
チーブン・ワインバーグによると「デカルトの最大の貢献は，この
虹の観測だ」という [82]．ちなみに，デカルトの代表作であり科学
哲学のブレイクスルーとなった『方法序説』は『屈折光学』の序文
である．

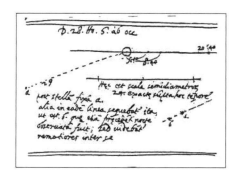

1613 年 1 月 28 日のガリレオのスケッチ. 右下 ‘b’ が海王星

　プリズムとは, ガラスなどからできた透明な三角柱で光を屈折さ
せたり分散させたりする道具である. 実は, 寒天やゼラチンでも手
軽に作ることができ, 既に一世紀頃には使われていた. 当時, ロバー
ト・フックらは白色の光を透明なプリズムに通すとプリズムがいろ
いろな色の光を生み出すと考えていた.

　ガリレオが亡くなった 1642 年のクリスマス
12 月 25 日にアイザック・ニュートンが生まれ
た. 1666 年ペスト禍でケンブリッジから逃れ
て故郷のウールスソープに引きこもっていた
弱冠 24 歳のニュートンは太陽光を暗室に入れ
プリズムに当てると, 虹のように赤色から紫色
の七つの色に分かれてプリズムから出て来る
ことを観測し, 逆にこれらの色をレンズとプリ
ズムを使って集めると, ふたたび白色光に戻る

I・ニュートン

ことも発見した. その結果, フックとは異なり, ニュートンは太陽
光が, あらゆる色の光が混合したものであるという結論に達した.

そして 1666 年から 1670 年にかけて光学の理論を構築した．しかし，ニュートンの光学に関してフックは，「ニュートンは自分が以前行った実験に手を加えただけなのに，全てニュートン自身でやったことになっている」として激しく非難し，ニュートンも激怒したと伝えられている．1704 年にニュートンの著した『光学』の中にも虹についての光学的な解説がある．その挿絵がデカルトの『屈折光学』にある挿絵に酷似なのが興味深い．デカルトの著書はニュートンの愛読書の一つであったことは知られている．

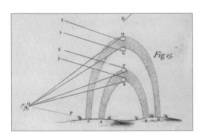 

ニュートンの『光学』の挿絵（左）とデカルトの『屈折光学』の挿絵

　1665-1667 年のペスト禍で田舎に引きこもっていたこの天賦の才を持った青年は，2 年間で近代科学の基礎を築いた．二項定理，万有引力，光学，そして微分積分学の研究を始めた．歴史書によれば奇跡の 2 年間といわれることがあるが，全てをこの 2 年間で完成させたわけではない．事実はこうである．ニュートンは極度の収集癖があり，計算ノートを全て保存していて，最終的には全てケンブリッジ大学に寄贈された．その結果，後世の歴史家はニュートンの研究経歴を時系列的に詳細に追うことができた．リチャード・ウエストフィールドは 20 年かけてニュートンの生涯を研究した．光学の先人争いでフックとやりあったあと 1670 年代中盤から約 10 年間

ニュートンは沈黙する．実は，秘密裏に年代確定に天文学的手法を導入して聖書の研究を行っていたのである．また，錬金術の研究も本格的に行っていた．信じられないことに錬金術の研究は結局 30 年間も続けることになる．光学で有名になったケンブリッジ大学の先生が，聖書と錬金術に 10 年間を費やすとは一体どういう感覚なのだろうか．現代ではとても想像できない．

E・ハレー

さて，ニュートンの重力理論（万有引力と微積分の理論）の研究であるが，1684 年に運命の巡り合わせが契機となって史上最大の科学的偉業が実現される．それは，ハレー彗星で有名な当時 28 歳のエドモント・ハレーとの出会いであった．ハレーはケプラーの法則の理論的な解明に興味があった．ケプラーの法則自体は観測結果であって，その理論的な裏付けは与えられていない．ハレーはフックに尋ねたが，「証明できるが教えない」といわれてしまう．なんと意固地な性格なのだろうか．そこでハレーはケンブリッジで孤独に研究を続けるニュートンのもとに馳せ参じ，ケプラーの法則の理論的な証明を尋ねた．ニュートンの答えも「出来る」だったが，すぐに思い出せなかった．後日，計算用紙の束をあさってその証明を発見するが，誤っていることに気付く．最終的に 1684 年 11 月に正しい証明をみつけ 9 ページの論文『De Mott Corporum Gyrum』（軌道上の天体の運動について）をハレーに送っている．しかし，ハレーはその発表を許されなかった．ニュートンはこの論文を大幅に改良して，根本的なことを明らかにしたかったのである．これから 18 ヶ月間ニュートンは完全に引きこもり，誰もついていけない講義を行い，学食も立ったままで食べ，1686 年ついに完成させた．それが，科

学史上最大の名著『Principia』(Philosophiæ Naturalis Principia Mathematica, 自然哲学の数学的諸原理, プリンキピア) である. 実は, 当初出版を確約していた王立協会が, 『魚の歴史』という全く売れない本を出版してしまい資金難となった. そこで, やむなくハレーが経費を負担して 1687 年 7 月 5 日自費出版という形で出版された. 日本ではこのころ松尾芭蕉が奥の細道を旅している. 俳人として音や光や重力に敏感だったはずである. ニュートンと対話したらどんな対談になるだろうか.

　以下余談である. ニュートンによって微積分も発見されているが, その発見はゴットフリート・ライプニッツが先であるという議論がある. プリンキピアの初版にはライプニッツへの謝辞が述べられているが, その後消されている. また, ゲオルク・ヴィルヘルム・フリードリヒ・ヘーゲルは『哲学史講義』[98, 第三部第二篇第一章第二部門の六] でニュートンの「思考よりも経験を重んじるイギリス流の哲学」を批判し, ライプニッツを褒め称え, 『光学』などもあまり高く評価していない. ヘーゲルもライプニッツもゲルマン人であることが根底にあるのかもしれない. ニュートンは天文学者, 物理学者, 数学者として人類史上の巨人であるが, 前述したようにプロテスタントの神学者としても業績を上げている. 真に驚嘆に値する.

1.2 水素ガスの輝線スペクトル

　歴史的には温度と色の関係について述べたものに陶器メーカーの創始者ジョサイア・ウェッジウッドの 1792 年の報告がある. イギリスの天文学者で天王星の発見者であり, 土星の輪の観測や天の川銀河の地図を作ったことで知られるフレデリック・ウィリアム・ハーシェルは 1800 年 2 月 11 日プリズムで分光された赤から紫までの帯に水銀温度計を横切らせると温度が上昇することに気づいた.

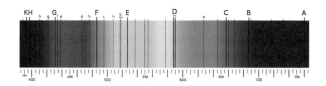

太陽光の暗線

　さらに赤色の外側に温度計を置いても上昇することに気がつき赤外線の発見につながった．ちなみにハーシェルは生涯で 400 台以上の望遠鏡を製作し，その中で最大の望遠鏡は焦点距離 12m，口径 126cm の反射望遠鏡である．フランス革命の年 1789 年 8 月 28 日この大望遠鏡を使っての初観測で土星の衛星エンケラドスを発見した．当時，天王星はハーシェルとも呼ばれていた．

F・W・ハーシェル

　また，ドイツの物理学者ヨハン・ヴィルヘルム・リッターは 1801 年，現在でも写真の感光材料として使われている塩化銀を塗った紙を使用して，紫色の外側に目に見えない光を発見し，紫外線の発見につながった．さて，ここで述べた赤から紫の光が水銀温度計を上げる発見であるが，これは空洞輻射の問題として，ちょうど 100 年後の 1900 年にマックス・プランクによりエネルギー量子の導入により理論的に説明されることになる．

J・W・リッター

　色々なガスランプから出る光を分光計を通して眺めるとガスに特有の線スペクトルが観測できる. これを輝線と称する.

J・バルマー

　イギリスのウィリアム・ウォラストンは1802年に太陽光の中に暗線が何本もあることに気がついた. 1814年に, これらの暗線の位置を系統的に研究したのはバイエルンのヨゼフ・フラウンホーファーである. それから45年が経過した1859年ケーニヒスベルクのグスタフ・キルヒホフとゲッチンゲンのロバート・ブンゼンはある発見をした. 1859年といえばケンブリッジのチャールズ・ダーウインが『種の起源』を刊行した年である. 1859年10月20日, 彼らは太陽光のスペクトルのフラウンホーファン暗線がナトリウムによるものであるという誰も予想していなかった観察結果を発表した. それは太陽の大気中にナトリウム原子が存在するという結論を導き, それによって特定の波長の光が吸収され暗線が現れるというものであった.

　フラウンホーファン暗線は太陽大気が吸収したものであると述べられたが, 古典論では説明のつかない次の問題が残った.

(1) 原子や分子が吸収したのか?

(2) 離散的なスペクトルを分子が吸収する仕組みは何か?

1885年にバーゼルの女子校の数学教師だったヨハン・バルマーが水素ガスの輝線の波長を観察して可視部にある4本の輝線が

$$r = 3645.6 \text{ Å}$$

を単位として $9/5, 16/12, 25/21, 36/32$ で表され, これが

$$\lambda = r\frac{n^2}{n^2 - 4}, \quad n = 3, 4, 5, 6$$

とまとめられることに気付いた. 彼はこのとき既に 60 歳で生涯に 3 編の論文を書いたが, この結果は最初の論文のものである. さらにバーゼル大学の教授に 12 本の輝線の存在を教えてもらい, それは $n = 7, \ldots, 18$ に対応するものであった. バルマーはこの結果を論文にまとめ 2 編目の論文とした.

発見年	m の値	系列名
1906	$m = 1$	ライマン系列
1885	$m = 2$	バルマー系列
1908	$m = 3$	パッシェン系列
1922	$m = 4$	ブラッケット系列

水素ガスの輝線の系列

　1890 年, スェーデンのヨハネス・リュードベリは他の原子の輝線を調べ最終的に輝線の波長 λ は

$$\frac{1}{\lambda} = R\left(\frac{1}{(m+a)^2} - \frac{1}{(n+b)^2}\right)$$

で表されることに気がついた. これをリュードベリの法則という. R はリュードベリ定数といわれ r とは $1/R = r/4$ の関係で結ばれている. 特にバルマー系列は $a = b = 0$ で $m = 2$ に対応している. リュードベリの法則は古典論では説明がつかない. 古典論的に考えれば原子の内部で周期運動している電子が外部の電磁場に波を起こすことが, まさに光が放射されるという現象として観測されるわけ

で, この場合, 様々な波長の光の重ね合わせが観測されなければならないからである. 特定の波長だけが観測されることを古典論で示すことは難しい.

2 マクスウェルの電磁気学

J・マクスウェル

　マクスウェルの電磁気学を復習しよう. ジェームズ・クラーク・マクスウェルは 1831 年 6 月 13 日にエディンバラで生まれ, ケンブリッジ大学で学んだ. 1874 年 6 月 16 日にケンブリッジ大学にキャベンディッシュ研究所が開所したとき初代所長に就いた. しかし, 5 年後の 1879 年 11 月 5 日に 48 歳の若さで死去している. キャベンディッシュ研究所は, その後, レイリー卿, ジョセフ・ジョン・トムソン, アーネスト・ラザフォード, ウィリアム・ローレンス・ブラッグらが所長をつとめ, 19 世紀末から 20 世にかけて科学史の重要な舞台となり, DNA の 2 重らせんも, マックスウエル方程式もここで発見された. ニュートンのプリンキピアの初版が刊行されたのは 1687 年, ニュートンが 45 歳の時である. ここでは, 慣性の法則, ニュートンの運動方程式, 作用反作用の法則からなる古典力学の公理系が構築された. 一方, その約 180 年後マクスウェルは 1864 年 33 歳の時に, 電波も光も同じ電磁波の一種で, それは 4 つの方程式からなるマクスウェル方程式を満たすことを発見し, 古典電磁気学の礎を築いた. ニュートン力学とマクスウェル電磁気学を総称して物理の古典論と呼ばれる. ガリレオが望遠鏡を覗いて 225 年かけて近代科学の古典論が完成したことになる.

　マクスウェル方程式の背後にはローレンツ共変性や電磁波の粒子性が隠されている. ローレンツ共変性からアインシュタインにより特殊相対性理論が導かれ, 電磁波の粒子性からディラックにより輻射場の理論が作られ, 場の量子論へとつながっていくのである. いずれも現代物理学に多大な貢献をした理論で, これらがマクスウェル方程式から導かれたことは特筆に値する事実である.

　話を戻そう. ある空間の中に電磁場が満たされているとき, そのエネルギーの求め方を結晶中の原子が振動しているかのごとく力学的にとり扱うことができる. 大事なことは, このようなことが, 観測や実験から得られたことではなく, マクスウェル方程式を変形して数学的に得られるということである. アリストテレスの形而上学とは異なりマックスウエル方程式は観測と実験を通して発見された数学的な関係式である. 自然がある程度数学を裏切らないと信じれば, 神をもちださなくても数学的な推論から自然現象を予想できたり, 等価なものに置き換えることができる. 記号の説明をする.

$$X(x, y, z) = \begin{pmatrix} a(x, y, z) \\ b(x, y, z) \\ c(x, y, z) \end{pmatrix} : \mathbb{R}^3 \to \mathbb{R}^3$$

のとき回転は

$$\mathrm{rot} X = \begin{pmatrix} c_y - b_z \\ a_z - c_x \\ b_x - a_y \end{pmatrix}$$

で, 発散は

$$\nabla \cdot X = a_x + b_y + c_z$$

と定義する. $a_x = \partial a / \partial x$ etc. を表す. 真空中の光は電磁場とみなすことができ, 電場 $\mathfrak{E}$ と磁場 $\mathfrak{H}$ は次を満たす. ここで c は光速を表す.

マクスウェル方程式

$$(1)\ \operatorname{rot}\mathfrak{G} + \frac{1}{c}\dot{\mathfrak{H}} = 0 \qquad (2)\ \nabla\cdot\mathfrak{H} = 0$$

$$(3)\ \operatorname{rot}\mathfrak{H} - \frac{1}{c}\dot{\mathfrak{G}} = i \qquad (4)\ \nabla\cdot\mathfrak{G} = \rho$$

(1) はファラデーの電磁誘導の法則で, 磁場 $\mathfrak{H}$ を時間変化させると, それを打ち消すような電場 $\mathfrak{G}$ ができるといっている. つまり, コイルに磁石を近づけると, コイルに電流が流れる. (2) は磁場のガウスの法則で, 磁場が発散しないこと, つまり, 単極子が存在しないことをいっている. (3) はアンペール・マクスウェル方程式で電流密度 i の電流が流れるか電場 $\mathfrak{G}$ が変化すると磁場 $\mathfrak{H}$ ができることをいっている. (4) は ρ が電荷密度で電場のガウスの法則を表している.

電場 $\mathfrak{G}$ の時間変化が磁場 $\mathfrak{H}$ の回転を誘導し, 磁場の変化が電場の回転を誘導する. これを繰り返して電磁場が伝わる. さて, $\mathfrak{H}$ と $\mathfrak{G}$ を一つの関数 $A = (A_1, A_2, A_3)$ で表したい.

$$\mathfrak{G} = -\frac{1}{c}\dot{A}, \quad \mathfrak{H} = \operatorname{rot}A$$

のようにベクトルポテンシャル A を導入すればマクスウェル方程式 (1), (2) は自動的に満たされる. $i = 0, \rho = 0$ のとき (3), (4) のためには

$$\Delta A_j - \frac{1}{c^2}\ddot{A}_j = 0$$
$$\nabla\cdot A = 0$$

が満たされれば十分であることがわかる. 第一式は波動方程式といわれるものである. 電磁場のエネルギー E は

$$E = \frac{1}{8\pi} \int_{\mathbb{R}^3} (|\mathfrak{H}|^2 + |\mathfrak{G}|^2) dx$$

$$= \frac{1}{8\pi} \int_{\mathbb{R}^3} \left(\frac{1}{c^2} |\dot{A}|^2 + |\mathrm{rot} A|^2 \right) dx$$

で与えられる. E が無限個のバネのエネルギーと思えることを示そう. いま電磁場が一辺 L の立方体に閉じ込められているとする. 立方体の壁は完全に光を反射するという境界条件でマクスウェル方程式を解く. ここからは多くの電磁気学の教科書に出ている筋道を辿る.

$$A_1(x,y,z) = \sum_{s \in \mathbb{Z}^3} Q_{1s} \cos \frac{\pi s_1 x}{L} \sin \frac{\pi s_2 y}{L} \sin \frac{\pi s_3 z}{L}$$

$$A_2(x,y,z) = \sum_{s \in \mathbb{Z}^3} Q_{2s} \sin \frac{\pi s_1 x}{L} \cos \frac{\pi s_2 y}{L} \sin \frac{\pi s_3 z}{L}$$

$$A_3(x,y,z) = \sum_{s \in \mathbb{Z}^3} Q_{3s} \sin \frac{\pi s_1 x}{L} \sin \frac{\pi s_2 y}{L} \cos \frac{\pi s_3 z}{L}$$

の形の解を探す. $s = (s_1, s_2, s_3) \in \mathbb{Z}^3$ で, マクスウェル方程式を満たすように $Q_s = (Q_{1s}, Q_{2s}, Q_{3s})$ を決める. $\nabla \cdot A = 0$ だから,

$$Q_s \cdot s = 0$$

となる. つまり Q_s は s に直交している. 故に s に直交する 2 つのベクトル $e_1(s), e_2(s)$ で

$$Q_s = q_{1s} e_1(s) + q_{2s} e_2(s)$$

と表せる. $q_{js} \in \mathbb{C}$ である. ちなみに

$$s \cdot e_j(s) = 0, \quad e_i(s) \cdot e_j(s) = \delta_{ij}$$

を満たす. $\{e_1(s), e_2(s)\}$ は偏極ベクトルと呼ばれる. 時間がどこにも現れないが, 時間は q_{js} に含まれている. $\Delta A_j - \frac{1}{c^2} \ddot{A}_j = 0$ から,

q_{js} は次を満たす.

$$\frac{\pi^2 |s|^2 c^2}{L^2} q_{js} + \ddot{q}_{js} = 0$$

これは, 定数係数線形微分方程式なので, すぐに解けて

$$q_{js} = b_j(s)\cos(2\pi\nu_s t + c_j(s))$$

となる. ただし, $b_j(s), c_j(s) \in \mathbb{R}$ で,

$$\nu_s = \frac{|s|c}{2L}$$

ν_s はこの波の振動数を表す. すぐに分かることは, 振動数は連続的に変化せずに, $\frac{c}{2L}$ の倍数になっている. また $s \neq u$ であっても $|s| = |u|$ であれば, $\nu_s = \nu_u$ になる. さて, これらを E に代入して, 計算すれば

$$E = \frac{L^3}{64\pi c^2} \sum_{s \in \mathbb{Z}^3} (|\dot{q}_s|^2 + 4\pi^2 \nu_s^2 |q_s|^2)$$

となる. ここで $q_s = (q_{1s}, q_{2s})$ とおいた. p_s を次で定める.

$$p_s = \frac{L^3}{32\pi c^2} \dot{q}_s$$

そうすると

$$E = \frac{1}{2} \sum_{s \in \mathbb{Z}^3} \left(\frac{1}{\mu}|p_s|^2 + 4\pi^2 \nu_s^2 \mu |q_s|^2 \right)$$

と書き表される. ここで

$$\mu = \frac{L^3}{32\pi c^2}$$

とおいた．これは調和振動子のエネルギーと同じ形になっている．水平に置かれ，質量 m のおもりが繋がれたバネ定数 k のバネを考える．基準点からの距離を x とすれば，重りが x の位置にあるときの全エネルギーはおもりの速度を v_x とすれば

$$\frac{1}{2}mv_x^2 + \frac{1}{2}kx^2$$

で与えられる．そうすると E は形式的に質量が $1/\mu$ で，バネ定数が $4\pi^2\nu_s^2\mu$ の仮想的なバネの全エネルギーを表していると思える．

3　ボルツマンの統計力学

L・ボルツマン

　ルードヴィッヒ・ボルツマンによって完成された統計力学の成果を紹介しよう．ボルツマンは，1844 年ウィーンで生まれた．1866 年にウィーン大学で学位を取得し，ヨーゼフ・シュテファンの助手となった．1877 年に，ボルツマンの公式 $S = k \log W$ を発見し，エントロピー S と系のとりうる状態 W との関係を明らかにした．現在，比例定数 k はボルツマン定数と呼ばれている．本書で，これから登場するシュテファン・ボルツマンの法則を理論的に証明したのはボルツマンである．1902 年からウィーン大学理論物理学教授に就く．

　古典的には状態は座標と運動量が与えられれば決定する．例えば，n 個の粒子が運動している状態は時刻 t での $3n$ 個の運動量と，$3n$ 個の位置座標がわかれば決定される．先ほど求めた電磁場のエネルギーは，p_s と q_s という添字 $s \in \mathbb{Z}^3$ をもった量で記述できた．バネについた重りのエネルギーとの類似性から電磁場は無限個のバネの

集まりで, 点 $s \in \mathbb{Z}^3$ にあるバネのエネルギーが

$$E_s = \frac{1}{2}\left(\frac{1}{\mu}|p_s|^2 + 4\pi^2\nu_s^2\mu|q_s|^2\right)$$

で与えられていると解釈する. 無限個のバネの集まりを有限個で近似する. 以下でバネの個数 N を十分大きいと仮定する. p_s, q_s に適当に番号をつけて

$$\{p_1,\ldots,p_f\} = \{p_s \mid |s| \leq N\}$$

とできる. q_s についても p_s とペアを崩さないように同様に番号つける. このとき以下のようになる.

$$E \cong E(p_1,\ldots,p_f,q_1,\ldots,q_f) = \frac{1}{2}\sum_{s=1}^{f}\left(\frac{1}{\mu}|p_s|^2 + 4\pi^2\nu_s^2\mu|q_s|^2\right)$$

第1の座標が $q_1, q_1 + dq_1$ の間にあり, 第2の座標が $q_2, q_2 + dq_2$,..., 第1の運動量が $p_1, p_1 + dp_1$ の間にあり, 第2の運動量が $p_2, p_2 + dp_2$,..., にある確率 P は次で与えられることをボルツマンが証明した.

ボルツマンの原理

$$P = \frac{1}{Z}\exp\left(-\frac{E}{kT}\right)\prod_s dp_s dq_s$$

k は前出のボルツマン定数で $k = 1.38 \times 10^{-16}$ エルグ/度, T は温度, Z は正規化定数で

$$Z = \int_{\mathbb{R}^{2f}} \exp\left(-\frac{E}{kT}\right)\prod_s dp_s dq_s$$

　ボルツマンの原理から重要な結論が出てくる. 物理量 $A = A(p_1, \ldots, q_f)$ の平均値は次で与えられる.

$$\langle A \rangle = \frac{1}{Z} \int_{\mathbb{R}^{2f}} A e^{-E/kT} \prod_s dp_s dq_s$$

特別な $\langle A \rangle$ は計算できる. ガウス型積分は

$$\int_{\mathbb{R}} e^{-x^2} dx = \sqrt{\pi}$$

$$\int_{\mathbb{R}} x^2 e^{-x^2} dx = \frac{\sqrt{\pi}}{2}$$

だから

$$\frac{\int_{\mathbb{R}} x^2 e^{-\alpha x^2} dx}{\int_{\mathbb{R}} e^{-\alpha x^2} dx} = \frac{1}{2\alpha}$$

になる. そうすると, 一つの運動エネルギー $\frac{1}{2\mu}|p_s|^2$, 一つの位置エネルギー $2\pi^2 \nu_s^2 \mu |q_s|^2$ の平均は s に無関係に

$$\langle \frac{1}{2\mu}|p_s|^2 \rangle = \langle 2\pi^2 \nu_s^2 \mu |q_s|^2 \rangle = \frac{kT}{2}$$

となる. さらに, 位置エネルギーと運動エネルギーを足し合わせた, 全エネルギー E_s の平均を求めると次のようになる.

エネルギー等分配の法則

$$\langle E_s \rangle = kT$$

エネルギー等分配の法則とマクスウェルの方程式は, 次に説明する黒体輻射の問題を理論的に解明する糸口になった.

4　黒体輻射

4.1　キルヒホフの法則

G・キルヒホフ

　　　　19世紀後半に始まる'黒体輻射の問題'を説明しよう. 黒体輻射の一番いい例が'空洞輻射の問題'である. ある温度に熱せられた物体はどういう色を発するか？　温度の低い恒星は赤く, 高い恒星は白く輝くことが知られている. これを理論的に示そうという問題である. 実は空洞輻射の問題は思考実験に近く現実的なものでないと思われていた. しかし, 約150年後の1992年にビッグバンの残存と考えられている宇宙マイクロ波背景放射の観測がCOBE衛星で初めて行われた. 宇宙は全天から温度換算で2.725Kに相当する微弱な電波で満たされているというのだ. これはまさに空洞輻射である. 2.725Kの温度から予想される光の振動数分布は, 観測の結果, これから紹介するプランクの輻射公式にピッタリ一致したのである. 感動的である.

　話を19世紀に戻そう. この問題を理想化すると次のような問いになる. 放射を透過しない温度Tの理想的な壁で囲まれた空洞を考える. いま, 空洞と壁は温度Tで釣り合っていると仮定する. このとき空洞の中にはどんな振動数の光が存在するだろうか？　という問題である. 正確にいうと振動数ごとの光の強さJを知りたい. 振動数が大きい光が強ければそれは青色と観測され, 小さい光が多ければ赤色として観測される. なんとも分かりづらい, ざっくりといえば, 光を全く外に漏らさない温度Tの空洞があったとき, 空洞の中に存在する電磁波のエネルギーはどれくらいか？　ということである. そんなものをどうやって計算するのか？　実は前節で示したマク

スウェルの電磁気学とボルツマンの統計力学を使えば凡そのことは計算できる. この関係を厳密に考察したのがハイデルベルク大学のグスタフ・キルヒホフであった.

　放射率 E とは物体表面の単位面積を単位時間にでる放射エネルギーのことであり, 吸収率 A とは物体表面に投射された入射エネルギーのうち, その面に吸収され熱に替わるエネルギーの割合のことである. 勿論 $0 \leq A \leq 1$ である.

> **キルヒホフの法則**
>
> 温度 T の物体からの振動数 ν の輻射の放射率 E と吸収率 A の比は全ての物体で等しく温度 T と振動数 ν のみに依る.
>
> $$\frac{E}{A} = \rho(\nu, T)$$

　この法則はキルヒホフが 1859 年に発見した. $A = 1$ のときは入射エネルギーは全て面に吸い込まれて熱になることを意味し, 物体は光らない. $A = 1$ のとき黒体と呼ぶ. $\rho(\nu, T)$ を求めたい. アイデアは黒体輻射を考えることである. 何故ならば $A = 1$ なので黒体の場合は

$$E = \rho(\nu, T)$$

だから, 黒体の単位面積あたりの放射エネルギーが $\rho(\nu, T)$ になる.

4.2 シュテファン・ボルツマンの法則

　19 世紀も世紀末を迎え, 黒体輻射の実験が行われた. 黒体の単位時間単位体積当たりのエネルギー放射量 I はシュテファン・ボルツマンの法則として実験で確かめられている.

シュテファン・ボルツマンの法則

$$I = \sigma T^4$$

シュテファン・ボルツマン定数 σ は $\sigma = 5.670374419 \times 10^{-8}$ ワット$/m^2$度^4 で極めて小さな数である．ヨーゼフ・シュテファンが 1879 年に実験的に明らかにし，弟子のボルツマンが 1884 年に理論的な証明を与えた．シュテファン・ボルツマンの法則から空間に放出される電磁波のエネルギー密度 u は

$$u = aT^4$$

になることが示せる．ここで $a = 4\sigma/c$ である．この公式は後にプランク定数を求めるときにキーとなった公式である．

4.3 ヴィーンの公式

W・ヴィーン

1893 年にヴィルヘルム・ヴィーンは，シュテファン・ボルツマンの法則と断熱不変性を使って

$$\rho(\nu, T) = \frac{8\pi}{c^3} F(\nu/T)\nu^3$$

という形になることを示した．これをヴィーンのずれの法則という．しかし，関数 F の形を決めることはできない．ヴィーンは実験結果と照合して，β を適当な定数として $F(x) = k\beta e^{-\beta x}$ と予想した．次は 1896 年にヴィーンによって導かれた．

ヴィーンの公式

$$\rho(\nu, T) = \frac{8\pi k\beta}{c^3} e^{-\beta \nu/T}\nu^3$$

この公式は, β を適当に選べば $\nu/T \geq 10^{11}$ の範囲で実験とよく
あった. 高周波数領域における近似式でありヴィーン近似とも呼ば
れる.

4.4 レイリー・ジーンズの公式

　ヴィーンの議論は半経験的な部分が多くあっ
た. しかし, 1900 年に黒体の単位面積あたりの
放射エネルギーが理論的に計算された. それは
レイリー・ジーンズの公式と呼ばれている. そ
れを説明しよう.

　黒体は電磁波で満たされていた. 前節で説明
したように一辺 L の立方体の黒体はあらゆる
振動数の電磁波を含んでいなかった. それは
$\nu_s = |s|c/2L$, $s \in \mathbb{Z}^3$, の振動数の電磁波しか
含んでいなかった. $s \in \mathbb{Z}^3$ なのだから, 電磁波

J・W・ストラット (レイ
リー男爵)

の振動数は少なくとも離散的である. また, 振動数が ν_s の電磁波の
平均エネルギー E_s は s に無関係に $\langle E_s \rangle = kT$ だった. そうすると

$$\rho(\nu_s, T) = kT \times \#\{ \text{単位体積当たりの振動数} \nu_s \text{の電磁波} \}$$

ということがわかる. $\#\{$ 単位体積当たりの振動数 ν_s の電磁波 $\}$ を
数えればいい. $\nu_s = \nu$ を固定する. ν より小さい振動数の個数

$$N = \#\{s = (s_1, s_2, s_3) \in \mathbb{Z}^3 \mid |s| \leq 2L\nu/c, s_1 \geq 0, s_2 \geq 0, s_3 \geq 0\}$$

を計算しよう.

　半径 $2L\nu/c$ の球の内部の点 s で $s_1 \geq 0, s_2 \geq 0, s_3 \geq 0$ となる個
数だから, 第一象限の体積が全体の $1/8$ にあたることに注意して,

その数は,

$$N = \frac{1}{8}\frac{4}{3}\pi\left(\frac{2L\nu}{c}\right)^3 = \frac{4}{3}\frac{\pi L^3 \nu^3}{c^3}$$

求めたいものは振動数 ν の電磁波の個数なので, N を ν で微分して,

$$dN = \frac{4\pi L^3 \nu^2}{c^3}d\nu$$

1 つの電磁波は横波で 2 つの偏光を持つので, これを 2 倍して

$$\frac{8\pi L^3 \nu^2}{c^3}d\nu$$

これが振動数 $\nu \sim \nu + d\nu$ の間にある電磁波の個数. よって単位体積あたりの振動数 ν の電磁波の個数は

$$\frac{8\pi \nu^2}{c^3}$$

だから, エネルギー kT をかければ, 黒体の振動数 ν の単位面積当たりの放射エネルギーは次のようになる.

レイリー・ジーンズの公式

$$\rho(\nu, T) = \frac{8\pi kT}{c^3}\nu^2$$

レイリー・ジーンズの公式は ν が小さいときには実験とよく合うことが知られている. さらに温度 T が大きくなれば, 実験と合致する ν の範囲が, 大きい値の ν に及んでくることもわかっている.

　　レイリー・ジーンズの公式は, ケンブリッジのレイリー卿が 1900 年に短い論文でその原型を発表した. レイリーは空気の振動である音との類似性から, 振動数 ν と $\nu + d\nu$ の間にある電磁波の数が $\nu^2 d\nu$ に比例するとした. さらに, 各振動数の電磁波にエネルギー等

分配の法則を適用した. その後, 1905 年にレイリーは係数まで含めた形で導出を行ったが, 係数が正しい結果と 8 倍違っていた.

J・ジーンズ

同年, ジェームズ・ジーンズが係数に誤りがあることを指摘した. 8 倍違っていたのは球に含まれる格子点 s の個数を振動数 ν の電磁波の個数としてしまったのか? 実際, 第 1 象限の格子点で十分であることはうっかりすると忘れてしまいそうだ. レイリー・ジーンズの公式を $\nu = 0$ から $\nu = \infty$ まで積分すれば黒体単位面積あたりの放射エネルギーが導かれる. しかし

$$\int_0^\infty \rho(\nu, T) d\nu = \infty$$

であり残念ながら矛盾する.

1859	キルヒホフの公式	$\rho = E/A$
1879	ステファン・ボルツマンの法則 (実験)	$\int \rho d\nu \propto T^4$
1884	ステファン・ボルツマンの法則 (理論)	
1893	ヴィーンのずれの公式	$\rho = \frac{8\pi}{c^3} F(\nu/T) \nu^3$
1896	ヴィーンの公式	$\rho = \frac{8\pi}{c^3} k\beta e^{-\beta\nu/T} \nu^3$
1900	レイリー・ジーンズの公式	$\rho = \frac{8\pi}{c^3} \frac{kT}{\nu} \nu^3$
1900	プランクの輻射公式	$\rho = \frac{8\pi}{c^3} \frac{1}{1 - e^{-\beta\nu/T}} \nu^3$

黒体の輻射公式完成までの足跡, $\rho = \rho(\nu, T)$

上図から分かるように黒体の輻射公式は世紀末に向かって加速度的にゴールに近づいていった.

5　プランクの大発見

M・プランク

　世紀末も押し迫った 1900 年 10 月 19 日, 当時の記録によると, ベルリンの物理学協会でプログラムの番外でマックス・プランクが起って Über eine Verbesserung der *Wienschen* Spectralgleichung と題して講演を始めた. ここで, 史上初めてプランクの輻射公式が発表されたのであった. これは, レイリー・ジーンズの公式とヴィーンの公式を中庸した公式であった. プランクは, F として特別なものをとって

$$\rho(\nu, T) = \frac{8\pi k\beta}{c^3} \frac{1}{e^{\beta\nu/T} - 1} \nu^3$$

とした. さらに $h = k\beta$ とおいて次のプランクの輻射公式を得た.

プランクの輻射公式

$$\rho(\nu, T) = \frac{8\pi h}{c^3} \frac{1}{e^{h\nu/kT} - 1} \nu^3$$

　この公式はレイリー・ジーンズの公式やヴィーンの公式と異なり, 実験して得た全ての温度と振動数の範囲でよくデータと一致した. 実際,

$$e^x = \sum_{k=0}^{\infty} \frac{x^k}{k!}$$

であるから, 近似的には $|x| \ll 1$ のとき $e^x \approx 1 + x$ だから

$$\frac{1}{e^x - 1} \approx \frac{1}{x}$$

である. 逆に $|x| \gg 1$ のときは $e^x - 1 \approx e^x$ だから

$$\frac{1}{e^x - 1} \approx e^{-x}$$

になる. これらをプランクの輻射公式に当てはめると

$$\rho(\nu, T) = \begin{cases} \dfrac{8\pi k\beta}{c^3} e^{-\beta\nu/T} \nu^3 & T \ll 1 \\[3mm] \dfrac{8\pi kT}{c^3} \nu^2 & T \gg 1 \end{cases}$$

となり, レイリー・ジーンズの公式, ヴィーンの公式と整合性があることがわかる. 空間に放出される輻射のエネルギー密度 u はシュテファン・ボルツマンの法則から $u = \frac{4}{c}\sigma T^4$ であった. 一方, プランクの輻射公式を用いて, u を求めるために, $\nu = 0$ から $\nu = \infty$ まで積分すると

$$u = \int_0^\infty \rho(\nu, T) d\nu = aT^4$$

となる. ここで

$$a = \frac{8\pi k^4}{c^3 h^3} \int_0^\infty \frac{x^3}{e^x - 1} dx = \frac{8\pi^5 k^4}{15 c^3 h^3}$$

である. σ はシュテファン・ボルツマン定数として, h を適当に選べば $a = 4\sigma/c$ となる.

　プランクは輻射公式を発見したが, 今度は理論的にその公式を導く作業が残っていた. 2 ヶ月後, 12 月 14 日のベルリンの物理学協会例会で, ボルツマンのエントロピーの公式に離散的なエネルギーである Energieelement h を導入して, プランクは自身のプランクの輻射公式を見事に導いた [40]. さらに作業仮説的に導入された h の大きさまで見積もっている! 世紀の大発見が世紀末に訪れた瞬間

である．それは相当の困難を伴ったようで，実際，プランクはノーベ
ル物理学賞授賞講演でこの公式を理論的に導き出すことが生涯で最
も厳しいものであったと述べている．そして，1900 年 12 月 24 日に
プランクは論文 [41] を提出し，1901 年 1 月 7 日に受理されている．
現在，h はプランク定数あるいは作用量子と呼ばれている．h とい
う記号は [40, 41] から使われている記号である．

　プランクのアイデアを以下で説明しよう．プランク自身の専門分
野は熱力学であり，彼はキルヒホフの後任として 1892 年 5 月 23 日
にベルリン大学の正教授になっている．空洞輻射の壁には N 個の
共振子というものが存在し空洞と壁の間でこの共振子を介在して
エネルギーをやりとりしていると考える．特に，いまそれが平衡状
態にある場合を考える．プランクはボルツマンに従って総エント
ロピー

$$S = k \log W$$

の計算を試みた．ここで k はボルツマン定数で W は，振動数 ν の
電磁波のエネルギー U が与えられたときにそれを満足するエネル
ギー分布の総数である．レイリー・ジーンズの公式では，等分配の
公式を使って $U = kT$ とおいた．今回はこれを改良する．

　さて，S を計算しようとしても W を決定するにはエネルギーを
古典的に連続な量とした場合，その組み合わせの個数は非可算無限
になってしまうので決定できない．そこでプランクは大胆にも全エ
ネルギー U がエネルギー量子 ε の整数倍と仮定した．

$$\varepsilon = h\nu$$

として定数 h を導入する．つまり

$$M = \frac{U}{h\nu} 個$$

のエネルギー量子の塊と考えた．プランクは [40] で $N = 10$,
$M = 100$ の場合で例を与えている．

N	1	2	3	4	5	6	7	8	9	10
M=100	7	38	11	0	9	2	20	4	4	5

プランクの [40] にある例

これが N 個の共振子に分配される組み合わせの総数は

$$W = {}_{N+M-1}C_{N-1} = \frac{(N+M-1)!}{(N-1)!M!}$$

になる．ここで，同じ数字が並んでいても順序が異なれば違うとみ
なす．勿論 0 も許す．つまり，N 個の名前のついた箱に M 個の名
前のついていないボールを分配（0 も許す）する場合の数がまさに
対応している．次のように考える．n 個のボールが区別できず，r 個
の箱が区別できる場合の分配の場合の数の求め方．（1）箱には高々
1 個しかボールを入れない場合．r 個の箱の中から，ボールを入れ
る n 個を選べばよいので ${}_{r}C_{n}$．（2）箱には少なくとも 1 個はボー
ルを入れる場合．ボールを一列に並べる．この列を r 個のグルー
プに分ける．そして，最初のグループから順に箱を割り当てればよ
い．このときの場合の数は並べた n 個のボールの $n-1$ 個の隙間
に $r-1$ 個の仕切りを入れる場合に等しいので ${}_{n-1}C_{r-1}$．（3）特に
制限がない場合．$n+r$ 個のボールを，それぞれの箱には少なく
とも 1 個はボールを入れる場合の数と同じである（1 個を 0 個とみな
す）．つまり（2）において n が $n+r$ になった場合に相当する．故
に ${}_{n+r-1}C_{r-1} = \frac{(n+r-1)!}{(r-1)!n!}$．

さて，スターリングの公式より $n! \approx n^n$ になるから，近似的に

$$W \sim \frac{(N+M)^{N+M}}{N^N M^M}$$

となる．エントロピー S の式に代入すると

$$S \sim k \{(N+M)\log(N+M) - N\log N - M\log M\}$$
$$= kN \left\{ \left(1 + \frac{U}{\varepsilon}\right) \log\left(1 + \frac{U}{\varepsilon}\right) - \frac{U}{\varepsilon} \log \frac{U}{\varepsilon} \right\}.$$

共振子 1 つのエントロピーは $s = S/N$ でさらに熱力学の法則により

$$\frac{ds}{dU} = \frac{1}{T}$$

だから $\varepsilon = h\nu$ に戻して

$$\frac{1}{T} = \frac{k}{h\nu} \log\left(1 + \frac{U}{h\nu}\right)$$

となる．これを解くと

$$U = \frac{h\nu}{e^{h\nu/kT} - 1}$$

h が十分小さいときは $U \approx kT$ となるから，エネルギー等分配の法則から導いたレイリー・ジーンズの公式に従う．輻射のエネルギー密度 u と U の関係はレイリー・ジーンズの公式で説明したように

$$u = \frac{8\pi\nu^2}{c^3} U$$

だから

$$u = \frac{8\pi h\nu^3}{c^3} \frac{1}{e^{h\nu/kT} - 1}$$

となりプランクの輻射公式が導かれた．

　プランクという物理学者の驚嘆に値するのは, 作業仮説的に導入したエネルギー量子の値を見積もっていることである. それは, [40] で言及され, [41] で証明されている. F. Kurlbaum は 1898 年に $t°C = (273 + t)K$ にある黒体の 1 笶 から 1 秒間に放出されるエネルギーを S_t とすると

$$\Delta S = S_{100} - S_0 = 7.31 \times 10^{-5} \text{エルグ/笶秒}$$

であることを実験で見出した. よって, シュテファン・ボルツマンの法則より

$$\Delta S = \sigma(373^4 - 273^4) = \frac{c}{4}a(373^4 - 273^4)$$

だから

$$a = \frac{4\Delta S}{c(373^4 - 273^4)} = \frac{4 \times 7.31 \times 10^{-5}}{3 \times 10^{10}(373^4 - 273^4)}$$
$$= 7.061 \times 10^{-15} \text{エルグ/} cm^3 \text{度}^4$$

を得る. 理論的にはプランクの輻射公式で

$$a = \frac{8\pi^5 k^4}{15c^3h^3}$$

だったから, 比べると

$$\frac{k^4}{h^3} = \frac{15c^3}{8\pi^5} \times 7.061 \times 10^{-15} = 1.1682 \times 10^{15}$$

となる. これから h を求めることはできない. なんとかしたい. 次のようにして h/k の値を導出する. $u(\nu)d\nu$ を波長 $\lambda = c/\nu$ で表すと

$$u(\frac{c}{\lambda})\frac{c}{\lambda^2}d\lambda$$

だから

$$E = u(\frac{c}{\lambda})\frac{c}{\lambda^2} = \frac{8\pi hc}{\lambda^5}\frac{1}{e^{hc/\lambda kT} - 1}$$

である. u は振動数 ν のときのエネルギー密度を表し, E は波長 λ のときのエネルギー密度を表す. 1900 年に O. Lummer と E. Pringsheim は $E = E(\lambda, T)$ の最小値を与える波長を λ_m とすれば,

$$\lambda_m T = 0.29 \text{cm度}$$

であることを示している. $\lambda_m T$ は一定である. これはヴィーンのずれの法則からの帰結である. 温度が上がれば波長の短い青い光が多くなり, 温度が下がれば波長の短い赤い光が多くなることに対応している. λ_m は E の最小値だったから

$$\frac{dE(\lambda, T)}{d\lambda}\bigg|_{\lambda_m} = 0$$

とおけば

$$\left(1 - \frac{ch}{5k\lambda_m T}\right) e^{\frac{ch}{k\lambda_m T}} = 1$$

となる. これを $ch/k\lambda_m T$ について解くのだが, 代数的には解けない. プランクは [41] で

$$\frac{ch}{k\lambda_m T} \approx 4.9651 = \alpha$$

としている. 実際, 計算機で計算してみると,

$$\left(1 - \frac{\alpha}{5}\right) e^{\alpha} = 1.000435152776812\ldots$$

となる. 結局

$$\lambda_m T = \frac{ch}{4.9651k}$$

だから

$$\frac{h}{k} = \frac{4.9651 \times 0.294}{3 \times 10^{10}} = 4.866 \times 10^{-11}$$

となる. 最終的に $\frac{h}{k}$ と $\frac{k^4}{h^3}$ を比べると

$$h = (4.866)^4 \times 10^{-44} \times 1.1682 \times 10^{15} = 654.94619 \times 10^{-29}$$

となり, プランクは

$$h = 6.55 \times 10^{-27} \text{エルグ・秒}$$

を得ている. これは, 現代の精密な測定値

$$h = 6.62607015 \times 10^{-27} \text{エルグ・秒}$$

と誤差が 1/100 程度であることは驚きであり, プランクはもとより, 当時の実験家たちの測定値の精確さは驚愕に値する. ちなみに, 自宅のパソコンで計算すると $k^4/h^3 = 1.17107 \times 10^{15}$ になる. この数値で h を概算すると $h = 6.560 \times 10^{-27}$ になる.

プランクは方法論的要求からエネルギー量子を導入したと思われる. ボルツマンのエントロピーの公式 $S = k \log W$ を変えずにエネルギーを粒に分解してしまったところにブレイクスルーが起きた.

1911年に, '放射と量子' というタイトルで第1回ソルヴェイ会議がブリュッセルで開催された. 議長はヘンドリック・ローレンツ. 最も若い参加者は32歳のアインシュタインだった. 記念写真中の左奥にプランクが黒板の前に立っていて, その黒板にはプランクの輻射公式がみえる. 記念撮影をするのでわざわざ公式を書いたのか, それともプランクの講演の後の記念撮影だったのか. 後列でプランクの右2人目のやや背の低いのがゾンマーフェルトで, その右2人目がルイ=ド・ブロイのお兄さんのモーリス=ド・ブロイであ

第1回ソルヴェイ会議（1911年　ブリュッセル）

前列左から，W・ネルンスト，M・ブリルアン，E・ソルヴェイ，H・
ローレンツ，E・ワールブルク，J・ペラン，W・ヴィーン，M・キュ
リー，H・ポアンカレ．後列左から，R・ゴールドシュミット，M・
プランク，H・ルーベンス，A・ゾンマーフェルト，F・リンデマン，
M＝ド・ブロイ，M・クヌーセン，F・ハーゼノール，G・ホステレッ
ト，E・ヘルゼン，J・ジーンズ，E・ラザフォード，H・オネス，A・
アインシュタイン，P・ランジュバン

る．ルイ＝ド・ブロイはこの会議に参加したお兄さんの影響で専門
を歴史から理論物理に変えることになる．さらに右に2人目の長身
がハーゼノールで，シュレディンガーのヴィーン大学時代の先生で
ある．しかし，第一次世界大戦に従軍して戦死する．その右のホス
テレットは化学者で，第1回ソルヴェイ会議参加者で一番最後まで
生存した参加者である．1960年11月4日に85歳で死去している．

この写真はとても有名だが, 前列のペランとキュリーが撮影のこと など気にせずに何かに没頭しているのがみる者の興味をそそる. 2 人ともノーベル賞受賞者である. 前列左から 3 人目はアーネスト・ ソルヴェイだが, やや不自然. 実は, この日は欠席だったらしく合成 写真である. 一番右端のランジュバンの指導教員はキュリーである. 実は, ルイ＝ド・ブロイの指導教員がランジュバンになる. 最後に, ソルヴェイ会議は数年毎に開催されていて, アインシュタインも何 度か参加している. 記念写真も残されているが, アインシュタイン はランジュバンと並んでいることが多い. 偶然なのだろうか.

6　アインシュタインの光量子仮説

電磁場の古典論では, 一辺 L の立方体に閉 じ込められている電磁場が無限個のおもりの ついたバネとみなせることを示した. 勿論, 数 学的な議論であり, 電磁場に付随するおもりや バネのようなものが実在するということでは ない.

1805 年のトマス・ヤングの実験で, 光の干渉 性が確認されて光の波動性は揺るぎないもの となっていた. しかし, 100 年後の 1905 年に

A・アインシュタイン

革命的な展開がアルバート・アインシュタインによって成し遂げら れる.

アインシュタインは 1879 年にドイツのウルムで生まれ, 1901 年 にスイス国籍を取得した 20 世紀最高の物理学者と呼ばれている. アインシュタインは, これから述べる光電効果や黒体輻射のプラン クの輻射公式を説明するためには, 光のエネルギーが空間の中に不

連続的に分布していると仮定するとよく理解できると述べている.
さらに, それは空間的に局所化された量子からなり, これらは分割
されることなしに運動し, つねにそっくりそのまんま吸収及び発生
すると仮定している.

　1905 年は次の 4 編の Annus mirabilis papers (奇跡の年の論文)
がアインシュタインによって発表された年である.

(1) Über einen die Erzeung und Verwandlung des Lichtes be-
treffenden heuristischen Gesichtpunkt [24]

(2) Über die von der molrekularkionetischen Theorie der
Wärme geforderte Bewegung von inruhenden Flüs-
sigkeiten suspdenderten Teilcghen [23]

(3) Zur Elektrodynamik bewegter Körper [25]

(4) Ist die Trägheit eines Körpers von seinem Energieinhalt
abhängig? [22]

光電効果も Annus mirabilis paper の一つである. 1905 年は日本
では日露戦争が二年目を迎えた明治 38 年にあたり, フォン・ノイマ
ンはまだ 2 歳だった. いずれもドイツの雑誌 Annalen der Physik
に発表された. これらの 4 つの論文は, 空間, 時間, 質量, およびエ
ネルギーの基本的な概念に関する科学の理解に革命をもたらした.
ベルン特許局に勤めていた弱冠 26 歳の青年アインシュタインがこ
れらの注目すべき論文を 1 年で発表した.

　最初の論文 [24] は, 3 月 18 日に受理されている. アインシュタ
インがノーベル物理学賞を受賞した光電効果を光量子仮説で説明し
た. 2 番目の論文 [23] は 5 月 11 日に受理されていて, ブラウン運
動について説明している. これにより物理学者は原子の存在を受け
入れるようになったといわれている. 3 番目の論文 [25] は 6 月 30

論文	受理日	内容
[24]	3月18日	光電効果
[23]	5月11日	ブラウン運動
[25]	6月30日	特殊相対性理論
[22]	9月27日	質量とエネルギーの等価性

1905 Annus mirabilis papers

日に受理されていて，特殊相対性理論を導入した余りに有名な論文である．この革命的な発見によりアインシュタインはニュートンを超えてしまった．4つ目の論文 [22] は9月27日に受理されている．ここでは，特殊相対性理論の帰結である有名な方程式

$$E = mc^2$$

で表される質量とエネルギーの等価原理が示されている．これは核融合や核分裂による核エネルギーの発見と利用につながった科学史上最も有名かつ重要な等式の一つである．これらの4つの論文は現代物理学の基礎となっている．日付を見ればわかるように奇跡の年ではなく奇跡の半年（Dimidium annum mirabilis papers）であることも驚嘆に値する．

　アインシュタインの論文 [24] に沿って光電効果を説明しよう．金属の表面に光が当たると電子が飛び出す．これを光電効果という．1887年カールスルーエ工科大学のハインリヒ・ヘルツは電磁波の発信と受信の実験を行い，マクスウェル理論のいうように電磁波が空間を伝播することを証明した．これは無線の発明の基礎となった．また，電磁波の速度は光速に等しいという結果も得た．

H・ヘルツ

P・レーナルト

同 1887 年, ヘルツは紫外線の照射により帯電物は電荷を容易に失うという現象を発見した. これが光電効果の発見といわれている. 電磁波をより強く発信する方法を探していて紫外線を発信装置に当てると電磁波が強くなることを見出したのが発端であった. ヘルツは, 残念ながら通信時代を体験することなく 1894 年 1 月 1 日に 36 歳の若さで死去している.

20 世紀に入って陰極線の研究者で 1905 年にノーベル物理学賞を受賞しているオーストリア・ハンガリー帝国生まれのマジャール人であるフィリップ・レーナルトによって, 光電効果が詳しく確かめられた. レーナルトは強力な反ユダヤ主義者でアインシュタインを攻撃したのは有名な事実である. 第二次世界大戦後ハイデルベルク大学名誉教授の職を追われた. レーナルトの 1902 年の論文 [36] によれば光電効果は以下の性質をもつ.

> 光電効果
>
> (1) 飛び出る電子の一つ一つのエネルギーを観測すると, それは照射する光の強さに無関係.
>
> (2) 照射する光の強さを大きくすると, 単位時間あたりの飛び出る電子の個数が多くなる.
>
> (3) 照射する光の振動数が大きいほど, エネルギーの大きな電子が飛び出してくる.

ここで光の強さとは明るさのことである. 光電効果から, なんと

なく, 光の明るさと電子の個数, 光の振動数と電子のエネルギーに対応関係がありそうな匂いが漂う. アインシュタイン は 1905 年に [24] で光電効果に関する次の, いわゆる光量子仮説を提唱した. プランクは共鳴子の振動エネルギーが $h\nu$ を一塊としてとびとびの値をとることを作業仮説として取り入れたのであり実在のエネルギー量子という概念には到達していなかったと思われる. その意味でアインシュタインの仮説はプランクのものとは異なる.

```
─ アインシュタイの光量子仮説 ─────────

  振動数 ν の光子一つのエネルギーは E = hν である.
```

この仮説から振動数が ν の光は $h\nu$ のエネルギーのかたまりとなって金属内の電子に吸収され, 電子がもらったエネルギー $h\nu$ が金属の内側から 外側に電子を運ぶのに必要なエネルギーより大きい場合には電子は外側に放出される.

この式はアインシュタイによって光子に対して見出されたものである. 光を波動と思えば, 光の強さが大きくなることはその振幅が大きくなることに対応している. 一方, 粒子と思えば光子の個数が多いことがそれに対応する. 決して粒子一つ一つのエネルギーが大きくなることではない. そうすれば光電効果の (1) と (2) は光の粒子性から容易に説明できる. さら に光量子仮説から (3) も説明できる. 実際に

R・ミリカン

飛び出す電子のエネルギーは $E = h\nu - P$ と予想される. ここで P は電子が原子の束縛から逃れてさらに物体の表面を通って外部に出るエネルギーである. この関係は 10 年の歳月をかけて霧箱で有名なロバート・ミリカンが 1916 年に実験で示した. つまり, E と ν

が比例することを実験で示し，そのグラフの傾きから h の値を求めた．このようにしてアインシュタインの光量子仮説は疑いえないものになった．アインシュタインは光電効果の光量子仮説による説明で 1921 年にノーベル物理学賞を受賞している．ミリカンは 2 年後の 1923 年に電子の電荷の測定でノーベル物理学賞を受賞している．

　1916 年に一般相対性理論が完成し，同年ミリカンにより光量子仮説が実証され，1919 年には，皆既日食において太陽の重力場で光が曲げられることがケンブリッジ天文台のアーサー・エディントンの観測により確認された．このことは世界中のマスコミにも取り上げられ，アインシュタインの名は世界的に有名となった．そして 1921 年にノーベル物理学賞．まさにアインシュタインが 20 世紀の物理学に革命を起こした時期である．

俗語	波動性	粒子性
明るさ	振幅	粒子数
色	振動数	エネルギー

光の波動性と粒子性の対応関係

　ここで，プランクの輻射公式を光量子に基づいて再考しよう．それは次のように解釈できる．アインシュタインは空洞内に小さな粒子が浮遊していて輻射から圧力を受けていると考えた．勿論粒子は輻射から受ける圧力で釣り合っているのだが，その揺らぎ（分散）を計算してみた．レイリー・ジーンズの公式に従って計算するとその揺らぎはまさに不規則な波によって揺さぶられていることを示し，ヴィーンの公式によればそれは不規則に動く粒子からつつきまわされるような振る舞いであることを示した．光の粒子性と波動性の現れと解釈できる．プランクの輻射公式はまさにその中庸である．

さて, $\varepsilon = h\nu$, $\beta = 1/Tk$ として

$$\rho(\nu, T) = \frac{\varepsilon}{e^{\varepsilon\beta} - 1} = \frac{1}{Z}\sum_{n=1}^{\infty} n\varepsilon e^{-n\varepsilon\beta}$$

と表してみる. ここで

$$Z = \sum_{n=0}^{\infty} e^{-n\varepsilon\beta} = \frac{1}{1 - e^{-\varepsilon\beta}}$$

つまり, プランクの輻射公式は, 振動数 ν の光子が n 個存在する確率が

$$\rho(n) = \frac{\varepsilon e^{-n\varepsilon\beta}}{Z}$$

であるといっていると解釈できる. このとき $\rho(\nu, T)$ は振動数 ν の光子数の個数期待値に他ならない. それが, 黒体から単位面積あたりに放射される振動数 ν の光の平均エネルギーを表しているのだから辻褄は合う.

1923 年アーサー・コンプトンは電子による X 線の散乱において, いわゆるコンプトン効果を発見し, 光量子実在の有力な証拠を得た. そして, 光子が量子であるばかりか運動量を持つことも発見した. それは, $E = h\nu = hc/\lambda$ から想像される通り $p = mc = E/c$ であるから

A・コンプトン

$$p = \frac{h}{\lambda}$$

というものであった. コンプトンは 1927 年にノーベル物理学賞を受賞している. 1805 年に光が波であることがわかって, 僅か一世紀後の 1923 年に, 光は, エネルギーが $h\nu$ で運動量が h/λ の粒子ということが明らかになったのである. 17 世紀のガリレオが夜空に望遠鏡をかざしてから始まった科学革命は加速度的に進化していく.

7　ボーアの原子模型と対応原理

7.1　ニールス・ボーア

N・ボーア

　　　　1900年プランクはエネルギーの最小の塊を導入しプランクの輻射公式を導いた．一方でアインシュタインは1905年に光の粒子性を示し，人類史上初めて波動性と粒子性を兼ね備えた最初の例を発見した．エネルギー量子や粒子・波動の2重性などまさに驚天動地な発見が相次いだことになる．しかし，当時はこれらを統一的に包括するような数学的・物理的な体系は存在しなかった．量子論の正しさは実験を通して示されつつあったが，それに不可欠な形式的並びに思考上の道具立ては欠けていた．ニュートン力学でいうと，作用反作用の原理は存在するがニュートン方程式 $f = m\ddot{x}$ が欠けていたようなものである．1925年にハイゼンベルグによって行列力学が構築され，少し遅れてシュレディンガーが全く異なった視点から波動力学を発見した．これらによって，量子論の体系ができたのだが，これらはまだ先の話である．

　プランクとアインシュタインのエネルギー量子とハイゼンベルクとシュレディンガーの量子力学をつなぐ前期量子論の説明をしよう．光の波動・粒子二重性は1913年にニールス・ボーア [4, 5, 6] によって原子模型にもちこまれ，水素原子の輝線スペクトルにある種の解釈を与えた．ここでは [4] に従ってボーアの原子模型を説明しよう．

7.2 量子飛躍

　ニールス・ボーアは 1885 年にコペンハーゲンで生まれた．1911
年にキャベンディッシュ研究所にてジョゼフ・ジョン・トムソンの
下で研究を行った後，ラザフォードの元で原子模型の研究に着手し
た．そしてコペンハーゲンに戻っている．1910 年当時を振り返っ
てみる．黒体輻射に対するプランクの輻射公式がエネルギー量子を
仮定して導かれ，またアインシュタインは空洞内の粒子の揺らぎの
様子から電磁場は波である性質と粒子である性質を合わせ持ち，さ
らに光量子仮説で光電効果を説明したことは既に述べた．さらに水
素原子の輝線スペクトルにはバルマー系列などいくつかの系列が存
在していることもわかっていた．そこで，ボーアは次の仮説を導入
した．

> ┌─ ボーアの仮説 ────────────────
>
> 　(1) 原子のエネルギーは原子に特有な離散的なエネルギー
> 　　　$W_1, W_2, \cdots,$ しか許されない．
>
> 　(2) 原子が光の放射や吸収を行うのは，一つの定常状態 W_n
> 　　　から他の定常状態 W_m に移るときに限る．そのとき，次
> 　　　を満たす振動数 ν の光子を放射・吸収する．
>
> $$h\nu = |W_n - W_m|$$
>
> 　(3) 定常状態の電子は古典力学の法則に従って運動する．

　仮説 (2) を波長 $\lambda = c/\nu$ で表せば

$$\frac{1}{\lambda} = \frac{1}{hc}|W_n - W_m|$$

となる．ボーアの仮説では見事に光の波動性と粒子性が調和をなし
ている．つまり，光波としての振動数 ν は連続なのだが，放射・吸収

する光は定常状態のエネルギー差 $|W_n - W_m|$ に相当する振動数を
もつ光子のみに限定されるのである.

　ボーアの仮説に従って水素原子の輝線スペクトルを解釈してみよ
う. 水素原子の輝線の振動数 ν はリュードベリ定数 R によって

$$\frac{\nu}{c} = R\left(\frac{1}{m^2} - \frac{1}{n^2}\right)$$

と表せた. そこで, ボーアの仮説によって原子の定常状態でのエネ
ルギーは自然数 n をパラメターにもって

$$W_n = -\frac{Rhc}{n^2}$$

とみなす. そうすれば上の式は

$$h\nu = W_n - W_m, \quad n \leq m$$

と書ける. 勿論, 当時, このようなエネルギーがとびとびであるよ
うな物理系は理解しがたかったに違いない. バルマーが輝線の振
動数に数学的な関係を見出し, ボーアは大胆にもそれが原子の定常
状態のエネルギー差だと考え, アインシュタインの光量子仮説でス
ペクトルの輝線を説明したことになる. W_n の定常状態から瞬時に
W_m という定常状態へ移ることを量子飛躍 (独 Quantensprung, 英
quantum jump) と呼ぶ. 後に量子飛躍は大きな論争の標的になる.

7.3 ボーアの対応原理

　ボーアの提唱したもう一つが対応原理である. これは古典論と量
子論を繋ぐ架け橋になる. 量子論の法則は微視的な物体, 原子, 素粒
子の記述に非常に成功している. しかし, ばねやコンデンサーのよ
うな巨視的システムは古典論によって正確に記述されている. 量子

論が巨視的な物体に適用可能であるとすれば, 量子論が古典論に還元できる限界がなければならない. ボーアの対応原理は, 物理系が大きくなったときに古典論と量子論が同じ答えを与えることを要求するものである. ゾンマーフェルトは, 1921 年にこの原理を 'ボーアの魔法の杖' と呼んだ.

ボーアの対応原理

量子論と古典論は n が大きければ漸近的に一致する.

このボーアの対応原理によってリュードベリ定数 R を求めてみよう. 定常状態のエネルギーが $W_n \to W_{n-p}$ になった場合に放出される光の振動数を考えよう. ただし $n \gg 1$ とする.

$$\nu_{n \to m} = \frac{W_n - W_m}{h}$$

と書き表す. このとき, ボーアの仮説により $\nu_{n \to n-p}$ は

$$\nu_{n \to n-p} = Rc \left(-\frac{1}{n^2} + \frac{1}{(n-p)^2} \right)$$

である. テイラーの公式から $(1+x)^\alpha \sim 1 + \alpha x$ が $|x| \ll 1$ で成立するから, n が十分大きいから, 右辺は

$$(n-p)^{-2} = n^{-2}(1 - p/n)^{-2} \sim n^{-2}(1 + 2p/n) = n^{-2} + 2p/n^3$$

によって,

$$\nu_{n \to n-p} \sim \frac{2Rc}{n^3} p$$

となる. 定常状態のエネルギー $W_n = -\frac{Rhc}{n^2}$ を用いて表せば

$$\nu_{n \to n-p} \sim \frac{2}{\sqrt{Rch^3}} |W_n|^{3/2} p$$

となる. ここまでは量子論である.

ここから，仮説（3）に従って古典論に移ろう．つまり定常状態の電子は，原子核の周りを円運動していると思うのである．電荷 e, 質量 m の粒子が角速度 ω で半径 r の円周上を回転しているとき，求心力と遠心力の釣り合いの式である運動方程式から

$$mr\omega^2 = \frac{e^2}{r^2}$$

が導かれる．周期は

$$T = \frac{2\pi}{\omega} = \sqrt{\frac{4\pi^2 mr^3}{e^2}}$$

になる．また，古典的なエネルギー W は

$$W = 運動エネルギー + 位置エネルギー$$
$$= \frac{1}{2}mr^2\omega^2 - \frac{e^2}{r} = -\frac{e^2}{2r}$$

になるから，周期の逆数を振動数とし $\nu = 1/T$ を W で表せば

$$\nu = \sqrt{\frac{2}{\pi^2 me^4}}|W|^{3/2}$$

ここから，古典論と量子論をなんとか対応させる．ボーアの対応原理によれば，量子論の $\nu_{n \to n-1}$ と古典軌道を回っていると仮定した電子の振動数が漸近的に

$$\frac{2}{\sqrt{Rch^3}}|W_n|^{3/2} = \nu_{n \to n-1} \sim \nu = \sqrt{\frac{2}{\pi^2 me^4}}|W|^{3/2} \quad n \gg 1$$

となる．そうすると，少し苦し紛れだが，

$$\frac{2}{\sqrt{Rch^3}} = \sqrt{\frac{2}{\pi^2 me^4}}$$

が導かれる．これからすぐに

$$R = \frac{2\pi^2 me^4}{ch^3}$$

を得る．古典論で電子の円運動の周期の逆数で振動数を定義し，それが放出される光の振動数と漸近的に等しいと仮定すれば R が上のように得られる．この値は観測されるリュードベリ定数に見事一致する．つまりボーアの対応原理で古典論と量子論がつながった!!

7.4 ボーアの原子模型

ボーアの原子模型をみてみよう．定常状態のエネルギー W_n，原子内の電子の回転半径 a_n，速度 v_n，角運動量 p_n を求める．R の値から

$$W_n = -\frac{2\pi^2 me^4}{h^2}\frac{1}{n^2}$$

になる．特に

$$W_n - W_m = \frac{2\pi^2 me^4}{h^2}\left(\frac{1}{m^2} - \frac{1}{n^2}\right)$$

W_n と古典的なエネルギー $-\frac{e^2}{2r}$ を比べると

$$r = a_n = \frac{h^2}{4\pi^2 me^2}n^2$$

になるから，これから原子の大きさもエネルギー同様に離散的になることが示唆される．特に $n=1$ としたとき

$$a = \frac{h^2}{4\pi^2 me^2}$$

はボーア半径と呼ばれている．$a_n = an^2$ は n 番目の定常状態の半径になる．次に電子の角速度は $\omega_n = v_n/a_n$ だから運動方程式は

$$mr_n\left(\frac{v_n}{a_n}\right)^2 = \frac{e^2}{a_n^2}$$

定常状態のエネルギー	W_n	$-\dfrac{me^4}{\hbar^2}\dfrac{1}{2n^2}$
電子の軌道半径	a_n	$\dfrac{\hbar^2}{me^2}n^2$
電子の速度	v_n	$\dfrac{e^2}{n\hbar}$
電子の角速度	ω_n	$\dfrac{me^4}{\hbar^3}\dfrac{1}{n^3}$
電子の角運動量	p_n	$n\hbar$

ボーアの原子模型: $\hbar = h/2\pi$, $n = 1, 2, \ldots$.

になる. これを v_n について解けば

$$v_n = \frac{2\pi e^2}{hn}$$

となる. これが電子の速さである. これから角運動量 p_n が

$$p_n = ma_n v_n = m\frac{h^2 n^2}{4\pi^2 me^2}\frac{2\pi e^2}{hn} = n\frac{h}{2\pi}$$

となり $h/2\pi$ を単位として離散的になることもわかる.

　まとめると, 原子内の電子は原子核との間にはたらくクーロン力を向心力とする等速円運動を行うが, 電子は次の条件を満たす円軌道のみをとることができ, この条件を満たす円軌道上では電子は電磁波を放出せず, 永続的に円運動を行うことができる.

> **ボーアの量子条件**
>
> 質量 m の定常状態の電子は次を満たす.
>
> $$mv_n a_n = n\frac{h}{2\pi} \quad n = 1, 2, \ldots$$

7.5 ゾンマーフェルトの量子条件

A・ゾンマーフェルト

ボーアの量子条件 $mv_n a_n = n\frac{h}{2\pi}$ は原子核の周りを円運動している定常状態の電子の量子条件であるが、アーノルド・ゾンマーフェルトは、1916年に楕円運動も含むようなもっと一般的な場合に拡張した。ゾンマーフェルトは、この理論を水素原子に適用することで、ボーアの原子模型では、一つの量子数 n で記述されていた円軌道に加えて、主量子数、方位量子数、磁気量子数で指定されるいくつかの軌道が存在することを示した。ゾンマーフェルトは1868年12月5日生まれのドイツの物理学者で、教え子の中でハンス・ベーテ、ピーター・デバイ、ヴェルナー・ハイゼンベルク、ヴォルフガング・パウリの4名がノーベル物理学賞を受賞している。1906年からミュンヘン大学の教授になり、1951年、ミュンヘンで交通事故のため重傷を負い、それが元で死去した。

1916年、ゾンマーフェルトは47歳である。当時、ボーアが31歳で、ハイゼンベルクはまだ15歳である。ちなみに、前年に一般相対性理論を完成させたアインシュタインは当時37歳であった。この拡張は、教え子の一人ハイゼンベルクによる1925年の量子力学の完成に大きく貢献することになる。若き秀才たちの中で老練なゾンマーフェルトが輝ける仕事ができたのも素晴らしいお弟子さんたちに恵まれたからだろう。

周期的な運動系を考える。次のハミルトン関数

$$H(q,p) = aq^2 + bp^2$$

を考える. ここで q は位置, p は運動量を表す. ハミルトン方程式は

$$\dot{q} = \frac{\partial H}{\partial p}, \quad \dot{p} = -\frac{\partial H}{\partial q}$$

で与えられる. このとき運動の周期は

$$\frac{1}{\nu} = \frac{\pi}{\sqrt{ab}}$$

で与えられる. 実際

$$\begin{pmatrix} \dot{q} \\ \dot{p} \end{pmatrix} = \begin{pmatrix} 0 & 2b \\ -2a & 0 \end{pmatrix} \begin{pmatrix} q \\ p \end{pmatrix}$$

を解けばいいから

$$\begin{pmatrix} q(t) \\ p(t) \end{pmatrix} = \begin{pmatrix} \cos 2\sqrt{ab}t & \sqrt{\frac{b}{a}} \sin 2\sqrt{ab}t \\ -\sqrt{\frac{a}{b}} \sin 2\sqrt{ab}t & \cos 2\sqrt{ab}t \end{pmatrix} \begin{pmatrix} q(0) \\ p(0) \end{pmatrix}$$

勿論 H はエネルギーという意味を持っている. そこで, エネルギー E で一定の運動を考えることにしよう. $q = q(t)$ と $p = p(t)$ は時間の関数であり,

$$H(q(t), p(t)) = E$$

を満たしている. そうすると, $q - p$ 平面で $H = E$ の楕円で囲まれた面積 J は

$$J = \frac{\pi E}{\sqrt{ab}}$$

である. つまり

$$\frac{E}{\nu} = J$$

なる関係式を導いた. エネルギーは $E = nh\nu$ のとびとびの値しかとらないと仮定すれば

$$J = nh$$

となる. これを一般化しよう. ハミルトン関数が

$$H = \frac{1}{2m}p^2 + V(q)$$

で与えられる周期運動を考える. 運動はハミルトン方程式で与えられることは上と同じである. $H = E$ として, $p = p(t)$ について解くと

$$p = \pm\sqrt{2m(E - V(q))}$$

となる. 上の方程式で表される図形を q – p 平面に描くと, q 軸の $q = a$ と $q = b$ で交わるとき $E = V(a) = V(b)$ である. この点で $p = 0$ なので粒子は一瞬止まることになる. 起点を出た粒子が一瞬とまって向きを変えて, また起点に戻ってきて, また止まって向きを変えて 2 周目に向かうという運動が読みとれる.

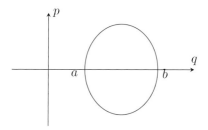

$$p = \pm\sqrt{2m(E - V(q))}$$

線積分を復習しよう. ベクトル場 $a = (a_1, a_2) : \mathbb{R}^2 \to \mathbb{R}^2$ の平面上の曲線 $C = r(t) = (x(t), y(t))(0 \le t \le T)$ に沿う線積分とは, $a_j(t) = a_j(x(t), y(t))$ として

$$\int_0^T (a_1(t)\dot{x}(t) + a_2(t)\dot{y}(t))dt$$

のことだった. これは $\int_C a_1 dx + a_2 dy$ とも表される. C が閉曲線のとき

$$\oint_C a_1 dx + a_2 dy$$

と表される. 閉曲線 C で囲まれた領域 D を考える場合, ベクトル場 $(P(x,y), Q(x,y))$ について

$$\oint_C Pdx + Qdy = \iint_D \left(\frac{\partial Q}{\partial x} - \frac{\partial P}{\partial y} \right) dxdy$$

が成り立つ. 左辺は線積分で右辺は重積分である. これをグリーンの公式という. すなわち, $(P(x,y), Q(x,y))$ の C 上の線積分が, その外微分 $\frac{\partial Q}{\partial x} - \frac{\partial P}{\partial y}$ の領域 D 上の重積分に一致する. 微分幾何学的にいうと 1 形式 $Pdx + Qdy$ の外微分は

$$d(Pdx + Qdy) = \frac{\partial P}{\partial y} dy \wedge dx + \frac{\partial Q}{\partial x} dx \wedge dy = (-\frac{\partial P}{\partial y} + \frac{\partial Q}{\partial x}) dx \wedge dy$$

となるから, 形式的に

$$\int_{\partial D} Pdx + Qdy = \int_D d(Pdx + Qdy) = \int_D (-\frac{\partial P}{\partial y} + \frac{\partial Q}{\partial x}) dxdy$$

と覚えるとわかりやすい. 特に

$$\frac{\partial Q}{\partial x} - \frac{\partial P}{\partial y} = 1$$

のときは左辺の線積分が D の面積を与える. つまり $P = 0, Q = x$ とすれば

$$D \text{ の面積} = \iint_D dxdy = \oint_C xdy$$

グリーンの公式によって,

$$\oint pdq$$

は $H = E$ で決まる閉曲線で囲まれる領域の面積になる. ボーアの量子条件に代わって, 量子論的に許される状態は, 上の例からの類推で以下のものであろう.

ゾンマーフェルトの量子条件

量子論的に許される状態は以下を満たす.

$$nh = \oint pdq$$

ここで $\oint pdq$ は, 閉曲線 $H(q, p) = E$ 上でのベクトル場 $(p(q), 0)$ の線積分である.

以下で簡単に調和振動子と水素原子の例をみてみよう.

(調和振動子の例)

ハミルトン関数を

$$H = \frac{1}{2m}p^2 + \frac{\kappa}{2}q^2, \quad \kappa > 0$$

とする. エネルギー E から決まる閉曲線を $H = E$ とすれば, この閉曲線が囲む領域の面積は線積分で

$$J = \oint pdq = 2\int_a^b \sqrt{2m\left(E - \frac{\kappa}{2}q^2\right)}dq$$

となる. ここで a, b は q の 2 次方程式 $E - \frac{\kappa}{2}q^2 = 0$ の解である. 計算すると

$$J = 2\pi\sqrt{\frac{m}{\kappa}}E$$

になる. 量子条件 $J = nh$ から

$$E = \frac{1}{2\pi}\sqrt{\frac{\kappa}{m}}hn, \quad n = 1, 2, \ldots$$

を得る. これが許される定常状態のエネルギーである. この振動子
の振動数は

$$\nu = \frac{1}{2\pi}\sqrt{\frac{\kappa}{m}}$$

となるから,

$$E = nh\nu$$

が導けた. 量子条件からエネルギーが量子化されたことになる.
$q = q(t)$ は解くことができて

$$q = a\cos(2\pi\nu t + \delta)$$

となる. a は振幅で δ は適当な数である. そすると

$$p = m\dot{q} = -2\pi m\nu a\sin(2\pi\nu t + \delta)$$

であるから,

$$E = \frac{\kappa a^2}{2}\cos^2(2\pi\nu t + \delta) + \frac{(2\pi)^2 m\nu^2 a^2}{2}\sin^2(2\pi\nu t + \delta) = \frac{(2\pi)^2 m\nu^2 a^2}{2}$$

となる. $E = nh\nu$ だから, 振幅は

$$a^2 = \frac{1}{2\pi^2 m\nu}nh$$

を満たす.

　(**2 次元の水素原子の例**)
2 次元の水素原子の模型を考えよう. $0 < r, 0 \leq \phi < 2\pi$ は 2 次元
平面の極座標とする. そのハミルトン関数は次で与えられる.

$$H = \frac{1}{2m}(p_r^2 + \frac{p_\phi^2}{r^2}) - \frac{e^2}{r}$$

ϕ に共役な量は p_ϕ, r に共役な量は p_r で, 次のハミルトン運動方程
式を満たす.

$$\dot{\phi} = \frac{\partial H}{\partial p_\phi} = \frac{p_\phi}{mr^2}$$

$$\dot{p}_\phi = -\frac{\partial H}{\partial \phi} = 0$$

$$\dot{r} = \frac{\partial H}{\partial p_r} = \frac{p_r}{m}$$

$$\dot{p_r} = -\frac{\partial H}{\partial r} = \frac{p_\phi^2}{mr^3} - \frac{e^2}{r^2}$$

これから

$$p_\phi = mr^2\dot{\phi}$$

は角運動量を与え, p_ϕ は

$$p_\phi = M$$

のように一定であることがわかる. 古典力学的には等角速度運動していることになる. エネルギー $E < 0$ が一定の系 $H = E$ を考えよう. このとき p_r は簡単に解けて

$$p_r = \pm\sqrt{2mE + \frac{2me^2}{r} - \frac{M^2}{r^2}}$$

となる. そこで線積分を計算すると次のようになる.

$$J_\phi = \oint p_\phi d\phi = 2\pi M$$

$$Jr = \oint p_r dr = 2\int_a^b \sqrt{2mE + \frac{2me^2}{r} - \frac{M^2}{r^2}} dr$$

となる. a, b は

$$2mE + \frac{2me^2}{r} - \frac{M^2}{r^2} = 0$$

の解である. 実は 2 つ目の積分は計算することができる. 変数変換すれば

$$2\int_{1/b}^{1/a} \frac{1}{x^2}\sqrt{-M^2x^2 + 2me^2x - (-2mE)}dx$$

である. 一般に不定積分

$$I(m,n) = \int x^m(\sqrt{ax^2 + bx + c})^n dx$$

は初等的に解ける. といってもなかなか込み入っているので, 詳しくみてみよう. $(m,n) = (-2,1)$, $a < 0$, $c < 0$ のときは

$$\int \frac{1}{x^2}\sqrt{ax^2 + bx + c}dx = -\frac{\sqrt{ax^2 + bx + c}}{x}$$
$$+ \sqrt{|a|}\arcsin\frac{2ax + b}{\sqrt{b^2 - 4ac}} + \frac{b}{2\sqrt{|c|}}\arcsin\frac{bx + 2c}{x\sqrt{b^2 - 4ac}}$$

になる. これは岩波数学公式 [101] の 122-124 ページを参照にした. さらに, $x^2 + y^2 > 1$ のとき, 次の逆三角関数の加法定理はよく知られている.

$$\arcsin x - \arcsin y$$
$$= \begin{cases} \pi - \arcsin(x\sqrt{1-y^2} - y\sqrt{1-x^2}) & x > 0, y < 0 \\ -\pi - \arcsin(x\sqrt{1-y^2} - y\sqrt{1-x^2}) & x < 0, y > 0 \end{cases}$$

よって $\alpha < \beta$ を $ax^2 + bx + c = 0$ の 2 つの解とすると定積分が計算できる.

$$\int_\alpha^\beta \frac{1}{x^2}\sqrt{ax^2 + bx + c}dx$$
$$= \sqrt{|a|}\left[\arcsin\frac{2ax + b}{\sqrt{b^2 - 4ac}}\right]_\alpha^\beta + \frac{b}{2\sqrt{|c|}}\left[\arcsin\frac{bx + 2c}{x\sqrt{b^2 - 4ac}}\right]_\alpha^\beta$$

$b^2 - 4ac = D$ とすると

$$\left[\arcsin \frac{2ax + b}{\sqrt{D}}\right]_\alpha^\beta = \arcsin \frac{2a\beta + b}{\sqrt{D}} - \arcsin \frac{2a\alpha + b}{\sqrt{D}}$$

よくみると

$$\frac{2a\beta + b}{\sqrt{D}} < 0 < \frac{2a\alpha + b}{\sqrt{D}}, \quad \left(\frac{2a\beta + b}{\sqrt{D}}\right)^2 + \left(\frac{2a\alpha + b}{\sqrt{D}}\right)^2 = 2 > 1$$

さらに $1 - \left(\frac{2a\beta + b}{\sqrt{D}}\right)^2 = 1 - \left(\frac{2a\alpha + b}{\sqrt{D}}\right)^2 = 0.$ 故に

$$\left[\arcsin \frac{2ax + b}{\sqrt{D}}\right]_\alpha^\beta = -\pi$$

同様に

$$\left[\arcsin \frac{bx + 2c}{x\sqrt{D}}\right]_\alpha^\beta = \arcsin \frac{b\beta + 2c}{\beta\sqrt{D}} - \arcsin \frac{b\alpha + 2c}{\alpha\sqrt{D}} -$$

で

$$\frac{b\beta + 2c}{\beta\sqrt{D}} > 0 > \frac{b\alpha + 2c}{\alpha\sqrt{D}}, \quad \left(\frac{b\beta + 2c}{\beta\sqrt{D}}\right)^2 + \left(\frac{b\alpha + 2c}{\beta\sqrt{D}}\right)^2 = 2 > 1$$

さらに $1 - \left(\frac{b\beta + 2c}{\beta\sqrt{D}}\right)^2 = 1 - \left(\frac{b\alpha + 2c}{\alpha\sqrt{D}}\right)^2 = 0.$ 故に

$$\left[\arcsin \frac{bx + 2c}{x\sqrt{D}}\right]_\alpha^\beta = \pi$$

結局

$$\int_\alpha^\beta \frac{1}{x^2}\sqrt{ax^2 + bx + c}\,dx = -\pi\left(\sqrt{|a|} - \frac{b}{2\sqrt{|c|}}\right)$$

この公式にあてはめると

$$J_r = -2\pi \left(|M| - \frac{me^2}{\sqrt{-2mE}} \right)$$

になる. 量子条件は角度と動径方向に次のように与えられる.

$$J_\phi = kh, \quad k = 1, 2, \ldots$$
$$J_r = nh, \quad n = 1, 2, \ldots$$

その結果

$$|M| = \frac{h}{2\pi} k$$
$$E = -\frac{2\pi^2 me^4}{h^2} \frac{1}{(n+k)^2}$$

になる. つまり量子化された角運動量の大きさと, 輝線スペクトルに現れた関数で, 電子の定常状態のエネルギーと仮定したものが現れた.

8　ド・ブロイの量子条件

J・J・トムソン

　前節では光の波動性と粒子性の説明をした. ここから電子に目を向けよう. ギリシア時代以来, 原子はそれ以上分割できないと信じられていたが, 1897年, ジョセフ・ジョン・トムソンは陰極線が電場によって曲がることを示し, 原子に電子という粒子が含まれていると結論づけた. さらに, 電場と磁場による陰極線の曲がり方を測定し, その粒子の質量が水素原

子の 1/1000 程度の軽さだと推定した. 実際は水素原子の質量が $1.674 \times 10^{-27} \mathrm{Kg}$ で電子の質量は $9.1 \times 10^{-31} \mathrm{Kg}$ だから, おおよそ

$$\frac{電子の質量}{水素の質量} = \frac{5.4}{10000}$$

である.

1923 年, コンプトンが X 線の散乱実験でコンプトン効果を発見し, 光の粒子説は決定的となった. 振動数 ν の光は, エネルギー $E = h\nu$ の光子の集まりで, 波長 λ, 振動数 ν, エネルギー E, 運動量 p が

$$\lambda = \frac{h}{p}, \quad \nu = \frac{E}{h}$$

の関係にある粒子・波動の二重性をもつことは既に説明した. ルイ＝ド・ブロイはこれらに影響を受け, 逆に粒子もまた波動のように振舞えるのではないかというコペルニクスも驚くような革命的な思考転換を自身の 1924 年の博士論文で提案したのである.

ド・ブロイは 1892 年生まれで, 当時既に 32 歳だった. ソルボンヌ大学では歴史と文学を勉強していたが, 17 歳年長の兄モーリス＝ド・ブロイが 1911 年に第 1 回ソルヴェイ会議に参加したことに看過されて理論物理に興味をもった. 1923 年に Comptes Rendus に 3 編と Nature に論文を投稿している. ド・ブロイは名前から察せられるようにフランスの貴族であり, 長らく Prince であったが 1960 年に兄が

L＝ド・ブロイ

死去すると Duc（公爵）になった. 生涯独身で, 慎み深く, フランスの伝統文化を頑なに守る人間であった. 初期の頃を除けばフランス語以外で書いたり話したりしず, また, 一般の物理学者のように

海外旅行も殆どしなかった. ド・ブロイは 1987 年 3 月 19 日に 94 歳で死去している. これで, 1920 年代の量子力学発見物語を織り成した最後の人が逝ってしまったことになる. その直後に伏見, 江沢, 高林, 岡部で座談会が企画された [103, 8 章]. ここでは, ド・ブロイが赤面症であることや, 1935 年にワルシャワで池にはまったという椿事が紹介されている.

ド・ブロイの博士論文 [17] は 109 ページの大作だが, 量子力学の歴史をホイヘンスからプランクまで詳しく解説している.

$$\lambda = \frac{h}{mv}$$

の式も 92 ページ目にやっと出てくる. しかし, 1923 年 8 月 12 日に Nature [16] に投稿された報告は半ページに満たない. その公表は 1923 年 10 月 13 日号である. さて, $\lambda = h/mv$ の式は光子の類似性から一瞬で導き出したものではなく, アインシュタインの相対性理論を指導原理として導いた熟考の産物である.

ド・ブロイの議論は以下である. 相対性理論と量子論の融合を図りたい. K を静止系, K' を $-x$ 方向に速度 V で動く慣性系とする. 静止系では

量子論 $E = h\nu_0$

相対性理論 $E = mc^2$

が成立している. $E = h\nu_0$ の意味を深く考えず相対性理論の公式を使うと, K' 系からは

$$\nu_0 \to \nu^* = \nu_0 \sqrt{1 - V^2/c^2}, \quad E \to E^* = \frac{mc^2}{\sqrt{1 - V^2/c^2}}$$

のように観測される. 振動数 ν_0 は小さくなり, エネルギー E は大きくなるから, $E^* = h\nu^*$ は満たされない. 相対性理論と量子論が

両立しない．これは困った．そこで，ド・ブロイは次のように考えた．電子は波であると考えて，K 系で波

$$A \sin(2\pi\nu_0 t)$$

と思うことにする．時空の座標は次のような対応関係になっている．K' 系の (t', x', y', z') は K 系では

$$\left(\frac{t' - Vx'/c^2}{\sqrt{1 - V^2/c^2}}, \frac{x' - Vt'}{\sqrt{1 - V^2/c^2}}, y', z' \right)$$

そうすると波は K' 系からは

$$A \sin \left(2\pi\nu_0 \frac{t' - Vx'/c^2}{\sqrt{1 - V^2/c^2}} \right) = A \sin \left(2\pi\nu \left(t' - \frac{Vx'}{c^2} \right) \right)$$

と観測される．ここで

$$\nu = \frac{\nu_0}{\sqrt{1 - V^2/c^2}}$$

である．波は K' 系では，振動数 ν, 位相速度が

$$U = \frac{c^2}{V} > c$$

波長が

$$\lambda = \frac{U}{\nu}$$

のように観測される．位相速度が光速を超えているが気にしないことにする．なぜなら，位相速度は波の速度として観測されないので．ポイントは振動数が大きくなっていることである．光を放射する恒星が遠ざかるときは相対論的効果で振動数が小さくなることが，赤方偏移として知られている．しかし，ド・ブロイの設定では，想像し

難いが, 静止系 K の電子は, $A\sin(2\pi\nu_0 t)$ のように位置に無関係な定常波となっているのである. K' 系で相対論的なエネルギー E' の式を書くと

$$E' = \frac{mc^2}{\sqrt{1 - V^2/c^2}} = \frac{h\nu_0}{\sqrt{1 - V^2/c^2}} = h\nu$$

となるから, 相対性理論と量子論が両立した！ さらに, 相対論的運動量は

$$p = \frac{mV}{\sqrt{1 - V^2/c^2}}$$

だから, 右辺を次のように変形する

$$\frac{mV}{\sqrt{1 - V^2/c^2}} = \frac{mc^2 V}{c^2\sqrt{1 - V^2/c^2}} = \frac{h\nu_0 V}{c^2\sqrt{1 - V^2/c^2}} = \frac{h}{\lambda}$$

となる. つまり,

$$p = \frac{h}{\lambda}$$

K' 系の波の式を

$$A\sin(\omega t - kx)$$

と書けば $\omega = 2\pi\nu$ で, $k = 2\pi/\lambda$ になる. $\omega/k = c^2/V > c$ が位相速度で, 実際の波の進む速さを表す群速度は $d\omega/dk$ だった. 計算してみよう

$$\omega^2 \approx \frac{\nu_0^2 h^2}{m^2 c^2}(k^2 + \frac{(2\pi)^2 m^2 c^2}{h^2}) = c^2(k^2 + \frac{(2\pi)^2 m^2 c^2}{h^2})$$

になるから, 群速度は

$$\frac{d\omega}{dk} = \frac{c^2 k}{\omega} = V < c$$

で，K' 系の K 系に対する相対速度とピッタリ一致する．結局，電子を波と考えると，相対性理論と量子論が両立し，さらに $p = h/\lambda$ という関係式が得られた．これがド・ブロイの考察である．

この博士論文を提出した際，教授陣はその内容を完全に理解できなかった．そのため，アインシュタインに意見を求めたところ，「この青年は博士号よりノーベル賞を受けるに値する」との返答を得たという．アインシュタインのこの予言は 5 年後の 1929 年に現実のものとなる．量子力学にノーベル賞が与えられたのはド・ブロイが最初といわれている．これは，ハイゼンベルクやシュレディンガーより早い受賞である．アインシュタインやボーアに与えられたノーベル物理賞はまだ量子力学ではなかった．ちなみにド・ブロイの指導教官はポール・ランジュバンで，ランジュバンの指導教官はピエール・キュリーである．ド・ブロイは第 4 回ソルヴェイ会議で自身の成果の発表を望んだが叶わず，指導教官のランジュバンが彼の成果を紹介した．

以上みたように，ド・ブロイは電子のような，これまで粒子と考えられてきたものにも波動性があると考えた．$a_n = an^2$ はボーアの原子模型での量子数 n の電子の軌道半径だった．電子の角運動量は $a_n p_n = nh/2\pi$ のように量子化された．ここで $p_n = mv_n$ である．ド・ブロイは電子も

$$\lambda = \frac{h}{p}, \quad \nu = \frac{E}{h}$$

のような波長と振動数をもつ波と考えた．そうすると $a_n p_n = nh/2\pi$ から

$$\frac{2\pi a_n}{\frac{h}{p_n}} = n$$

を満たす．つまり，n 番目の定常状態の電子は

$$2\pi a_n = n\lambda_n, \quad n = 1, 2, \ldots$$

を満たす波長 λ_n をもつ波となる．長さ $2\pi a_n$ の円周上に電子の波が綺麗に n 個並ぶのである．定常状態のエネルギーは n が小さければ低いから，エネルギーが一番低い定常状態は $n = 1$ で，そのとき円周上に波は一つだけできる．ちょうどギターの弦が一番低い音を奏でるのは節のない波であることに対応しているといえる．

$$\lambda = \frac{h}{p}$$

をド・ブロイ波長といい運動量 p の粒子に付随する波の波長を表す．また，後に物質の波動性はド・ブロイ波または物質波と呼ばれることになり，上の関係式をアインシュタイン＝ド・ブロイの関係式ともいう．

	光子	電子
波動性	T・ヤング (1805)	G・P・トムソン (1927)
粒子性	A・コンプトン (1923)	J・J・トムソン (1897)
理論	A・アインシュタイン (1905)	L＝ド・ブロイ (1924)

波動性と粒子性の検証と理論

　実験的な検証であるが，1927 年，ジョセフ・ジョン・トムソンの息子ジョージ・パジェット・トムソンによって，電子の波動性が実験で確かめられた．セルロイド，金，アルミニウムなどの薄い箔（厚さ約 1nm）によって散乱された陰極線の回折実験に成功し，電子の波動性の証明に成功した．電子の波動性は電子顕微鏡として役立っている．可視光よりも波長が短く分解能が格段に高い．1931 年には

早くもベルリン工科大学のマックス・クノールとエルンスト・ルスカが電子顕微鏡を開発しているから驚く. しかも, その 55 年後の 1986 年にノーベル物理学賞がルスカに授与されている. 残念ながら, クノールは 1969 年に既に死去していた.

父親のトムソンは粒子としての電子の発見者であり, 興味深いことに, 電子の発見のほかに, 水素原子に電子がひとつしかないことも発見している. 一方, 息子のトムソンは波動としての電子の発見者である. 共にケンブリッジに学び, 父は 1906 年のノーベル物理学賞, 息子も 1937 年にクリントン・デイヴィソンと共にノーベル物理学賞を受賞している. 理論的な電子の粒子性の発見者であるド・ブロイは 1929 年にノーベル物理学賞を受賞している. 父親の

G・P・トムソン

トムソンは 1884 年, キャベンディッシュ教授職に就任. 教え子のアーネスト・ラザフォードがその地位を引き継ぐ. トムソンは教育者としても科学に貢献しており, 息子のトムソンや 7 人の教え子がノーベル賞を受賞している.

9 1910 年頃までの物理学会と量子論

量子論が発見された 1900 年頃の物理事情を眺めてみよう. この節は [84, 第 2 章] を参照にした. 1900 年の世界中の物理学者の総数は 1200 人-1500 人と見積もられている. その中でもイギリス, ドイツ, フランスそしてアメリカのビッグフォーが約半数を占めていた. 次の層にイタリア, ロシア, オーストリア・ハンガリーのような国々があった. 3 番目の層にベルギー, オランダ, スイス, 北欧の

教授と助手	物理学者数	人口 100 万人当たり
オーストリア・ハンガリー	64	1.5
ベルギー	15	2.3
イギリス	114	2.9
フランス	105	2.8
ドイツ	145	2.9
イタリア	63	1.8
日本	8	0.2
オランダ	21	4.1
ロシア	35	0.3
北欧	29	2.3
スイス	27	8.1
アメリカ	215	2.8

1900 年前後の大学の物理学

国々となっている．アメリカは物理学者数は多かったが，その密度は大きくはなく，1900 年当時は独創的な研究もほとんどされていなかった．やはり，ヨーロッパの 3 国がリーダーで，特にドイツは 1900 年頃の物理学の中心だった．

　物理に関わる学術雑誌をみてみよう．この当時は物理の専門誌ではなく，他の科学分野を扱う総合雑誌にも物理の論文が掲載されていた．フランスのパリ科学アカデミー発行の Comptes Rendus (1835 年創刊)，イギリスの Nature (1869 年創刊)，ドイツはゲッチンゲン科学会発行の Göttingen Nachrichen（1894 年創刊）などがある．フォン・ノイマンの 1927 年の量子力学の数学的基礎付け 3 部作 [52, 54, 53] も Göttingen Nachrichen から出版されている．ま

た, ルベーグの測度論の論文や, リース, フレッシェのヒルベルト空間 $L^2(\mathbb{R}^d)$ に関する論文も Comptes Rendus から出版されている.

　一方, 物理学の国際的な専門誌はイギリスの Philosophical Magazine (1798 年創刊), ドイツの Annalen der Physik (1799 年創刊), フランスの Journal de physique (1872 年創刊), イタリアの Nuovo Cimento (1855 年創刊), アメリカの Physical Review (1899 年創刊) などが出版されていた. アインシュタインの 1905 年の奇跡の 4 部作 [24, 23, 25, 22] は Annalen der Physik から出版され, ボーアの有名な 1913 年の 3 部作 [4, 5, 6] は Philosophical Magazine から出版された.

国	物理の専門誌	1900 年の論文数
イギリス	Philosophical Magazine	420
フランス	Journal de physique	360
ドイツ	Annalen der Physik	580
イタリア	Nuovo Cimento	120
アメリカ	Physical Review	240
その他		280

1900 年の物理論文数

　1910 年頃まで物理における第一級の雑誌はドイツの Annalen der Physik だった. 英語圏ではイギリスの Philosophical Magazine が対抗している. Annalen der Physik が一級の雑誌といっても実験に関する博士論文を短くしたものが殆どで退屈だった. しかも, 現代の激しい競争からは想像できないが, 論文掲載拒否率が 5-10% だったという. 投稿すれば掲載された. それでも, Annalen der Physik で掲載拒否された論文は, 1899 年創刊の短い論文を集

めた Physikalische Zeitschrift にしばしば掲載された.

　内容も古典物理が支配的であり, 量子論や相対性理論などの新理論は, 少数のコミュニティーでのみ情報共有されていたようだ. 1910 年頃の物理学の研究テーマは主に, 電磁気, 光学, 物質の構成と構造, 宇宙物理, 熱, 力学, 放射能, 度量衡, 音響, 歴史と伝記, 一般などであり, 相対性理論や量子論という言葉は探してもは全く見当たらない. 実は, 相対性理論は '一般' に含まれ, 量子論は '熱' や '光学' に含まれていた. 1910 年の Annalen der Physik には 2984 編の論文が収められているが, 相対性理論は 40 編以下, 量子論は 20 編以下である. また, 1910 年から 1914 年の 5 年間に Nuovo Cimento に掲載された量子論または相対性理論の論分数はなんと 10 編未満だった. 1900 年の 'プランクの大発見' といっても, 実際はひっそりとじわじわと拡がっていったと思われる.

第7章

量子力学の発見

1 行列力学と波動力学

　前期量子論で指導的な役割を担ったのが古典論と量子論の架け橋となるボーアの対応原理であった．この対応原理によって真の法則を想像することができた．これは，アインシュタイの一般および特殊相対性理論が光速度無限大の極限でニュートン力学に近づくという事実の量子論版とも思える．1925 年ミュンヘンの若き物理学者ヴェルナー・ハイゼンベルクが，1913 年のボーアの対応原理から遂に真の姿を描く量子論の数学体系を作り出した．それは今日，行列力学と呼ばれる．

　一方で，ド・ブロイは運動量 p の電子が波長 $\lambda = h/p$ の波動性を備えるという大胆な考えを発展させ，物質波を生み出したのは 1924 年のことだった．それをもとに，ウィーンのエルヴィン・シュレディンガーは，1926 年に波としての電子の満たすべき波動方程式を発見した．それは現在シュレディンガー方程式と呼ばれ，その数学体系は波動力学といわれている．

　ボーアの対応原理から出てきたハイゼンベルクの行列力学とド・ブロイの物質波から出発したシュレディンガーの波動力学は一見全

	指導原理	発見者
行列力学	ボーアの対応原理	ハイゼンベルク
波動力学	ド・ブロイの物質波	シュレディンガー

創成期の量子力学

く異なっており，1925 年当時ハイゼンベルクとシュレディンガーの間で激しい論争が巻き起きた．実はこれらの体系は全く同じものであることが後にわかるのである．1925-26 年はまさに量子力学元年となる．日本では 1926 年は大正 15 年-昭和元年にあたる．

2　対応原理から行列力学へ 〜 ハイゼンベルク登場

2.1　ヴェルナー・ハイゼンベルク

W・ハイゼンベルク

ヴェルナー・ハイゼンベルクは 1901 年 12 月 5 日ドイツのバイエルン州ヴュルツブルクに生まれる．ミュンヘン大学のゾンマーフェルトに学び，一年上に大秀才ヴォルフガング・パウリがいた．当時のミュンヘン大学はマックス・ボルンの率いるゲッチンゲン大学とボーアの率いるコペンハーゲン大学とともに量子論研究のゴールデントライアングルの一角を担っていた．

1922 年 6 月に学生のハイゼンベルクは教授のゾンマーフェルトにつれられてゲッチンゲンのボーアの講義に参加した．そして幸運にも講義の後にボーアと 3 時間山歩きをし，量子論を語り歩き，そこで，コペンハーゲンに誘

常勤	M・ボルン, P・ヨルダン, W・パウリ, D・ヒルベルト, J・フランク
短期滞在	W・ハイゼンベルク, E・フェルミ, R・オッペンハイマー, J・フォン・ノイマン, E・ウィグナー, E・テラー

1924, 5 年頃のゲッチンゲン大学

われる. 後年ハイゼンベルクは「私の科学者としての人生はあの日の午後から始まった」と回想している.

W・パウリ

　コペンハーゲンから戻った後, ハイゼンベルクはボルンのいるゲッチンゲンに滞在することになっていた. というのもゾンマーフェルトがアメリカへの 5 ヶ月間の講演旅行に出かけるからだった. その頃パウリは既にボルンの助手になっていた. ゲッチンゲンから 1923 年のクリスマスにボーアに手紙を書いたところ,「遊びに来ないか」とボーアから返事が来た.

　当時のコペンハーゲン大学は活気に満ち溢れていた. 次の表は 1916 年から 1930 年にかけてコペンハーゲンを訪れた物理学者で, 年齢はその物理学者が最初に訪問したときの年齢である. [43][84, 207 ページ] による. 63 人の物理学者が 1920 年から 1930 年の間に少なくとも 1 ヶ月間滞在した. 多くが 20 代の若者で, 仁科の名もみられるが, 若いとはいえない.

　1924 年 3 月 25 日ハイゼンベルクはコペンハーゲンのボーア研究所の前に立ち, 途中 2 ヶ月弱教授資格のための論文を書くために

名前	滞在期間	当時の年齢	出身国
H・カシミール	1929,1930	20	オランダ
C・ダーウィン	1927	40	イギリス
D・デニソン	1924-1926, 1927	24	アメリカ
P・ディラック	1926-1927	24	イギリス
R・ファウラー	1925	36	イギリス
J・フランク	1921	39	ドイツ
E・フース	1927	34	ドイツ
G・ガモフ	1928-1929,1930	24	ソ連
S・ハウトスミット	1926,1927	24	オランダ
D・ハートリー	1928-1929,1930	31	イギリス
W・ハイゼンベルク	1924-1925, 1926-1927	22	ドイツ
W・ハイトラー	1926	22	ドイツ
G・ヘベシー	1920-1926	35	ハンガリー
E・ヒュッケル	1929,1930	33	ドイツ
F・フント	1926-1927	30	ドイツ
P・ヨルダン	1927	25	ドイツ
O・クライン	1918-1922, 1926-1931	24	スェーデン
H・クラマース	1916-1926	22	オランダ
L・ランダウ	1930	22	ソ連
A・ランデ	1920-1926	32	ドイツ
N・モット	1928-1929,1930	23	イギリス
仁科芳雄	1923-1928	33	日本
W・パウリ	1922-1923	22	オーストリア
L・ポーリング	1927	26	アメリカ
S・ロスランド	1920-1924,1926-1927	26	ノルウェー
A・ルビノビッチ	1920,1922	31	ポーランド
J・スレイター	1923-1924	23	アメリカ
L・トマス	1925-1926	22	イギリス
G・ウーレンベック	1927	30	オランダ
H・ユーリー	1923 − 1924	30	アメリカ
I・ヴァレル	1925-1926,1927,1928	27	スウェーデン

1916 年から 1930 年にかけてコペンハーゲンを訪れた物理学者

ゲッチンゲンに戻ったものの, 結局 1925 年 4 月末までボーア研究所に滞在し, びっしりボーアの量子論に対する哲学を学んだ. しかし, ミュンヘンに戻った直後から花粉症に悩まされ, 1925 年 6 月 7

日の日曜日から 2 週間の休暇をボルンに申し込んで, 療養のために
ドイツ北西部のヘルゴラント島で過ごすことになった. ヘルゴラン
ト島に到着したときは花粉症のために, 顔は誰かに殴られたかのよ
うに腫れ上がっていたそうだ. しかし, ヘルゴラント島では何者に
も邪魔されることがなかったので, ゲッチンゲンにいるよりずっと
早く研究が進み, 量子論に関する重要な着想を得た. このことは, 自
伝『部分と全体』 [31, 91] に詳しく書かれている. ニュートンも
1666 年にペスト禍を避けるために田舎に引きこもって重力理論の
着想を得たというから, 偉人が引きこもると何か起こるようである.

　そして, ある日の真夜中の午前 3 時に, 原子現象の表面を突き抜
けてその背後に深く横たわる独特の内部的な美しさをもった土台を
覗き見たのである. ハイゼンベルクは最初の瞬間心底驚愕したと述
べている. ハイゼンベルクは 1925 年 7 月 29 日付けで論文

Über quantentheoretische Umdeutung kinematischer und
mechanischer Beziehungen [29]

を Zeitschrift für Physik に発表した. ここで史上初めて量子力
学の数学的理論が展開された. ハイゼンベルク 24 歳の夏だった.
1927 年には不確定性原理を導き, 1932 年には 31 歳の若さでノーベ
ル物理学賞を受賞している. [29] を発表した当時, ハイゼンベルク
は行列の代数演算を知らなかったが, 師匠のボルンはハイゼンベル
クの発見したものが行列の代数演算であることを見抜いた. そこで,
パウリに共同研究を依頼するも断られてしまい, そこで若きパスキ
エ・ヨルダンを誘って, ボルン, ハイゼンベルク, ヨルダンの三人で
完成させたのが論文 [10] である. これは 1925 年 11 月 16 日に受理
されている. そのため, 行列力学の創始はボルン, ハイゼンベルク,
ヨルダンの 3 人といわれる.

379

Über Quantenmechanik.

Von **M. Born** in Göttingen.

(Eingegangen am 13. Juni 1924.)

Die Arbeit enthält einen Versuch, den ersten Schritt zur Quantenmechanik der
Kopplung aufzustellen, welcher von den wichtigsten Eigenschaften der Atome
(Stabilität, Resonanz für die Sprungfrequenzen, Korrespondenzprinzip) Rechenschaft
gibt und in natürlicher Weise aus den klassischen Gesetzen entsteht. Diese Theorie
enthält die Dispersionsformel von Kramers und zeigt eine enge Verwandtschaft
zu Heisenbergs Formulierung der Regeln des anomalen Zeemaneffekts.

1924 年のボルンの論文に現れた Quantenmechanik

M・ボルン

実は, Quantenmechanik (量子力学) という言葉を史上初めて使ったのはボルンである. ハイゼンベルクが量子力学を完成させる前年の 1924 年 6 月 13 日に Über Quantenmechanik [8] を Zeitschrift für Physik から発表している.

アメリカに講演旅行しているボルンに科学者人生最大の驚嘆が待っていた. 12 月の初めにアメリカ滞在中のボルンのもとに論文の入った一つの封書が届いた. 封書を開けてみるとケンブリッジ大学の学生からのもので, タイトルが

Fundamental equation in quantum mechanics [18]

という意味深なもので, 既にイギリスの科学雑誌 Proceedings of the Royal Society of London. Series A に受理されたものだった. しかも, その内容はまさにボルン, ハイゼンベルク, ヨルダンの三人で完成させた行列力学だったのである. そして, とどめを刺されたのは, その論文の受理された日付が 1925 年 11 月 7 日で, 3 名による論文より 9 日も早かったのである. 著者はポール・エイドリア

ハイゼンベルク	1925/7/29	最初の量子力学の論文
ディラック	1925/11/7	行列力学の定式化
ボルン・ハイゼンベルク・ヨルダン	1925/11/16	行列力学の定式化
パウリ	1926/1/17	バルマー系列の導出

行列力学の論文

ン・モーリス・ディラックという名の学生だった. からくりこはこうだ. ハイゼンベルクは 1925 年にケンブリッジで 1 ヶ月間講義をしている. この時は量子力学そのものの話はしなかった. しかし, ディラックの指導教官であるラルフ・ファウラーが, ハイゼンベルクから, まもなく発表しようとしている歴史的論文 [29] の校正刷りを受け取った. それをディラックに渡してこういう事態になったのだ.

ハイゼンベルクは調和振動子や非調和振動子に対して行列力学を使って固有値を求めた. これはすぐにパウリの力作 [39] によって水素原子の模型に応用され, [39, (68) 式] でバルマー系列を行列力学をもちいて導出している.

結果的に, ハイゼンベルクはいつもは批判的なパウリから勇気づけてもらい, ゲッチンゲンのボルンとヨルダンも行列力学に向かい, そして, ケンブリッジの若きディラックはこの方面の自己流の数学を発展させた. まさにハイゼンベルクには追い風が吹いていた.

2.2 行列の歴史

行列力学の話を始める前に行列の歴史について説明しよう. 1920年代, 行列の理論は現在のように整備されていなかった. ハイゼン

$$\mathbf{X} = ax + by + cz,$$
$$\mathbf{Y} = a'x + b'y + c'z,$$
$$\mathbf{Z} = a''x + b''y + c''z,$$

resented by

$$(\mathbf{X, Y, Z}) = \begin{pmatrix} a , & b , & c \\ a', & b', & c' \\ a'', & b'', & c'' \end{pmatrix} (x, y, z),$$

1858 年のケーリーの論文にある行列と列ベクトルの表記

ベルクも行列の代数演算には疎かったようである. 行列=matrix は
ラテン語で '生み出すもの' の意味で, ジェームス・ジョセフ・シル
ベスターが導入した. 行列論の初期においては, 行列よりも行列式
のほうに重きが置かれており, 現代的な行列の概念が述べられてい
るのは 1858 年のアーサー・ケーリーの論文 [12] においてである.
そこでは正方行列の代数的な演算である和と積が述べられ, さらに
積の結合法則 $(AB)C = A(BC)$ も証明されている. ただし, 現代
のような列ベクトルや内積 (x, y) の表記がまだ確立されてなく, 現
代の視点からみるとなんとも読みづらい. さらに, 初期の頃は, 行列
に関する定理は小さいサイズの行列に限って示されていた. 例えば
ケーリー・ハミルトンの定理は [12] で 2×2 行列に対して示され,
ウィリアム・ハミルトンが 4×4 行列に対して証明した. その後
の 1898 年にフェルディナンド・フロベニウスが任意次元に拡張し
た. 20 世紀の初頭になってやっと行列は線型代数学の中心的役割
を果たすようになり, 現在, 大学の初年次の科目として定着したの
である.

　このような状況下で, ハイゼンベルク, ボルン, ヨルダンらによる
行列力学の創始は無限行×無限列のとてつもなく大きな行列を相手

にするものであったことを考えると, 行列力学と称しているが, 当人たちは全く新しい学問を切り開いたという気持ちだったのではないだろうか.

2.3 対応原理再考

ボーアの対応原理とゾンマーフェルトの量子条件を抽象化しよう. 定常状態のエネルギーを W_n とすると, ボーアの仮説によって放射する光の振動数は

$$\nu_{n \to n-\tau} = \frac{W_n - W_{n-\tau}}{h}$$

で与えられるのであった. この離散的なエネルギー W_n は系の古典的なエネルギー W からどのように決定されるのだろうか? 古典的なエネルギーは勿論連続的に変化する. 調和振動子や水素原子の例では, ハミルトン関数から決まる $q - p$ 平面上の図形の面積 J に対する量子条件 $J = nh$ で決まる運動を選んでそのエネルギーを計算すると W_n になった. これを抽象化するために, エネルギー W を J の関数とみなして $W(J)$ として, $J = nh$ のとき

$$W_n = W(nh)$$

と定義しよう. 調和振動子も水素原子の模型もそのようになっている. ハミルトン関数を

$$H(p, q) = \frac{1}{2m}p^2 + V(q)$$

とする. この系が周期的であるとして運動の周期を T とすれば振動数 ν は $\nu = 1/T$ である. 系のエネルギーを W としエネルギー一定のハミルトン関数

$$H(p, q) = W$$

を考える. W と q を独立変数とみて $p = p(W, q)$ とする. 目標は系のエネルギー W を

$$J = \oint pdq$$

で表すことである. 閉曲線で囲まれた図形は q 軸に関して対称だから

$$J = 2\int_a^b p(W, q)dq$$

勿論 a と b は $p(W, q) = 0$ の解である. つまり $p(W, a) = p(W, b) = 0$. $J = J(W)$ の逆関数を求めればいい. dJ/dW を計算してみよう. 注意することは $H = W$ の両辺を W で偏微分して

$$\frac{\partial H}{\partial p}\frac{\partial p}{\partial W} + \frac{\partial H}{\partial q}\frac{\partial q}{\partial W} = 1$$

ここで $\partial q/\partial W = 0$ で, また, ハミルトンの運動方程式から $\partial H/\partial p = \dot{q}$ だから

$$\dot{q}\frac{\partial p}{\partial W} = 1$$

となる. 故に, a, b も W の関数であることに注意して dJ/dW を計算すれば

$$\frac{dJ}{dW} = 2\left(p(W, b)\frac{db}{dW} - p(W, a)\frac{da}{dW}\right) + 2\int_a^b \frac{\partial p(W, q)}{\partial W}dq$$

$$= 2\int_a^b \frac{1}{\dot{q}}dq = 2\int_0^{T/2} dt = T$$

となり, dJ/dW は運動の周期 T になる. 逆数をとれば振動数 ν だから

$$\nu = \frac{1}{T} = \frac{dW}{dJ}$$

いよいよ, ボーアの対応原理と古典的な運動の周期を関係づけることができる. n が非常に大きくて $n \gg \tau$ とすれば

$$\nu_{n \to n-\tau} = \frac{W_n - W_{n-\tau}}{h} = \tau \frac{W(nh) - W((n-\tau)h)}{nh - (n-\tau)h} \sim \tau \frac{dW}{dJ}\Big\lceil_{J=nh}$$

と近似できる. 故に, $n \gg \tau$ のとき

$$\nu_{n \to n-\tau} \sim \tau \frac{dW}{dJ}\Big\lceil_{J=nh} = \tau\nu$$

整理すると, 左辺の $\nu_{n \to n-\tau}$ は定常状態の遷移から放射される光の振動数で, 右辺の τ は古典的な運動で $J = nh$ と条件を付けたときの周期である. ここで, 運動のフーリエ変換表示に戻ろう. n が十分大きいときは $\nu_{n \to n-\tau}$ は古典的な運動の振動数 $\tau\nu$ と近似的に一致するというのである. ということは p, q をフーリエ級数で表示すると

$$p = \sum_{n=-\infty}^{\infty} c_n e^{2\pi i n \nu t}$$

$$q = \sum_{n=-\infty}^{\infty} d_n e^{2\pi i n \nu t}$$

となり, n が十分大きいとき, 振動数が $\tau\nu$ の $c_\tau e^{2\pi i \tau \nu t}$, $d_\tau e^{2\pi i \tau \nu t}$ の部分だけが放射されると解釈できる.

2.4 行列力学誕生

　朝永振一郎 [104] に従ってハイゼンベルクが行列力学にたどり着いた道筋を概観しよう. $W_n = w(n)$ と書くことにする. $W(nh) = w(n)$ である. 時間に依存している座標関数 $q(t)$ を n 番目の振動数

でフーリエ展開すれば

$$q(t) = \sum_{\tau=-\infty}^{\infty} Q_{n,\tau} \exp(2\pi i \nu_{n,\tau} t)$$

古典論での振動数 $\nu_{n,\tau}$ は勿論

$$\nu_{n,\tau} = \tau \nu_{n,1}$$

で, $\nu_{n,1}$ が, n 番目の振動数を表す. そのフーリエ成分 $Q_{n,\tau} \exp(2\pi i \nu_{n,\tau} t)$ に対して, 量子論的座標の遷移成分ともいうべき '何か' が存在するとして, それを

$$Q_{n;n-\tau} \exp(2\pi i \nu_{n;n-\tau} t)$$

と表す. 心のなかで

$$\nu_{n;n-\tau} = \frac{w(n) - w(n-\tau)}{h}$$

と思うことにする. しかし $Q_{n;n-\tau}$ の性質は全くわからない. 古典論から量子論への革命的な移行なので, そこには必然というよりは, 直感と推測から絞り出したものしかない. 何故と問うてはいけない. 体系化は全てが完成した後になされる.

　古典論の $\nu_{n,\tau}$ と量子論の $\nu_{n;n-\tau}$ の代数的な関係を確認しよう. 古典論では

$$\nu_{n,\tau} = -\nu_{n,-\tau}$$

となる. 量子論では

$$\nu_{n;n-\tau} = -\nu_{n-\tau;n}$$

となる. また, $q \in \mathbb{R}$ であるから古典論では

$$Q_{n,\tau} = Q_{n,-\tau}^*$$

となり, 量子論では

$$Q_{n;n-\tau} = Q^*_{n-\tau;n}$$

となる. さてボーアの対応原理により n が大きいときは

$$\nu_{n,\tau} \sim \nu_{n;n-\tau} \sim \tau \frac{\partial W(J)}{\partial J}\lceil_{J=nh} = \frac{\tau}{h}\frac{\partial w(n)}{\partial n}$$

また, $\tau \frac{\partial \nu_{n,\tau}}{\partial n}$ は $\tau \frac{\partial}{\partial n}(\frac{\tau}{h}\frac{\partial w(n)}{\partial n})$ だから差分の 2 階微分

$$\frac{(w(n+\tau) - w(n)) - (w(n) - w(n-\tau))}{h} = \nu_{n+\tau;n} - \nu_{n;n-\tau}$$

と置き換える. これらを $w(n)$, $\nu_{n,\tau}$ 以外の古典論の関数に拡張する. 次の計算規則を導入する.

量子化の計算規則

(1) $\tau \dfrac{\partial F(n)}{\partial n}$ は差分 $F(n) - F(n-\tau)$ に置き換える.

(2) $\tau \dfrac{\partial F(n,\tau)}{\partial n}$ は $F(n+\tau;n) - F(n;n-\tau)$ に置き換える.

位置座標の 2 乗を古典論と量子論で考える.

$$古典論 \quad q = \sum_\tau Q_{n,\tau} \exp(2\pi i \nu_{n,\tau} t)$$

$$量子論 \quad q = \sum_\tau Q_{n;\tau} \exp(2\pi i \nu_{n;\tau} t)$$

はじめに q^2 を古典論で考える. 勿論 $\nu_{n,\tau} + \nu_{n,\tau'} = \nu_{n,\tau+\tau'}$ だから $\exp(2\pi i \nu_{n,\tau} t)$ で揃えると

$$q^2 = \sum_{\tau=-\infty}^{\infty} \left(\sum_{\tau'=-\infty}^{\infty} Q_{n,\tau'} Q_{n,\tau-\tau'} \right) \exp(2\pi i \nu_{n,\tau} t)$$

となるから，τ 番目のフーリエ成分は

$$\sum_{\tau'=-\infty}^{\infty} Q_{n,\tau'}Q_{n,\tau-\tau'}$$

となる．これを量子論に安易に移すとどうなるだろうか？ やってみよう．古典論の計算を，もう少し丁寧にみてみよう．$\exp(2\pi i\nu_{n,\tau}t)$ の成分を導こう．

$$q^2 = \sum_{\tau'=-\infty}^{\infty} \sum_{\tau''=-\infty}^{\infty} Q_{n,\tau'}Q_{n,\tau''}\exp(2\pi i\nu_{n,\tau'}t)\exp(2\pi i\nu_{n,\tau''}t)$$

$$= \sum_{\tau'=-\infty}^{\infty} \sum_{\tau''=-\infty}^{\infty} Q_{n,\tau'}Q_{n,\tau''}\exp(2\pi i\nu_{n,\tau'+\tau''}t)$$

ここで $\tau'' = \tau - \tau'$ とおいて $\nu_{n,\tau'} + \nu_{n,\tau-\tau'} = \nu_{n,\tau}$ だから

$$= \sum_{\tau=-\infty}^{\infty} \sum_{\tau'=-\infty}^{\infty} Q_{n,\tau'}Q_{n,\tau-\tau'}\exp(2\pi i\nu_{n,\tau'}t)\exp(2\pi i\nu_{n,\tau-\tau'}t)$$

$$= \sum_{\tau=-\infty}^{\infty} \left(\sum_{\tau'=-\infty}^{\infty} Q_{n,\tau'}Q_{n,\tau-\tau'} \right)\exp(2\pi i\nu_{n,\tau}t)$$

となる．ここで安易に量子論に移って

$$\exp(2\pi i\nu_{n,\tau'}t)\exp(2\pi i\nu_{n,\tau-\tau'}t) \to \exp(2\pi i\nu_{n;n-\tau'}t)\exp(2\pi i\nu_{n;n-\tau+\tau'}t)$$

と置き換えると

$$\nu_{n;n-\tau'} + \nu_{n;n-\tau+\tau'} \neq \nu_{n;n-\tau}$$

となり，綺麗に $\exp(2\pi i\nu_{n;n-\tau}t)$，$\tau \in \mathbb{Z}$，で分解できない．そこで $\nu_{n;n-\tau}$ に関してハイゼンベルクは次の代数関係を導入した．

> **リュードベリ・リッツの結合式**
>
> $$\nu_{n;n-\tau} + \nu_{n-\tau;n-\tau-\tau'} = \nu_{n;n-\tau-\tau'}$$

リュードベリ・リッツの結合式は 1908 年にヴァルター・リッツによって, 水素原子の輝線に関する代数関係式として導入された. $\nu_{n;n-\tau} = (w(n) - w(n-\tau))/h$ だと思えば自然であろう. 上の関係式を仮定して, 量子論での積 q^2 を次のように定義する

$$q^2 = \sum_{\tau=-\infty}^{\infty} \sum_{\tau'=-\infty}^{\infty} Q_{n;n-\tau'} Q_{n-\tau';n-\tau}$$
$$\times \exp(2\pi i \nu_{n;n-\tau'} t) \exp(2\pi i \nu_{n-\tau';n-\tau} t)$$

これは次のように計算できる.

$$q^2 = \sum_{\tau=-\infty}^{\infty} \left(\sum_{\tau'=-\infty}^{\infty} Q_{n;n-\tau'} Q_{n-\tau';n-\tau} \right) \exp(2\pi i \nu_{n;n-\tau} t)$$

綺麗に $\exp(2\pi i \nu_{n;n-\tau} t)$, $\tau \in \mathbb{Z}$, で分解でき, $\exp(2\pi i \nu_{n;n-\tau} t)$ の成分が

$$\sum_{\tau'=-\infty}^{\infty} Q_{n;n-\tau'} Q_{n-\tau';n-\tau}$$

であることもわかる. これは, はじめに求めた古典論

$$\sum_{\tau'=-\infty}^{\infty} Q_{n,\tau'} Q_{n,\tau-\tau'}$$

とは異なる. また, 3 つの積 q^3 も量子論では次のようになる.

$$q^3 = \sum_{\tau=-\infty}^{\infty} \tilde{Q}_{n;n-\tau} \exp(2\pi i \nu_{n;n-\tau} t)$$

ここで

$$\tilde{Q}_{n;n-\tau} = \sum_{\tau'=-\infty}^{\infty} \sum_{\tau''=-\infty}^{\infty} Q_{n;n-\tau'} Q_{n-\tau';n-\tau''} Q_{n-\tau'';n-\tau}$$

となる. 現代の視点でみれば行列の積であることは一目瞭然であ
ろう.

2.5 ハイゼンベルクの正準交換関係

古典的な p, q を考えよう.

$$p = \sum_{\tau=-\infty}^{\infty} P_{n,\tau} \exp(2\pi i \nu_{n,\tau} t)$$

$$q = \sum_{\tau=-\infty}^{\infty} Q_{n,\tau} \exp(2\pi i \nu_{n,\tau} t)$$

これをゾンマーフェルトの量子条件

$$\oint p dq = \oint p\dot{q} dt = nh$$

に代入して積分を実行すると

$$nh = -2\pi i \sum_{\tau=-\infty}^{\infty} P_{n,\tau} Q_{n,\tau}^* \tau$$

を得る. ここで $\nu_{n,1} = 1$ とおいた. 両辺を n で微分すれば

$$\frac{h}{2\pi i} = -\sum_{\tau=-\infty}^{\infty} \tau \frac{\partial}{\partial n}(P_{n,\tau} Q_{n,\tau}^*)$$

ここから, 量子論に移ろう. 量子論における計算の規則は既に説明
している. この右辺を上の規則で変形すると

$$\frac{h}{2\pi i} = -\sum_{\tau=-\infty}^{\infty} \left(P_{n+\tau;n} Q_{n+\tau;n}^* - P_{n;n-\tau} Q_{n;n-\tau}^* \right)$$

$$= -\sum_{\tau=-\infty}^{\infty} \left(P_{n+\tau;n} Q_{n;n+\tau} - P_{n;n-\tau} Q_{n-\tau;n} \right)$$

カッコをはずして,第二項で τ を $-\tau$ と書いて,第 1 項の P, Q の順番を入れ替えると

$$= \sum_{\tau=-\infty}^{\infty} P_{n;n+\tau} Q_{n+\tau;n} - \sum_{\tau=-\infty}^{\infty} Q_{n;n+\tau} P_{n+\tau;n}$$

と変形できる.これは量子論的な積であり

$$pq - qp = \frac{h}{2\pi i}$$

と表される.つまりハイゼンベルクの正準交換関係が現れた! 大事なことは左辺の積が量子論的な積であることだ.

2.6 ハイゼンベルクの運動方程式

前節で述べた発見法的考察はハイゼンベルクによって以下のように定式化された.座標 q,運動量 p だけに関わらず,任意の物理量 x はそれぞれの遷移成分

$$X_{n;n-\tau} \exp(2\pi i \nu_{n,n-\tau} t)$$

の集まりだと考える.計算規則は既に説明した.$n - \tau$ を m と置き換えると,遷移成分は 2 つの添字 n, m をもつことになる:

$$X_{n;m} \exp(2\pi i \nu_{n;m} t)$$

これに対して無限個の行と列からなる次の行列を対応させる.

$$x = \begin{pmatrix} X_{11}\exp(2\pi i\nu_{11}t) & X_{12}\exp(2\pi i\nu_{12}t) & \cdots \\ X_{21}\exp(2\pi i\nu_{21}t) & X_{22}\exp(2\pi i\nu_{22}t) & \cdots \\ X_{31}\exp(2\pi i\nu_{31}t) & X_{32}\exp(2\pi i\nu_{32}t) & \cdots \\ \vdots & \vdots & \ddots \end{pmatrix}$$

心の中で $\nu_{nm} = \frac{W_n - W_m}{h}$ と思っているので次を仮定する.

仮定 I

$$X_{nm} = X_{mn}^*, \quad \nu_{nm} = -\nu_{mn}, \quad \nu_{nn} = 0$$

$x_{nm} = X_{nm}\exp(2\pi i\nu_{nm}t)$ と置いて簡単に

$$x = (x_{nm})$$

と表す. 行列力学では次を仮定する.

仮定 II

$$\nu_{nm} + \nu_{ml} = \nu_{nl}$$

また時間微分に関しては次を仮定する.

仮定 III（時間微分）

$$\dot{x} = (\dot{x}_{nm})$$

そうすると

$$\dot{x} = (\dot{x}_{nm}) = 2\pi i(\nu_{nm}x_{nm})$$

ちなみに $\dot{x}_{nn} = 0$ である. 積と和は行列と同様に次のようにする.

仮定 IV（和と積）

$x = (x_{nm})$ と $y = (y_{nm})$ の和と積を次で定義する.

$$x + y = (x_{nm} + y_{nm}), \qquad xy = \left(\sum_{k=1}^{\infty} x_{nk}y_{km}\right)$$

ゼロ行列は全ての成分がゼロの行列とし, 0 と表す. 最後に単位
行列を以下で定義.

$$\mathbb{1} = \begin{pmatrix} 1 & 0 & \cdots \\ 0 & 1 & \cdots \\ \vdots & \vdots & \ddots \end{pmatrix}$$

仮定 I-IV は抽象的な物理量 x に対するものであった. 実際には
位置座標 q が重要な物理量である.

仮定 V（正準交換関係）

位置座標 q に対応する行列 Q に対して運動量という行列 P が
存在して次を満たす.

$$PQ - QP = \frac{h}{2\pi i}\mathbb{1}$$

実際に P が存在することは, $p = \dot{q}$ にゾンマーフェルトの量子条
件 $\oint p dq = nh$ を課せば, 量子論的な積に対して $pq - qp = \frac{h}{2\pi i}$ が
満たされることは既にみた. これを多自由度に拡張する.

仮定 VI（多自由度の正準交換関係）

位置座標 q_s に対応する行列 Q_s に対して, 運動量という行列
P_r が存在して次を満たす.

$$P_r Q_s - Q_s P_r = \frac{h}{2\pi i}\delta_{sr}\mathbb{1} \quad s,r = 1,\ldots,n$$

位置座標 $q = (q_1,\ldots,q_n)$ と運動量 $p = (p_1,\ldots,p_n)$ のエネル
ギー関数 $H(q,p)$ に対して行列

$$H(Q,P) = H(Q_1,\ldots,Q_n,P_1,\ldots,P_n)$$

を対応させる. 注意を与える. p,q は数なので勿論可換である. 例

えば $H(p,q) = p^2q^2$ のとき $P^2Q^2 \neq Q^2P^2$ だから $H(Q,P)$ は $H(q,p)$ から一意的に決まらない．以下ではこのような面倒を避けるために，$H(Q,P)$ が一つ決まったとして話を進める．

$$\frac{\partial H}{\partial P_r} = \lim_{\varepsilon \to 0} \frac{H(Q, P_1, \ldots, P_r + \varepsilon\mathbb{1}, \ldots P_n) - H(Q, P_1, \ldots, P_n)}{\varepsilon}$$

で定義する．$\frac{\partial H}{\partial Q_s}$ も同様に定義する．次を仮定する．

仮定 VII（ハミルトン・ヤコビ方程式）

$$\dot{Q}_r = \frac{\partial H}{\partial P_r}, \quad \dot{P}_r = -\frac{\partial H}{\partial Q_r}$$

簡単のため自由度を 1 とする．一般に $f = f(P,Q)$ に対して次が成立する．

$$\frac{\partial f}{\partial Q} = \frac{2\pi i}{h}(Pf - fP)$$

$$\frac{\partial f}{\partial P} = -\frac{2\pi i}{h}(Qf - fQ)$$

何故ならば仮定 V から $f = P$ または $f = Q$ のときは成立している．また f_1, f_2 が上式を満たすとき，和 $f_1 + f_2$ と積 $f_1 f_2$ も上式を満たす．一般的な f を Q で冪級数展開すれば

$$f(P,Q) = \sum_n \frac{a_n(P)}{n!} Q^n$$

となるから，

$$Pf(P,Q) = \sum_n \frac{a_n(P)}{n!} PQ^n$$

$$= \frac{h}{2\pi i} \sum_n \frac{a_n(P)}{(n-1)!} Q^{n-1} + \sum_n \frac{a_n(P)}{n!} Q^n P$$

$$= \frac{h}{2\pi i} \frac{\partial f}{\partial Q} + f(P,Q)P$$

故に

$$\frac{\partial f}{\partial Q} = \frac{2\pi i}{h}(Pf - fP)$$

$Pf(P,Q)$ も同様に示せる. 特別な場合として

$$\frac{\partial H}{\partial Q} = \frac{2\pi i}{h}(PH - HP)$$

$$\frac{\partial H}{\partial P} = -\frac{2\pi i}{h}(QH - HQ)$$

であるから, 仮定 VII のハミルトン運動方程式より

$$\dot{Q} = -\frac{2\pi i}{h}(QH - HQ)$$

$$\dot{P} = -\frac{2\pi i}{h}(PH - HP)$$

さらに一般に次が示せる.

┌─ ハイゼンベルクの運動方程式 ─────────

Q, P の関数 g に対して次が成立する.

$$\dot{g} = -\frac{2\pi i}{h}(gH - Hg)$$

└──────────────────────────

証明. g_1, g_2 がこの関係を満たせば

$$\frac{dg_1 g_2}{dt} = \frac{dg_1}{dt} g_2 + g_1 \frac{dg_2}{dt}$$

$$= -\frac{2\pi i}{h}(g_1 H - H g_1)g_2 - \frac{2\pi i}{h} g_1 (g_2 H - H g_2)$$

$$= -\frac{2\pi i}{h}((g_1 H - H g_1)g_2 + g_1 (g_2 H - H g_2))$$

$$= -\frac{2\pi i}{h}(g_1 g_2 H - H g_1 g_2)$$

だから, $g_1 g_2$ もハイゼンベルクの運動方程式を満たす. g は Q, P の積と和の無限和で書け, かつ Q, P はハイゼンベルクの運動方程式を満たすから, g もハイゼンベルクの運動方程式を満たす. [終]

ハイゼンベルクの運動方程式は $g = g(t)$ という物理量の時間発展を与える方程式と解釈できる. 成分で表記すれば

$$2\pi i \nu_{nm} g_{nm} = -\frac{2\pi i}{h}\left(\sum_k g_{nk} H_{km} - \sum_k H_{nk} g_{km}\right)$$

となる. この方程式を解いて量子論的に何かを示すことができるのである. このようにハイゼンベルクの運動方程式が発見されたことにより前期量子論は幕を下ろし, 量子論は量子力学として新たな段階に進んだ.

g として H 自身をとれば, ハイゼンベルクの運動方程式は次のようになる.

$$\frac{dH}{dt} = -\frac{2\pi i}{h}(HH - HH) = 0$$

故に H は時間に依っていないことがわかる. また, 成分で表すと

$$2\pi i \nu_{nm} H_{nm} = 0$$

だから,

$$H_{nm} = 0, \quad n \neq m$$

といっている. 故に H は時間 t に依らない対角行列になる.

$$H = \begin{pmatrix} W_1 & 0 & \cdots & \cdots \\ 0 & W_2 & 0 & \cdots \\ \vdots & 0 & W_3 & 0 \\ \vdots & \vdots & 0 & \ddots \end{pmatrix}$$

行列力学では W_n を n 番目の定常状態のエネルギーと解釈する. ハイゼンベルクの運動方程式に $H_{nm} = W_n \delta_{nm}$ を代入すれば

$$\nu_{nm} = \frac{W_n - W_m}{h}$$

が導かれる. つまり, 物理量 g の行列表示は次のようになる.

$$g = \begin{pmatrix} g_{11} & g_{12}\exp(2\pi i\nu_{12}t) & \cdots \\ g_{21}\exp(2\pi i\nu_{21}t) & g_{22} & \cdots \\ g_{31}\exp(2\pi i\nu_{31}t) & g_{32}\exp(2\pi i\nu_{32}t) & \cdots \\ & \vdots & \ddots \end{pmatrix}$$

仮定 V の P と Q の関係式, およびハイゼンベルクの運動方程式で量子力学が数学的に定式化された. 仮定 V の P と Q の関係式は正準交換関係といわれる.

2.7 振動子の例

振動子を例にしてみよう. 振動子の古典的な運動方程式

$$\ddot{q} + (2\pi\nu)^2 q = 0$$

を行列力学で考えよう. このとき $q(t)$ の行列表示は

$$q = \sqrt{\frac{h}{8\pi^2\nu}} \begin{pmatrix} 0 & \sqrt{1}e^{-2\pi i\nu t} & 0 & \cdots \\ \sqrt{1}e^{2\pi i\nu t} & 0 & \sqrt{2}e^{-2\pi i\nu t} & \cdots \\ 0 & \sqrt{2}e^{2\pi i\nu t} & 0 & \cdots \\ 0 & 0 & \sqrt{3}e^{2\pi i\nu t} & \cdots \\ 0 & 0 & 0 & \cdots \\ \vdots & \vdots & \vdots & \ddots \end{pmatrix}$$

になる. 実際に $\ddot{q} + (2\pi\nu)^2 q = 0$ 満たすことはすぐにチェックできる. また

$$\nu_{nm} = \begin{cases} \nu & n=k, m=k+1 \\ -\nu & n=k, m=k-1 \\ 0 & \text{その他} \end{cases}$$

だから, $\nu_{nm} + \nu_{mk} = \nu_{nk}$ を満たす. 運動量は

$$p = \dot{q} = \frac{1}{i}\sqrt{\frac{h\nu}{2}} \begin{pmatrix} 0 & \sqrt{1}e^{-2\pi i\nu t} & 0 & \cdots \\ -\sqrt{1}e^{2\pi i\nu t} & 0 & \sqrt{2}e^{-2\pi i\nu t} & \cdots \\ 0 & -\sqrt{2}e^{2\pi i\nu t} & 0 & \cdots \\ 0 & 0 & -\sqrt{3}e^{2\pi i\nu t} & \cdots \\ \vdots & \vdots & \vdots & \ddots \end{pmatrix}$$

エネルギー $W = $ 運動エネルギー $+$ 位置エネルギー は

$$H = \frac{1}{2}\dot{q}^2 + \frac{1}{2}(2\pi\nu)^2 q^2$$

なのでこの q に上の行列を代入する. 勿論 $\dot{q}^2$ や q^2 は行列の積である. 計算すれば

$$H = \frac{h}{2\pi}\nu \begin{pmatrix} 1/2 & 0 & 0 & 0 & 0 & \cdots \\ 0 & 3/2 & 0 & 0 & 0 & \cdots \\ 0 & 0 & 5/2 & 0 & 0 & \cdots \\ 0 & 0 & 0 & 7/2 & 0 & \cdots \\ 0 & 0 & 0 & 0 & 9/2 & \cdots \\ \vdots & \vdots & \vdots & \vdots & \vdots & \ddots \end{pmatrix}$$

となる. 確かにハミルトン関数に対応する行列は時間に依らず対角化されている. この行列の固有値は

$$\frac{(n+\frac{1}{2})h\nu}{2\pi}, \quad n = 0, 1, 2, \ldots$$

であり, 離散的になる. ハイゼンベルクはついに連続的なエネルギー $\frac{1}{2}\dot{q}^2 + \frac{1}{2}(2\pi\nu)^2 q^2$ から, 離散的なエネルギーをとり出すことに

$$
\begin{array}{c}
\text{Klassisch:} \\
W = \frac{n\,h\,\omega_0}{2\,\pi}. \hspace{3em} (22) \\[1em]
\text{Quantentheoretisch [nach (7), (8)]:} \\
W = \frac{(n + \frac{1}{2})\,h\,\omega_0}{2\,\pi} \hspace{3em} (23) \\[0.5em]
\text{(bis auf Größen der Ordnung } \lambda^2\text{).}
\end{array}
$$

1925 年のハイゼンベルクの論文に現れた調和振動子の固有値

成功した. さらに最低エネルギーが

$$
\frac{1}{2}\frac{h}{2\pi}\nu
$$

であり, 古典論の 0 とは異なっていることは特筆に値する.

　これこそまさに量子効果の現れで, 世紀の大発見といえよう. ハイゼンベルクも 1925 年の論文の中で古典論と対比しして誇らしげにこのことを強調している. さて $\nu = 1$, $t = 0$ とおけば, 時刻 0 での位置と運動量に対応する行列表示が次で与えられる.

$$
Q = \frac{1}{2\pi}\sqrt{\frac{h}{2}}
\begin{pmatrix}
0 & \sqrt{1} & 0 & \cdots \\
\sqrt{1} & 0 & \sqrt{2} & \cdots \\
0 & \sqrt{2} & 0 & \cdots \\
0 & 0 & \sqrt{3} & \cdots \\
\vdots & \vdots & \vdots & \ddots
\end{pmatrix}
$$

$$
P = \frac{1}{i}\sqrt{\frac{h}{2}}
\begin{pmatrix}
0 & -\sqrt{1} & 0 & \cdots \\
\sqrt{1} & 0 & -\sqrt{2} & \cdots \\
0 & \sqrt{2} & 0 & \cdots \\
0 & 0 & \sqrt{3} & \cdots \\
\vdots & \vdots & \vdots & \ddots
\end{pmatrix}
$$

Q と P 共にエルミート行列である. また, 正準交換関係

$$
PQ - QP = \frac{h}{2\pi i}\mathbb{1}
$$

を満たす.

3　物質波から波動力学へ ～ シュレディンガー登場

3.1 エルヴィン・シュレディンガー

E・シュレディンガー

エルヴィン・シュレディンガーは 1887 年 8 月 12 日, オーストリア・ハンガリー帝国時代のウィーンで生まれた. ギムナジウムでは常に一番の秀才で, 1906 年にウィーン大学に入学した. ウィーン大学では当時ボルツマンが物理学教授を務めていたが, シュレーディンガーが入学する直前の 1906 年 9 月 5 日にうつ病により自ら命を絶ったため, その後任としてフリードリッヒ・ハーゼノールが教鞭を執った. シュレーディンガーは, ハーゼノールを通じてボルツマンの学説に強い感銘と影響を受けており, 理論物理学者を目指したのもボルツマンの影響が大きいといわれている. 1911 年にウィーン大学物理学研究室の助手を務めたが, 第一次世界大戦の勃発によってシュレーディンガーは 1914 年から 1918 年にかけて砲兵の士官として従軍した. なお, 1915 年 10 月 7 日にハーゼノールはこの戦争により弱冠 40 歳で戦死した. 大学の物理学教授が戦死するなんてことは現代社会では到底考えられないことである. また, ハーゼノールは 1911 年の第 1 回ソルヴェイ会議に出席している.

　1925 年から 1926 年にかけてシュレーディンガーは, ド・ブロイの物質波を基にして量子力学の基礎方程式であるシュレーディンガー方程式を導出した. 前節で説明したように, シュレディンガーの波動力学とハイゼンベルクの行列力学は当初意見対立があったのだが, 実は, シュレーディンガーは行列力学と自身の波動力学が数学的同等であることも 1926 年に証明している. 1927 年にはベルリ

ン大学にてプランクの後任として教授を務める. しかし, 1933 年に
ヒトラーが首相になると, ユダヤ人学者の弾圧に反対してベルリン
大学を辞職し, イギリスに渡ってオックスフォード大学のフェロー
となり, 同年, ディラックと共にノーベル物理学賞を受賞した.

　シュレディンガーは 1920 年に 32 歳で結婚しているが, 1934 年
には助手の妻との間に女の子が生まれている. また 1944 年には人
妻との間に第 2 子が誕生し, さらに翌年 1945 年には未婚女性との
間に第 3 子が生まれている.

3.2 シュレディンガー方程式

　シュレディンガーは 1926 年に第 1 論文 [44] (1 月 27 日), 第 2
論文 [45] (2 月 23 日), 第 3 論文 [46] (5 月 10 日), 第 4 論文 [47]
(6 月 21 日) の 4 編を Annalen der Physik に発表している. また
1926 年 3 月 18 日には行列力学と波動力学の同値性を [48] で証明
している.

　光は光学的距離を最小にする経路を進むというフェルマーの原理
からハミルトンが着想を得てハミルトン力学が完成したことは知ら
れている. ド・ブロイの物質波の発見以降この幾何光学と古典力学
の対応は波動という観点から捉えなおされることになった.

$$古典力学 \text{ vs } 幾何光学 = 波動力学 \text{ vs } 波動光学$$

まずは波動光学からはじめる. 一般的な波動で, ある場所 q で時刻
t における波の位相を $\phi = \phi(q,t)$ とすると,

$$d\phi = k \cdot dq - \omega dt$$

の関係が成り立つ[1]. ここで k は波数, ω は角振動数である. 波長 λ

---

[1] $\phi(q,t) - \phi(q + \Delta q, t + \Delta t) = k \cdot \Delta q - \omega \Delta t + o(\sqrt{(\Delta q)^2 + (\Delta t)^2})$.

論文	内容
[44]	ハミルトン・ヤコビ方程式と変分原理でシュレディンガー方程式を導入.
[45]	古典力学と幾何光学の対応関係から出発し, 波動光学に対応するものとして波動力学を位置づける. 調和振動子, 軸が固定された回転子, 軸が自由な回転子, 非剛体的回転子の波動方程式を解く.
[46]	摂動論を展開しシュタルク効果を論じる.
[47]	時間に依存するシュレーディンガー方程式が登場する. $\psi\bar{\psi}$ を電荷密度とする解釈を提示し保存則が成り立つことを証明.

1926 年のシュレディンガーの論文

と振動数 ν とは次のような関係がある. $\omega = 2\pi\nu$, $k = 2\pi/\lambda$. 一方, 一つの粒子の運動の作用 $S = S(q,t)$ の全微分は

$$dS = pdq - Edt$$

で表される. これにアインシュタイン=ド・ブロイの関係

$$E = h\nu = \frac{h}{2\pi}\omega, \quad p = \frac{h}{\lambda} = \frac{h}{2\pi}k$$

を代入すると,

$$\frac{h}{2\pi}d\phi = dS$$

となる. 強引ではあるが波の位相と作用が関係づけられた. $\phi = 0$ のとき $S = 0$ とすれば,

$$\frac{h}{2\pi}\phi = S$$

と簡単な関係になる. 故に, 物質波を表す関数として,

$$\psi = Ae^{i\phi} = Ae^{iS/\frac{h}{2\pi}}$$

を考えることができる. これを変形すると,

$$S = \frac{h}{2\pi} i \log \frac{\psi}{A}$$

となる.

このことを心に留めて, シュレディンガーの第 1 論文に沿って シュレディンガー方程式を導出してみよう. 古典的なハミルトン関数 $H(q, p)$ に対してハミルトン・ヤコビ方程式

$$H(q, \frac{\partial S}{\partial q}) = E$$

を考える. ここで $\frac{\partial S}{\partial q} = (\frac{\partial S}{\partial q_1}, \frac{\partial S}{\partial q_2}, \frac{\partial S}{\partial q_3})$. H と $E \in \mathbb{R}$ が与えられて S を求めるのが目的である. 論文中で明確な理由をシュレディンガーは述べていないが, これを解くために未知関数 ψ を導入して

$$S = K \log \psi$$

と置く. ボルツマンを敬愛していることが理由だろうか, ボルツマンの公式に酷似している. ψ は q の関数で, 定数 K は後で決める. そうすると

$$H(q, \frac{K}{\psi} \frac{\partial \psi}{\partial q}) = E$$

となる. シュレディンガーは律儀に ψ は実で, 一価で, 各点で有界で, 2 階まで連続微分可能としている. また, 量子条件は変分問題に置き換えることができると述べている. ケプラー運動のハミルトン関数

$$H(q, p) = \frac{p^2}{2m} - \frac{e^2}{|q|}$$

を考える. シュレディンガーは水素原子とはいわずケプラー運動と
呼んでいる. ボーアの原子模型を意識していると思われる. E のと
り得る値が離散的なのは $E < 0$ のときで, これはバルマー系列に対
応するといい, また E が連続な部分は双曲的な運動に対応するもの
であると述べている. つまり $E > 0$ で

$$\frac{p^2}{2m} - \left(E + \frac{e^2}{|q|} \right) = 0$$

現代の言葉で言えば固有状態と散乱状態に対応する. $H(q, \frac{\partial S}{\partial q}) = E$
は

$$\left(\frac{\partial \psi}{\partial x} \right)^2 + \left(\frac{\partial \psi}{\partial y} \right)^2 + \left(\frac{\partial \psi}{\partial z} \right)^2 - \frac{2m}{K^2} \left(E + \frac{e^2}{r} \right) \psi^2 = 0$$

になる. ここで $r = \sqrt{x^2 + y^2 + z^2}$. この方程式は非線形の方程式
である. 関数をテーラー展開を使って線形関数で第一近似するよう
に, これを線形方程式で近似したい. そのために変分問題を考える.
$\mathbb{R}^3$ 上で部分積分して境界（無限遠点）を無視すれば

$$J = \int_{\mathbb{R}^3} \left(\frac{\partial \psi}{\partial x} \right)^2 + \left(\frac{\partial \psi}{\partial y} \right)^2 + \left(\frac{\partial \psi}{\partial z} \right)^2 - \frac{2m}{K^2} \left(E + \frac{e^2}{r} \right) \psi^2 dxdydz$$

$$= \int_{\mathbb{R}^3} \psi \left(-\Delta \psi - \frac{2m}{K^2} \left(E + \frac{e^2}{r} \right) \psi \right) dxdydz$$

だから

$$\delta J = \int_{\mathbb{R}^d} \delta \psi \left(-\Delta \psi - \frac{2m}{K^2} \left(E + \frac{e^2}{r} \right) \psi \right) dxdydz = 0$$

故に

$$-\Delta \psi - \frac{2m}{K^2} \left(E + \frac{e^2}{r} \right) \psi = 0$$

ボーアの原子模型との比較から $K = \frac{h}{2\pi}$ となる.

┌─ シュレディンガー方程式 ──────

$$-\Delta\psi - \frac{8\pi^2 m}{h^2}\left(E + \frac{e^2}{r}\right)\psi = 0$$

└────────────────────

これは現在知られているシュレディンガー方程式に他ならない. し
かし, 非常に発見法的で, 即座に受け入れられるようなものでもな
い. 例えば, $K = \frac{h}{2\pi}$ のように決まったのであれば,

$$S = \frac{h}{2\pi}\log\psi$$

となり, 波動関数は

$$\psi = e^{S/\frac{h}{2\pi}}$$

となって, 波動ではなくなってしまう. しかし, シュレディンガー
方程式は水素原子の電子構造の解明で成功を収め, その正当性が認
められた. 特にバルマー系列を導き出したことは当時の物理学会で
衝撃だったに違いない.

3.3 別のシュレディンガー方程式導出方法

次のように考えてもシュレディンガー方程式が導ける. 波長 λ,
角振動数 ν の波動の振幅は

$$\psi(x,t) = A\sin\left(\frac{2\pi x}{\lambda} - 2\pi\nu t\right)$$

と表される. $A = 1$ とし, これを物質波である電子波と思えばアイ
ンシュタイン＝ド・ブロイの関係式から

$$\psi(x,t) = \sin\frac{2\pi}{h}(px - Et)$$

と書ける. これを一般的な波動方程式

$$(\frac{\partial^2}{\partial x^2} - \frac{1}{v^2}\frac{\partial^2}{\partial t^2})\psi(x,t) = 0$$

に代入して E と p の関係を導き出すと

$$E^2 = v^2 p^2$$

になり, 粒子としての運動エネルギー

$$E = \frac{p^2}{2m}$$

とは違っている. これはまずい. E^2 をなんとか E にしなければならない. そこで $\psi(x,t)$ の満たすべき方程式は $\partial/\partial x$ については 2 次, 一方 $\partial/\partial t$ については 1 次であることを要求する. そうすれば E は 1 次で p は 2 次になる. そこで, 強引に

$$(\alpha\frac{\partial}{\partial t} - \frac{\partial^2}{\partial x^2})\psi(x,t) = 0$$

としてみる. しかし残念ながら, これを満たす α をみつけることはできない. そこで余弦波

$$\cos\frac{2\pi}{h}(px - Et)$$

を導入して

$$\psi(x,t) = \cos\frac{2\pi}{h}(px - Et) + B\sin\frac{2\pi}{h}(px - Et)$$

と置いてみる. そうすると簡単に

$$\alpha = \pm i\frac{4\pi m}{h}, \quad B = \mp i$$

とすればいいことがわかる. 故に

$$\psi(x,t) = \exp(\mp\frac{2\pi i}{h}(px - Et))$$

である. シュレディンガーは下の符号を採用して

$$i\frac{h}{2\pi}\frac{\partial}{\partial t}\psi = -\frac{h^2}{8\pi^2 m}\frac{\partial^2}{\partial x^2}\psi$$

とう方程式を得た. これはシュレディンガー方程式に他ならない.

$$-\frac{h^2}{8\pi^2 m}\frac{\partial^2}{\partial x^2}$$

の方は電子波の運動エネルギーに対応してそうだ. そこで, これを空間 3 次元に拡張し, ポテンシャル V の場を運動する電子波の方程式は

$$i\frac{h}{2\pi i}\frac{\partial}{\partial t}\psi = -\frac{h^2}{8\pi^2 m}\frac{\partial^2}{\partial x^2}\Delta\psi + V(x)\psi$$

とした.

さて, 方程式の中に $i = \sqrt{-1}$ が現れるということ, また解 ψ も一般には複素数値であるので, ψ は一体何を表しているのだろうか? 量子力学創成期の頃に, この波動関数の解釈を巡って様々な議論が沸き起こった.

3.4 アインシュタイからシュレディンガーへの書簡

量子力学が世に出始めた頃, シュレディンガー方程式は

$$\Delta\varphi(x) + \frac{8\pi^2(E - V(x))}{h^2}\varphi(x) = 0$$

と表記されることが多かったようである. 1926 年 4 月 16 日にアインシュタインがシュレディンガーに手紙を書いている. その内容は, 定数 $8\pi^2$ を無視して, V を Φ と書いて以下である.

「エネルギー E_1 と E_2 の系の合成系は相互作用が全くなければ $E = E_1 + E_2$ になるはずで, あなたの方程式

$$\Delta\varphi(x) + \frac{E^2}{h^2(E - \Phi)}\varphi(x) = 0$$

では, この性質をみたさない. 私 (アインシュタイン) は次の方程式を立てます:

$$\Delta\varphi(x) + \frac{E - \Phi}{h^2}\varphi(x) = 0$$

これならば相互作用のない合成系の関係を満たす」

勿論, 前者は誤りで, 後者がシュレディンガー方程式である. 1週間後の 1926 年 4 月 23 日の手紙でシュレディンガーがアインシュタインに

「前者はあなたの勘違いであり, 後者が私の方程式である」

と反論している. 当然のことだろうが, なんとも微笑ましい. 当時アインシュタイン 47 歳, シュレディンガー 39 歳である.

3.5 水素原子内の電子

シュレディンガーの波動力学では, 次の方程式を得た.

$$-\frac{h}{2\pi i}\frac{\partial}{\partial t}\varphi_t(x) = -\frac{h^2}{8\pi^2 m}\Delta\varphi_t(x) + V(x)\varphi_t(x)$$

これをシュレディンガー方程式といった. V はポテンシャルを表し, 水素原子の場合は

$$V(x) = -\frac{Ze^2}{4\pi\epsilon_0|x|}$$

で与えられた. $V(x)$ は中心力場で無限遠点のエネルギーをゼロとしたときの, 中心からの距離が $|x|$ での位置エネルギーを表してい

る. ニュートン力学では中心力場から受ける力はの大きさ F は逆 2 乗法則で $F = g/|x|^2$ だったから, $|x| = r$ から無限遠点に運ぶまでに必要なエネルギーは

$$\int_r^\infty \frac{g}{r^2} dr = \frac{g}{r}$$

であるから, 位置エネルギーは $-g/r$ になる. $Ze^2/4\pi\epsilon_0$ は物理定数である. シュレディンガーは実際に水素原子の場合にシュレディンガー方程式の固有値問題を解いた

水素原子内の電子を表すシュレディンガー方程式

$$-\frac{h^2}{8\pi^2}\Delta\varphi(x) - \frac{Ze^2}{4\pi\epsilon_0|x|}\varphi(x) = E\varphi(x)$$

E は以下で与えられる.

$$E_n = -\frac{1}{2}\frac{(2\pi)^2 Z^2 e^4 m}{(4\pi\epsilon_0)^2 h^2}\frac{1}{n^2}, \quad n = 1, 2\ldots$$

特に

$$E_a - E_b = \frac{1}{2}\frac{(2\pi)^2 Z^2 e^4 m}{(4\pi\epsilon_0)^2 h^2}\left(\frac{1}{b^2} - \frac{1}{a^2}\right)$$

となる. これでバルマー系列の問題を完全に解決した.

本質的ではないが数学的な議論をするときの常套手段を紹介する. 現在では以下の記号を使う慣習である

$$\frac{h}{2\pi} = \hbar$$

ポテンシャルの物理定数を $\alpha, m = 1$ とおけば, シュレディンガー方程式は

$$-\frac{\hbar^2}{2}\Delta\varphi(x) - \frac{\alpha}{|x|}\varphi(x) = -\frac{1}{2}\frac{\alpha^2}{\hbar^2}\frac{1}{n^2}\varphi(x)$$

と表される. さらに $\hbar = 1$ と強引に置き換えて

$$-\frac{1}{2}\Delta\varphi(x) - \frac{\alpha}{|x|}\varphi(x) = -\frac{1}{2}\frac{\alpha^2}{n^2}\varphi(x)$$

のように方程式を簡略化して議論することがよくある.

シュレディンガー方程式に話を戻そう. 簡単のために, 電子の質量を $m = 1$ とおく. 水素原子内の電子を表すシュレディンガー方程式は, 現在に至るまで具体的に解ける数少ないシュレディンガー方程式の例になっている. その解法は非常に複雑でシュレディンガーの計算力には感服する. 結果のみを記す. シュレディンガー方程式の解 φ を3次元極座標

$$(r, \theta, \varphi) \in [0, \infty) \times [0, \pi] \times [0, 2\pi)$$

で表すことを考える. 3次元のラプラシアンを極座標で表示すると次のようになる.

$$-\Delta = -\frac{\partial^2}{\partial r^2} - \frac{2}{r}\frac{\partial}{\partial r} - \frac{1}{r^2}\underbrace{\left(\frac{1}{\sin\theta}\frac{\partial}{\partial\theta}\left(\sin\theta\frac{\partial}{\partial\theta}\right) + \frac{1}{\sin^2\theta}\frac{\partial^2}{\partial\varphi^2}\right)}_{\text{ラプラス・ベルトラミ作用素}}$$

動径方向 r と球面座標 (θ, ϕ) が綺麗に分離して, 特に球面部分の作用素はラプラス・ベルトラミ作用素と呼ばれる. これから, シュレディンガー方程式の解は

$$\varphi(r, \theta, \varphi) = R(r)Y(\theta, \varphi)$$

と変数分離形で表せる. R と Y は量子数という整数 n, m, l で R_{nl}, Y_l^m のようにパラメーター付けられている.

簡単に説明しよう. 角運動量作用素を

主量子数	$n = 1, 2, \ldots$
方位量子数	$l = 0, 1, 2, \ldots, n-1$
磁気量子数	$-l \le m \le l$

$$l_x = -i\frac{h}{2\pi}\left(y\frac{\partial}{\partial z} - z\frac{\partial}{\partial y}\right)$$

$$l_y = -i\frac{h}{2\pi}\left(z\frac{\partial}{\partial x} - x\frac{\partial}{\partial z}\right)$$

$$l_z = -i\frac{h}{2\pi}\left(x\frac{\partial}{\partial y} - y\frac{\partial}{\partial x}\right)$$

で定義し，全角運動量作用素を次で定義する．

$$l^2 = l_x^2 + l_y^2 + l_z^2$$

そうすると l_z と l^2 を極座標で書き下せば，次のようになる．

$$l_z = -i\frac{h}{2\pi}\frac{\partial}{\partial \phi}$$

$$l^2 = -\left(\frac{h}{2\pi}\right)^2\left(\frac{1}{\sin\theta}\frac{\partial}{\partial\theta}\left(\sin\theta\frac{\partial}{\partial\theta}\right) + \frac{1}{\sin^2\theta}\frac{\partial^2}{\partial\varphi^2}\right)$$

l^2 はまさにラプラス・ベルトラミ作用素のスカラー倍になる．Y_l^m は次を満たす関数である．

$$l^2 Y_l^m = \left(\frac{h}{2\pi}\right)^2 l(l+1) Y_l^m$$

$$l_z Y_l^m = m\frac{h}{2\pi} Y_l^m$$

つまり，全角運動量と z 方向の角運動量の同時固有関数が Y_l^m で具体的に書き下せた．もう少し詳細に述べると

$$Y_l^m(\theta, \varphi) = \tilde{Y}_l^m(\theta) e^{im\varphi}$$

と表せて $\tilde{Y}_l^m$ は φ に依っていない. さて, $fY_l^m = f(r)Y_l^m(\theta, \varphi)$ は次を満たす.

$$-\frac{1}{2}\Delta fY_l^m = -\frac{1}{2}\frac{d^2}{dr^2}fY_l^m - \frac{1}{r}\frac{\partial}{\partial r}fY_l^m + \frac{1}{2}\frac{l(l+1)}{r^2}fY_l^m$$

実は動径方向の R_{nl} は次の方程式の解である

$$-\frac{1}{2}\frac{d^2}{dr^2}\phi - \frac{1}{r}\frac{\partial}{\partial r}\phi + \left(\frac{1}{2}\frac{l(l+1)}{r^2} - \frac{Ze^2}{4\pi\epsilon_0 r}\right)\phi = -\frac{1}{2}\frac{Z^2e^4}{(4\pi\epsilon_0)^2}\frac{1}{n^2}\phi$$

そうするとシュレディンガー方程式の解は

$$R_{nl}(r)\tilde{Y}_l^m(\theta)e^{im\varphi}$$

という形で表される. E_n は n で決まり, その n ごとに l, m が決まり,

$$\sum_{l=0}^{n-1}(2l+1) = n^2$$

だから, 固有値 $E_n = -\frac{1}{2}\frac{Z^2e^4}{(4\pi\epsilon_0)^2}\frac{1}{n^2}$ の固有関数は n^2 重に縮退している. $n = 1$ のときを s 軌道, $n = 2$ のときを p 軌道, $n = 3$ のときを d 軌道と呼ぶ.

4　同値性の証明

　1925 年から 1926 年にかけて量子力学が完成した. しかし, 出発点においても, 概念においても著しく異なる 2 つの流儀があった. ボーアの対応原理を基にしたハイゼンベルクの行列力学とド・ブロイの物質波を基にした波動力学である. これらの導出は前節で詳しく説明した. この 2 つの量子力学はどちらが真の量子論を表現しているのか, 若きハイゼンベルクと円熟したシュレディンガーを中心

に, 1926 年-1927 年にかけて大きな論争が巻き起こった. この節は
主に [97, 第 II 部シュレディンガー小伝] を参照にした.

シュレディンガーは行列力学を嫌ったが, 両
者から計算されるエネルギー準位が一致する
ことから, 内的な関連があるに違いないと思い
チューリッヒ大学で同僚の聖ワイルに相談し
た. ワイルは幾何学者であり物理学者であり,
そして哲学者であり, 当時のヨーロッパを代表
する頭脳であった. ワイルは量子力学と群論に
ついて 1928 年に [83] を出版している. これは

H・ワイル

シュレディガーをはじめ当時の物理学者にはあまり受け入れられな
かったらしい. 1926 年 11 月 6 日付けで, シュレディガーがワイル
に献本のお礼の手紙を書いているが「貴兄のものはことのほか難し
い」と嘆き, 散々批判している. 第 2 版についても 1931 年 4 月 1
日付の手紙で, $p_l \to \partial/\partial p_l$ という量子論への焼き直しがド・ブロイ
という標題のもとで書かれていることに対して, 「気持ちが穏やか
でない」と書いている [97, 22-23]. 勿論シュレディガーが焼き直し
たのが事実である.

話を戻そう. 調和振動子の問題を行列力学で考えると, ハミルト
ン関数に対応する行列は対角行列でその対角成分は $\frac{h}{2\pi}(n+\frac{1}{2})$ だっ
た. 一方, 波動力学では対応するシュレディンガー方程式は

$$-\frac{h^2}{8\pi^2}\Delta u + \frac{1}{2}|x|^2 u = Eu$$

で, 固有値は $E = E_n = \frac{h}{2\pi}(n+\frac{1}{2})$ になった. しかし, ワイルは解
けなかった. 機を待たずして, シュレディンガーは論文 [48] で両者
は数学的に同値であることを示したと主張した. 論文受理は 1926
年 3 月 18 日. 結果的に, それは数学的に不十分なものであったが,

3/18	シュレディンガー
4/12	パウリ（非公表）
4/27, 7/9	ヨルダン
8/26	ディラック

1926 年の行列力学と波動力学の同値性の証明

ハイゼンベルクをはじめ当時の物理学者はそれを信じたようである．1926 年にはディラック [19] やヨルダン [33, 34] も各々独立に行列力学と波動力学の同値性を証明している．ディラックはデルタ関数を駆使して同値性の証明を試みている．論文は 8 月 26 日に受理されている．一方，ヨルダンは 3-4 ページの短い論文で数学的なエッセンスだけを取り出して同値性の証明を試みている．初めの論文は 4 月 27 日，次の論文は 7 月 6 日に受理されている．論文の受理された日付までみると熾烈な争いがあったことが伺える．

　余談になるが，シュレディンガーの第 1 論文を読んだパウリはシュレディンガーと同様に行列力学と波動力学の同値性に気がつき，その証明を 4 月 12 日にヨルダン宛に手紙で送っている．しかし，シュレディンガーが一足先に論文を出してしまったために，パウリの証明は日の目をみることはなかった．ただ，パウリは死の直前まで自身の証明のカーボンコピーを大事に保存していたそうだ．

　論文 [48] を眺めてみよう．簡単のために 1 次元で考える．シュレディンガー方程式

$$\Delta u_n + \frac{8\pi^2 m}{h^2}(E_n - V)u_n = 0$$

の固有ベクトル全体 $\{u_n\}$ は完全正規直交系を作るとする．ただし，完全正規直交系の数学的な厳密な定義は第 2 巻で与える．勿論，

当時のシュレディンガーがその厳密な定義を知っていたとは思えない.

$$\int_{\mathbb{R}^3} \bar{u}_n(x) u_m(x) dx = \delta_{nm}$$

が直交性の条件で

$$\sum_k u_k(x) \bar{u}_k(y) = \delta(x-y)$$

が完全性の条件である. ここで $\delta(x-y)$ はディラックのデルタ関数で

$$\int_{\mathbb{R}^3} f(y) \delta(x-y) dy = f(x)$$

を満たす. 1920 年代当時 $\delta(x-y)$ の数学的な正体は不明であった. デルタ関数を数学的に正当化するためには, ブルバキのメンバーの一人ローラン・シュワルツによる超関数理論の導入を待たねばならない. $\mathscr{D} = C_0^\infty(\mathbb{R})$ に適当な位相を導入する. その双対空間

$$\mathscr{D}^* = \{ f : \mathscr{D} \to \mathbb{C} \mid f \text{ は線形で連続} \}$$

を超関数という. $x \in \mathbb{R}$ に対して

$$T_x(u) = u(x), \quad u \in C_0^\infty(\mathbb{R})$$

と定めると $T_x \in \mathscr{D}$ になる. これを

$$T_x f = \int f(y) \delta(x-y) dy$$

と形式的に書く慣習である. 実際にこの等式を満たす通常の関数 $\delta(x-y)$ は存在しないことが知られている.

簡単のために 1 次元で考える. $\{u_n\}$ に対して次のような行列を定める.

$$Q_{nm} = \int_{\mathbb{R}} \bar{u}_n(x) x u_m(x) dx,$$

$$P_{nm} = \int_{\mathbb{R}} \bar{u}_n(x) \frac{h}{2\pi i} \frac{d}{dx} u_m(x) dx$$

以下で $Q = (Q_{nm}), P = (P_{nm})$ とおく. この無限行列がハイゼンベルクの行列力学に現れる行列に対応するというのである. 詳しく説明すると次のようになる. 積 QP の nm 成分は

$$(QP)_{nm} = \sum_k Q_{nk} P_{km}$$

$$= \int dx \int \bar{u}_n(x) x \left(\sum_k u_k(x) \cdot \bar{u}_k(y) \right) \frac{h}{2\pi i} \frac{d}{dy} u_m(y) dy$$

$$= \int dx \int \bar{u}_n(x) x \delta(x - y) \frac{h}{2\pi i} \frac{d}{dy} u_m(y) dy$$

$$= \int \bar{u}_n(x) x \frac{h}{2\pi i} \frac{d}{dx} u_m(x) dx$$

となり, 行列 QP には $x \frac{h}{2\pi i} \frac{d}{dx}$ が対応していることがわかる. 同様に PQ には $\frac{h}{2\pi i} \frac{d}{dx} x$ が対応している. そうすると, $PQ - QP$ には

$$\frac{h}{2\pi i} \frac{d}{dx} x - x \frac{h}{2\pi i} \frac{d}{dx}$$

が対応していることになる. 関数 u に作用させると積の微分法で $(xu)' - xu' = u$ だから

$$\left(\frac{h}{2\pi i} \frac{d}{dx} x - x \frac{h}{2\pi i} \frac{d}{dx} \right) u = \frac{h}{2\pi i} u$$

になる. これを作用素の等式で書けば

$$\frac{h}{2\pi i} \frac{d}{dx} x - x \frac{h}{2\pi i} \frac{d}{dx} = \frac{h}{2\pi i} \times$$

行列力学	波動力学
Q	x
P	$\frac{h}{2\pi i}\frac{d}{dx}$
$PQ - QP = \frac{h}{2\pi i}\mathbb{1}$	$\frac{h}{2\pi i}\frac{d}{dx}x - x\frac{h}{2\pi i}\frac{d}{dx} = \frac{h}{2\pi i}\times$
$-\frac{h^2}{8\pi^2 m}\Delta + V$	$\frac{1}{2m}P^2 + V(Q)$

行列力学と波動力学の対応関係

となるから, 行列で表して

$$PQ - QP = \frac{h}{2\pi i}\mathbb{1}$$

が導かれた. これは, ハイゼンベルクが発見した正準交換関係に他ならない. さらに $(\frac{h}{2\pi i}\frac{d}{dx})^2$ に対応するのは P^2 で, x^n に対応するのは Q^n になるから, 一般に x の関数 $V(x)$ には $V(Q)$ という行列が対応する. 書き下せば

$$(P^2)_{nm} = \int \bar{u}_n(x)(\frac{h}{2\pi i}\frac{d}{dx})^2 u_m(x)dx$$

$$V(Q)_{nm} = \int \bar{u}_n(x)V(x)u_m(x)dx$$

行列 H を

$$H = \frac{1}{2m}P^2 + V(Q)$$

とすれば, これは, 波動力学で

$$-\frac{h^2}{8\pi^2 m}\Delta + V$$

に対応している. その成分は

$$H_{nm} = \int \bar{u}_n(x) \left(-\frac{h^2}{8\pi^2 m}\Delta + V(x) \right) u_m(x) dx$$

となる. $\{u_n\}$ はシュレディンガー方程式

$$-\frac{h^2}{8\pi^2 m}\Delta u_n(x) + V(x)u_n(x) = E_n u_n(x)$$

の解だったから

$$H_{nm} = \delta_{nm}E_n$$

になる. つまり

$$H = \begin{pmatrix} E_1 & 0 & 0 & \cdots \\ 0 & E_2 & 0 & \cdots \\ 0 & 0 & E_3 & \cdots \\ \vdots & \vdots & \vdots & \ddots \end{pmatrix}$$

これらは [48, (23)] で述べられている. 以上から無限行列 P, Q は正準交換関係を満たし, $H = \frac{1}{2m}P^2 + V(Q)$ は対角化されていることがわかった. まさにハイゼンベルクの行列力学ではないか. このようにして波動力学から行列力学が再現できるとシュレディンガーは述べている. 特に波動力学から求めたエネルギー準位 $\{E_n\}$ がエネルギー行列 H の対角成分に現れた. しかし, 残念ながら, 現代の目線で見れば, これは数学として不十分である. 完全正規直交系の意味も定かでない. これは既に述べた. 仮に, 完全正規直交系の意味をシュレディンガーのような意味で与えても, 一般にシュレディンガー方程式の固有関数全体は完全正規直交系にはならない. 実際

$$-\Delta u = Eu$$

を考えれば $E = k^2$ で $u = e^{-ikx}$ が $k \in \mathbb{R}$ ごとに成り立つ, $\{e^{ikx}\}_{k \in \mathbb{R}}$ はシュレディンガーの意味での完全正規直交系にはならない. さて, 当時はこの議論によって, 波動力学が行列力学を導くことを示したことになっていたようである. さらに, シュレディンガー

は逆も成り立つと明言している. シュレディンガーは [48, p751] の
中程で以下の様に述べている.（イタリックは原文通り）

Die Äquivalenz besteht *wirhlich*, sie besteht *auch in umge-
hehrter Richtung.* Nicht nur lassen sich, wie oben gezeigt,
aus den Eigenfunktionen die Matrizen konstruieren, sondern
auch umgekehrt aus den numerisch gegebenen Matrizen die
Eigenfunktionen. Und man weib, dass unter sehr allgemeinen
Voraussetzungen eine Funktion durch die Gesamtheit ihrer Mo-
mente eindeutig festgelegt ist. Somit sind sümtliche Produkte
$u_i u_k$ eindeutig festgelegt, darunter auch die Quadrate $|u_i|^2$,
mithin auch die u_i selbst.

（同値性は本当に存在し, 逆向きも正しい. 上に示したように行列は
固有関数から構成できるだけでなく, 逆に, 固有関数は数値的に与
えられた行列から構成することもできる. 一般的な条件下で関数は
全てのモーメントから定義できる. よって, 全ての積 $u_i u_k$ が決定
できる. それは $|u_i|^2$ の項も決定できるといっている. 故に u_i 自身
も決定できる.）

　つまり, 行列 $X = (X_{nm})$ を与えて, その行列の成分が

$$X_{nm} = \int \bar{u}_n(x) x u_m(x) dx$$

となる完全正規直交系 $\{u_n\}$ でシュレディンガー方程式の解になっ
ているものの存在と一意性を証明することはできない.

　行列力学と波動力学の厳密な同値性はフォン・ノイマンによって
証明されるのだが, それはまだ先のことである. その証明には, 無限
次元のヒルベルト空間論, 非有界線形作用素の理論, 測度論, スペク
トル分解定理など現代数学につながる多くの数学的な道具が必要で
ある.

5   行列力学 vs 波動力学の論争

1925年-1927年にかけて,量子力学の発見とその解釈をめぐる激しい論争があった.ガリレオ時代の宗教と科学の対立は,聖書と教会を中心とした教条主義的な宗教から,今までは存在しなかった実験と観測を基にした科学という新しい価値体系への脱却の論争だった.千数百年続いたアリストテレスの形而上学やキリスト教への教条主義的な態度から抜け出すのは相当なマンパワーが必要だったに違いない.その契機はコロンブスの新大陸への到達や,ガリレオの望遠鏡による天空の観測であることは度々紹介した.

20世紀に起きた量子力学の解釈論争も,ガリレオ時代の宗教対科学論争と同じく,ニュートンとマクスウェルの古典力学から演繹されてきた近代的な人間理性からのさらなる脱却の論争であった.

古典力学と量子力学の対立もさることながら,量子力学にある2つの流儀,行列力学と波動力学の間にも激しい対立が起きていた.それを時系列的にみてみよう.

5.1 量子飛躍と粒子・波動の二重性

ノーベル物理学賞は1901年のレントゲンから始まる.しかし,1920年までに理論物理学にノーベル物理学賞が与えられたのは1902年のローレンツと1918年のプランクしかいない.量子論に与えられたのはプランクだけである.しかし,1921年のアインシュタインの光量子仮説,1922年にはボーアの量子条件に基づく原子構造論にノーベル物理学賞が与えられてから俄かに活気づく.若くて優秀な秀才たちパウリ,ハイゼンベルク,ディラック,ヨルダンはボーアのいるコペンハーゲンを目指した.

行列力学には定常状態から他の定常状態へ瞬間的に移動すると

パウリ	22 年秋-23 秋
ハイゼンベルク	24/9-25/4, 25/9-10, 26/5-27/6
ディラック	26/9-27/2
ヨルダン	26

コペンハーゲン滞在期間

いう，古典論では理解し難い，いわゆる量子飛躍の問題があった．
1925 年 7 月にヘルゴランド島で量子力学を完成させた後，1926 年
4 月 28 日水曜日に，当時ドイツの物理学の牙城であったベルリン大
学の談話会でハイゼンベルクは量子力学の報告を行った．当時のベ
ルリンにはプランク，アインシュタイン，フォン・ラウエ，ネルンス
トの 4 人のノーベル物理学賞受賞者の重鎮がいて，黒板の前のハイ
ゼンベルクはガチガチに緊張していた．しかし，講義が始まると緊
張がほぐれ，当時としては型破りな理論の基本的概念と数学的基礎
について説明することができた．そして，見事にアインシュタイン
の興味を惹くことができ，ハイゼンベルクは狂喜し，談話会後にア
インシュタインの私邸にまで誘ってもらった．偉大なアインシュタ
インと私邸へのハーバーランド通りを歩く道中は和んでいた．アイ
ンシュタインはハイゼンベルクに家族のことや教育のこと，それま
での研究のことを尋ねた．しかし，私邸につくなり，47 歳のアイン
シュタインは量子飛躍に対する質問攻めと批判を 25 歳のハイゼン
ベルクに始めた．例えば，「量子力学では‘原子内の電子の軌道’を
放棄したというが，それではウィルソンの霧箱で電子の軌跡が観測
できるのはどう考えるのか？　なぜそんなおかしな事をいうのか理
由をもう少し聞かせてもらえないか？」と攻め込まれた．ハイゼン
ベルクは「我々は原子内の電子の軌道をみることはできない．しか

1926/4/28	ハイゼンベルクがベルリンで講演. アインシュタインの私邸で質問攻めに合う
5/1	ハイゼンベルクがコペンハーゲン大学に移る
6/8	ハイゼンベルクがパウリに手紙を送って,「シュレディンガーの理論には物理がない......」
6/25	ボルンによる波動関数の確率解釈
7/21, 23	シュレディンガーがミュンヘンで講演. フォン・ノイマンも聴講. ハイゼンベルクが悄然となる
10/1	シュレディンガーがコペンハーゲンでボーアと討論. その後シュレディンガーが寝込む
12/4	アインシュタインのボルンへの返信で「神はサイコロ遊びをしない」
1927/2-3 月	ボーアがノルウェイにスキー休暇. 相補性原理に到達. ハイゼンベルクは不確定性原理に到達.
9/26	コモ湖畔国際会議でボーアが相補性原理を公表
10/24	第 5 回ソルヴェイ会議にてアインシュタインが「神はサイコロ遊びをしない」を連発
1930/10	第 6 回ソルヴェイ会議にてアインシュタイン・ボーア論争

1926 年-1927 年頃の量子力学の論争

し, 放電現象を通して原子内電子の振動数と振幅を導き出すことはできる」と持論を展開した. ここでの議論は後の不確定性原理につながっていく.

　一方, 波動力学には波動関数の解釈の問題があった. 重鎮ヘンドリック・ローレンツは「電子は粒じゃなかったのか? 原子の中に

入ると変性して融けてしまうとでもいうのか？ 熱電子, 光電子,...., として飛び出すときに, その瞬間に再び固まって粒子になるのだろうか？」と 1926 年 5 月 27 日付けの書簡 [97] でシュレディンガーに投げかけている. ただし, この書簡でローレンツはシュレディンガーがバルマー系列をシュレディンガー方程式を解いて見事に導いたことをベタ褒めしている.

　行列力学と波動力学に対しては共に物理的解釈に対する問題があった. ここで物理的解釈といっても古典力学的描像を抜け出すことができないという類のことである. このことに関して, ハイゼンベルクは 1492 年に新大陸に到達したコロンブスの偉さについて書いている. 「コロンブスが偉大だったのは, 西回りのルートでインドへ旅行するのに地球が球であることを利用したからではなかった. なぜなら, このようなことは他の人も考えていただろう. 探検の慎重な準備, 船の専門的な装備などということでもない. なぜなら, それらは他の人でもできるだろう. この新大陸到達で最も困難だったことは既知の陸地を完全に離れ, 残余の貯えで引き返すことがもはや不可能であった地点からさらに西へ西へと船を走らせるという決心であったに違いない」とハイゼンベルクは語っている. しかし, コロンブスの航海日誌 [90] によると食料などが尽きていたという記録はない. 科学も同様で, 科学の新世界に挑むときの気持ちは, このようなものであるべきで, 今まで科学が土台としていたことから離れ, 虚無へ飛び込む覚悟が必要という. まさにアインシュタインがそうだった. 周りの反応に屈することなく, 彼は 250 年間科学界と世界をリードしてきたニュートン力学を否定した. しかし, いまアインシュタインは量子力学に批判的であり, さらに, 当時の多くの重鎮達も量子力学に対してなかなか「うん」といわなかった. ハイゼンベルクを代弁すれば, ガリレオが 1633 年の宗教裁判

で「それでも地球は回っている」といったように，「それでも量子
は飛躍してる」とでも言いたかったのではないだろうか．相手がカ
トリック教会でなく，大アインシュタインであるから，やり甲斐も
湧いたに違いない．

　1927年当時の量子力学は概ね次のようなグループに分かれてい
た．ボーアが率いる若き秀才グループと年配の重鎮グループである．
ゾンマーフェルトはどちらにも組みしていた．

ボーア派

　ボーア（42），ハイゼンベルク（26），パウリ（27），ボルン（45），
　ヨルダン（25），ディラック（25）

アインシュタイン派

　アインシュタイン（48），シュレディンガー（40），
　プランク（69），ヴィーン（63）

前節で説明したように1926年3月18日，シュレディンガーが行
列力学と波動力学の同値性を証明したと発表した．ハイゼンベルク
はこれを認めていたようである．ハイゼンベルクは1926年5月1
日にコペンハーゲン大の講師に職を得る．早々に6月8日，コペン
ハーゲンからパウリに手紙を送っている．内容を要約すれば「シュ
レディンガーの理論には物理がない．シュレディンガー理論の偉大
なる成果は，行列要素を算出したことだ」と，シュレディンガー理
論の最大の業績が波動力学から行列力学を導いたことだと皮肉いっ
ぱいに書いている．

5.2 確率解釈

1926 年 6 月 25 日, コペンハーゲンに移る前にハイゼンベルクが滞在していたゲッチンゲンのボルンが [9] でいわゆる波動関数の確率解釈を与えた. といっても, 実際は波動関数を $\Psi(t) = \sum_n c_n(t)\Psi_n$ と展開したときに, $|c_n(t)|^2$ が, 時刻 t に n 番目の定常状態にある確率を表すというものだった. 現代の視点でみると限定的である. 確率解釈を波動関数に与えたのは, ヨルダン [35, 811 ページ] である. そこでは, シュレディンガー方程式の解 $\psi(x,t)$ に対して $|\psi(x,t)|^2$ の確率解釈を与えている. つまり

$$\frac{\int_A |\psi(x,t)|^2 dx}{\int_{\mathbb{R}^3} |\psi(x,t)|^2 dx}$$

は電子が時刻 t で $A \subset \mathbb{R}^3$ に存在する確率を与えるというのだ. 興味深いことに, この確率解釈はパウリのアイデアによるとヨルダンは正直にコメントしている. 原文は

Pauli hat im Anschluss an Überlegungen von Born folgende physikalische Deutung der Schrödingerschen Eigenfunktionen vorgeschlagen. (ボルンの考察に続いて, パウリは, 次のシュレーディンガーの固有関数の物理的解釈を提案した.)

しかし, シュレディンガーはボルンの確率解釈に従わなかった. 統計的な考察はシュレディンガーが尊敬するボルツマンが発展させたが, それは人間の能力が届かない世界を評価するための方法であったが, ボルンの確率解釈はそれとは全く違った, 原理的なものであった. さらに, アインシュタインは 1926 年 12 月 4 日にボルンへの返信で, 有名な言葉「神はサイコロ遊びをしない」と語った.

ボルンは 1882 年 12 月 11 日生まれなので, 確率解釈に到達した時は既に 44 歳であった. アインシュタインと同世代で, 1954 年,

‘量子力学, 特に波動関数の確率解釈の提唱’によりヴァルター・ボーテと共同でノーベル物理学賞を受賞した. このとき, 既に 72 歳で, 量子力学創成期の功績でノーベル物理学賞を受賞するにしては異例の遅さである. 量子論の確率解釈にはノーベル財団もノーベル物理学賞を授与することに躊躇したのかもしれない.

5.3 激突

1926 年 7 月にシュレディンガーはゾンマーフェルトとヴィーンに誘われてミュンヘンで 2 回講演を行っている. 1 回目は 7 月 21 日にミュンヘン大学のゼミナールで講演した. 2 回目は 7 月 23 日にドイツ物理学会バイエルン支部で行われた. この 2 回の講演にハイゼンベルクは出席した. ここで, 初めてハイゼンベルクはシュレディンガーと直接議論したのであった. 若きフォン・ノイマンもゲッチンゲンから参加していた. ゼミナールでのシュレディンガーの数学は美しく, 表面的には量子飛躍も必要なかった. さらに偏微分方程式を触るだけなので年配には心地よかったはずだ. 1 回目の講演は静かだった. しかし, 2 回目の講演で遂にハイゼンベルクは反論した. しかし, 座長で重鎮のヴィーンはハイゼンベルクを講演会場から放り出さんばかりの勢いで「今や量子力学は終わりであり, 量子飛躍だとかそれに同じような全てのナンセンスなものについては, これから一切語る必要はないし, 私が述べた困難もかならずシュレーディンガーによって近々解決されるであろう」と語った. ゾンマーフェルトもシュレディンガーの数学に屈したように見えた. 実は, ハイゼンベルクとヴィーンの間にはハイゼンベルクがミュンヘン大学の学生だったころからの因縁があったのだ. 博士号取得の口頭試問で, ハイゼンベルクは, ヴィーンからの実験物理に関する質問に何一つ満足に答えることができず危うく博士号を取り

損なうところだった.

しかし, フォン・ノイマンはもう少し論理的な結論に達していた. シュレディンガーの理論もハイゼンベルクの理論も実験結果に合うのだから両者は同じことをいっているに違いないというものだった. フォン・ノイマンがゲッチンゲンで, 既にハイゼンベルクの講義を聞いていたことは前に紹介した. その後ヒルベルトのために量子力学の解説まで書いている. この経験はハイゼンベルクの思想を数学者にわからせるにはどのようにすればいいのかをフォン・ノイマンに教えた. シュレディンガーの発想も同じ枠組みで納まるはずだとフォン・ノイマンは直感的に思ったのだ.

シュレディンガーのゼミナール後, 悄然として自宅に戻ったハイゼンベルクはコペンハーゲンのボーアに手紙を書いた. この手紙によって,

ハイゼンベルク ＋ ボーア vs シュレディンガー

に対立の舞台が移っていく.

ボーアはシュレディンガーをコペンハーゲンに招待した. これもすごかった. 「1926 年 10 月 1 日にシュレディンガーがコペンハーゲンの駅に着くなり議論が始まった」とハイゼンベルクは語っている. シュレディンガーは, 「定常状態で電子が回っているのに輻射がないのはどうしてか？」,「量子飛躍はどういうように起こるのか？」と責め立てれば, ボーアは, 「おっしゃることは正しいが, 量子飛躍の非存在の証明になっていない, 単に我々がそれを想像することができないということを証明しているだけだ」と返す. ここまでくると神学論争に近くなってくる. 結局, シュレディンガーは熱を伴う風邪でベッドに臥してしまう. それでもボーアは枕元に座って「しかし, あなたはそれでも……のことは理解しなければならな

い」と語ったという．当時，ボーアもシュレディンガーも相手に示す首尾一貫した量子力学の解釈を持っていなかったので，真の理解に到達することはできなかった．

5.4 不確定性原理と相補性原理

　シュレディンガーは 1926 年のクリスマスの一週間前にアメリカに渡り，1927 年 4 月にチューリッヒに戻るまで 50 件近くの講演を行い，何件かのポストの申し出まで受けたが，全て断っている．それはベルリンのプランクのポストを狙っていたためだった．プランクは 1927 年 11 月に退官予定であった．当時の候補は 59 歳のゾンマーフェルト，25 歳のハイゼンベルク，そして 44 歳のボルンであった．ゾンマーフェルトは老齢でミュンヘンに残ることを選び，ハイゼンベルクは若すぎた．結局シュレディンガーがプランクの後継者に任命された．

　1927 年 2-3 月にボーアはノルウェーにスキー休暇に出かけた．ハイゼンベルクは一人コペンハーゲンに残り，以前のアイシュタインとの対話を思い浮かべながら思索に入った．「理論があってはじめて，それが何を観測できるかということを決定できる」というアインシュタインの言葉に，ハイゼンベルクは閉ざされていた心のドアを開けることを確信した．霧箱による電子線の軌跡の観測は，粒子としての電子を厳密に観測しているものと解釈されていた．これが電子の古典論的運動の拠り所になっていた．しかし，ハイゼンベルクは霧箱による電子の軌跡の観測が本当に真実の観測であるかを考え始めた．量子力学で次のような状態を表現できるか？　電子がある程度の不正確さでもってある一つの場所に存在し，同時に，ある程度の不正確さでもってある速度の値をもち，そして，この不正確さの程度を実験との間に困難をきたさないように小さくできるだろ

うか？ そして，ついに不確定性原理に到達し，論文 [30] で公表された．

┌─ ハイゼンベルクの不確定性原理 ─────────────

(1) ΔP を運動量測定誤差，ΔQ を位置測定誤差．このとき

$$\Delta P \cdot \Delta Q \geq \frac{h}{4\pi}$$

(2) ΔE をエネルギー測定誤差，ΔT を時間測定誤差．このとき

$$\Delta E \cdot \Delta T \geq \frac{h}{4\pi}$$

不確定性原理から次のことがいえる．位置と運動量のどちらかを誤差無しで測定することはできない．同様にエネルギーと時間のどちらかを誤差無しで測定することはできない．これにより，位置，運動量，時間，エネルギーといった物理量は原理的に誤差無しで測定できないことが信じられるようになった．また，$\Delta E \cdot \Delta T \geq \frac{h}{4\pi}$ の不等式は時間が短ければエネルギーの不確定性が大きくてもいいと解釈されるようになり，湯川秀樹の中間子の質量の大きさの予想やトンネル効果に応用されている．

　ボーアがスキー休暇から戻ってきたときには，彼は，いわゆる相補性原理に到達していた．相補性とは，粒子性と波動性や，位置と運動量，異なる軸上のスピン，古典論における因果的な運動と量子論における確率的な運動のように，互いに排他的な性質を統合する認識論的な性質であり，排他的な性質が相互に補うことで初めて系の完全な記述が得られるという考えのことである．相補性の理論は 1928 年に Nature [7] から公表されている．

　ボーアは量子力学が含む二重描像のパラドクスを古典物理学で説

明しようと躍起になっていた. 一方で, ハイゼンベルクは古典的な
物理の言葉を出来るだけ避けて数学の言葉でパラドクスを解決し
ようとした. なので, この 2 人の議論は噛み合うことんが難しかっ
た. こういう状況の中でボーアが到達したのが相補性原理である.
ハイゼンベルクの不確定性原理は, 相補性原理のスタンダードな例
になっていたが, ボーアはそれを遥かに通り越して生物学や心理学
にまで相補性原理を適用した. さらにヨルダンは相補性原理を誇張
した形で外挿してしまった. 流石にボーアも困惑し, 相補性原理は
生気論, 反合理主義, 唯我論を擁護するものではないと念を押す始
末だった. また, 相補性原理はボーアの周りにいたパウリ, ハイゼン
ベルク, ヨルダンには支持されたが, コペンハーゲン・サークルの
外側では冷ややかで, 敬遠されていた. 哲学的な側面が強く, 若い物
理学者には, 哲学よりも物理に興味があったのだろう. 例えば, ディ
ラックは物理の計算に相補性は役立たないので敬遠している. また,
アメリカの物理学者は実用主義的でかつ, 非哲学的態度をとってい
たので相補性原理は広まらなかった. [84, 14 章, 274 ページ] によ
れば 1928 年から 1937 年にかけて出版された量子力学の教科書 43
点のうち, 不確定性原理を取り扱っているものが 40 点, 相補性原理
を取り扱っているものが 8 点しかなかった. 相補性原理は後にコペ
ンハーゲン解釈と呼ばれるようになるのだが, 1930 年代には使われ
ておらず, 1955 年に初めて物理学者の辞書に加わった.

5.5 第 5 回ソルヴェイ会議

1927 年 9 月と 10 月にはコモ湖畔での国際会議と第 5 回ソルヴェ
イ会議があった. ハイゼンベルクはこれらを ʻ物理学者の社会との
対決ʼ とよんでいる. 1927 年 9 月 26 日, イタリアのコモ湖畔でボ

ルタ没後 100 周年を記念して国際会議が開かれた. あいにくアイン
シュタイン, シュレディンガー, ディラックは欠席だったが, ここで
ボーアは相補性原理を発表する.

┌─ コモの国際会議の参加者 ───────────

ボルン, ボース, ブラック, ブリュアン, ド・ブロイ, コンプト
ン, デバイ, フェルミ, フランク, ゲルラッハ, ハイゼンベルク,
フォン・ラウエ, ローレンツ, ミリカン, パッシェン, パウリ,
プランク, ラザフォード, ゾンマーフェルト, シュテルン, トー
ルマン, ゼーマン, 仁科, 桑木

　つづいて, 第 5 回ソルヴェイ会議が 1927 年 10 月 24 日-29 日に
ベルギーのブリュッセルで開催された. 主題は‘電子と光子’であ
り, アインシュタインをはじめ物理学史上もっとも高名な物理学者
達が参加した. 講演リストと講演タイトルは史上稀にみる豪華さで
その熱気が伝わってきそうだ. 講演者が全員, 後世に大きな影響を
与えたノーベル物理学賞受賞者というのも豪華すぎる. 議長はヘン
ドリック・ローレンツで, ここではアインシュタインとボーアが中
心になって定式化されたばかりの量子力学をめぐって激しい議論が
朝から晩まで交わされた. ちなみに, 重鎮ローレンツは翌年死去し
ている. ハイゼンベルクは弱冠 26 歳, パウリもディラックも 20 代
で, ブリュッセルのホテルでこの 3 人は一緒につるんでいたようで
ある. ソルヴェイ会議の記念写真をみると最前列には, なかなか量
子力学を認めようとしない重鎮達がアインシュタインを中心に座っ
ている. 中列はボーアやド・ブロイの前期量子論世代が並び, 最後
列にはハイゼンベルク, シュレディンガー, パウリらの革命的なア
イデアをもたらした若者達が遠慮がちに立っているように見える.
ただし, ディラックは中列真ん中で堂々としている. さすがに我関

第5回ソルヴェイ会議（1927年 ブリュッセル）

（後列）ピカール, E. Henriot, エーレンフェスト, Ed. Herzen, テオフィル・ド・ドンデ, シュレーディンガー, J. E. Verschaffelt, パウリ, ハイゼンベルク, ファウラー, ブリユアン, （中央）デバイ, クヌーセン, ブラッグ, クラマース, ディラック, コンプトン, ド・ブロイ, ボルン, ボーア, （前列）ラングミュア, プランク, キュリー, ローレンツ, アインシュタイン, ランジュバン, Ch. E. Guye, ウィルソン, リチャードソン

せずな感じが微笑ましい. 見ようによってはディラックを囲んで写真撮影しているようにもみえる. 現在まで続くソルヴェイ会議の中で第5回が最も有名なソルヴェイ会議といわれている. この会議で, アインシュタインは「神はサイコロをふらない」を連呼した. 「アインシュタイは実によく神について語るがあれは一体何を意味しているんだろう」という人も現れた. それが元ネタになって, ハ

イゼンベルク, パウリ, ディラックで宗教談義にもなった. アインシュタインのとった行動は, 毎朝ボーアとハイゼンベルクに不確定性原理が成り立たないであろう思考実験をもってくる, 夕食時までに 2 人でこれを論破し, アインシュタインに示す. これが毎日続いた. 結局, アインシュタインは不確定性原理と相補性原理をを認めなかった. しかし, この論争はこれで終わりではなく, 第 2 ラウンドが 3 年後の第 6 回ソルヴェイ会議で起こる.

講演者	講演タイトル
W・ブラッグ	X 線の反射強度
A・コンプトン	輻射の電磁理論と実験の不一致
L=ド・ブロイ	量子の新力学
M・ボルン W・ハイゼンベルク	量子の力学
E・シュレディンガー	波動の力学
N・ボーア	量子仮説と原子論の新しい発展

1927 年の第 5 回ソルヴェイ会議の講演リスト

5.6 アインシュタイン・ボーア論争

　アインシュタイン・ボーア論争は 1930 年 10 月 21 日に開催された第 6 回のソルヴェイ会議で勃発した. アインシュタインは, ボーアの相補性原理を認めておらず, 特に, 時間とエネルギーを同時に測定できる例を提出して不確定性原理に縛られた量子力学の記述が不完全だとボーアに迫った. つまりアインシュタインは第 5 回ソルヴェイ会議後 3 年間不確定性原理を考え続けたことになる. アインシュタインの名言にこういうのがある「私は賢いのではない. 問題

第 6 回ソルヴェイ会議（1930 年　ブリュッセル）

と長く付き合っているだけだ」．その後，アインシュタイン・ボーア論争は，20 世紀の学問世界の最大の論争と呼ばれるようになり，1935 年に公表された EPR 論争 [26] へ受け継がれる．

　2 状態のみからなる量子系を考える．その状態を $|1\rangle, |0\rangle$ と表す．

$$\Psi = \frac{1}{2}(|0\rangle \otimes |0\rangle + |0\rangle \otimes |1\rangle + |1\rangle \otimes |0\rangle + |1\rangle \otimes |1\rangle)$$

という状態を考える．実は因数分解ができて，

$$\Psi = f \otimes f, \quad f = \frac{1}{\sqrt{2}}(|0\rangle + |1\rangle)$$

となる．一方で，

$$\Phi = \frac{1}{\sqrt{2}}(|0\rangle \otimes |1\rangle + |1\rangle \otimes |0\rangle)$$

は因数分解ができない．因数分解ができない状態を量子もつれといい，アインシュタインの思考実験による産物である．誤解を恐れずに EPR パラドックスを非常にラフに説明しよう．状態 Φ で

$\Phi_1 = \frac{1}{\sqrt{2}}|0\rangle \otimes |1\rangle$ と $\Phi_2 = \frac{1}{\sqrt{2}}|1\rangle \otimes |0\rangle$ を互いに離れた場所に持ってゆき測定する. Φ_1 を観測して $|0\rangle$ ならば, Φ_2 の観測結果は $|1\rangle$ になり, Φ_1 を観測して $|1\rangle$ ならば, Φ_2 の観測結果は $|0\rangle$ になるので, 情報伝達が光の速さを超えることがないという相対性理論に矛盾するというものである.

　EPR 論争はベル不等式 [2] の論争へと引き継がれ, 量子もつれの存在は [1] で示されている. 非常に詳しい解説が [99] の解説 (349-414 ページ) で語られている.

第8章

フォン・ノイマンの量子力学

1　フォン・ノイマン登場

　1926 年にフォン・ノイマンは, ゲッチンゲンでハイゼンベルク
の講義に, ミュンヘンでシュレディンガーの講義に参加していたこ
とは既に紹介した. ミュンヘンではハイゼンベルクとシュレディン
ガーの対立をライブでみている. それらの経験を基に, 1927 年 4 月
6 日にヒルベルト, フォン・ノイマン, ノルトハイムの 3 人は論文
[32]（発表は 1928 年）を執筆し, 量子力学の数学的基礎を構築し
た. この論文が執筆されたころ, フォン・ノイマンはゲッチンゲン
大学でヒルベルトに師事していた. フォン・ノイマンは, 時代遅れ
になっていた老ヒルベルトにいたく気に入られ, 瞬く間にヒルベル
ト学派の旗手となったのだ. ただし, 3 人の論文では積分作用素を
用いて運動量作用素や位置作用素を定義するので必然的にデルタ関
数 $\delta(x)$ に登場してもらう必要があった. 1920 年代当時デルタ関数
は数学的な概念としては未整備だったため, フォン・ノイマンはこ
れに不満であったに違いない.

　それから, たった 6 週間後の 1927 年 5 月 20 日に論文 [52] で抽
象的なヒルベルト空間を定義し, 非有界作用素のスペクトル理論を

展開した. ここに, デルタ関数は出てこない! 量子力学の数学的な
基礎付けを与える舞台が整ったのだ. 続いて, [54] で物理量と状態
の数学的特徴付けを, [53] で量子力学的集団に対する熱力学とエン
トロピーの理論を著した. ここに 1927 年のフォン・ノイマン 3 部
作が完成した. 3 部作に加えて, 1928 年 12 月 15 日に, [59] がフォ
ン・ノイマンの教授資格審査論文として提出された. [59] は [52] の
拡大版のような論文であり, 現在の作用素論の基礎的なことが殆ど
論じられている. ハイゼンベルクによる量子力学の発見が 1925 年
であることと, 12 月が誕生日の当時のフォン・ノイマンの年齢が
23 歳であることを考えると驚き以外の何物でもない. 現在の大学
院の修士 2 年生が一人で 2 年前に現れた革命的な理論を数学的に
再構築しているようなものである. 情報の伝わり方も格段に遅い当
時の状況を思えば尚更である. しかしフォン・ノイマンは成し遂げ
た. 以下は 1927 年から 1932 年にかけてフォン・ノイマンが執筆し
た量子力学の数学的基礎付けに関わる主な論文の一覧である. 年月
日は論文が受理された日である.

(27/4/6) Über die Grundlagen der Quantenmechanik [32]
（量子力学の基礎について）

(27/5/20) Mathematische Begründung der Quantenmechanik
[52] （量子力学の数学的基礎）

(27/11/11) Wahrscheinlichkeitstheoretischer Aufbau der Quan-
tenmechanik [54] （量子力学の確率論的構成）

(27/11/11) Thermodynamik quantenmechanischer Gesamtheiten
[53] （量子力学的集団の熱力学）

(28/10/22) Zur Theorie der unbeschränkten Matrizen [58]
（無限行列の理論について）

(**28/12/15**)　Allgemeine Eigenwerttheorie Hermitescher Funk-
tionaloperatoren [59]
（エルミートな関数の作用素の一般的な固有値理論）

(**29/2/20**)　Zur Algebra der Funktionaloperationen und Theorie
der normalen Operatoren [60]
（作用素の関数の代数とノーマル作用素の理論について）

(**30/8/31**)　Die Eindeutigkeit der Schrödingerschen Operatoren
[61]　（シュレディンガー作用素の一意性）

(**30/10/20**)　Über Functionen von Functionaloperatoren [62]
（作用素の関数の汎関数について）

(**31/12/9**)　Über adjungierte Funktionaloperatoren [65]
（作用素の関数の共役について）

(**32/3/16**)　Über einen Satz von Herrn M. H. Stone [66]
（M. H. Stone の定理について）

(**32**)　Mathematische Grundlagen der Quantenmechanik [63]
（量子力学の数学的基礎）

　フォン・ノイマンは集合論の研究も続けながら, 1927 年から大量
に量子力学の数学的基礎付けに関する論文を書き始めた. 殆どが単
著であるが, 一番最初の論文は, 既に紹介したように, ヒルベルトと
ノルトハイムと共著で書いている. [61] は現在フォン・ノイマンの
一意性定理と呼ばれるもので関係式

$$e^{itP}e^{isQ} = e^{its}e^{isQ}e^{itP}, \quad s,t \in \mathbb{R}$$

を満たす作用素は $P \cong -id/dx$ と $Q \cong x$ に限るというものである.
厳密な主張は第 2 巻で紹介する. また, [66] は現在ストーン＝フォ
ン・ノイマンの定理といわれるもので $\{S_t\}_{t\in\mathbb{R}}$ が一径数ユンタリー

群であれば, 必ず

$$S_t = e^{itH}, \quad t \in \mathbb{R}$$

となる H が一意的に存在するというものである. こちらも第 2 巻で紹介する. いずれの定理も物理として数学として後世に多大な影響を与えた定理である.

　量子力学の数学的な基礎付けに限らず, シュレディンガー方程式そのものの研究も行っている. 同郷のウィグナーとは, フォン・ノイマンが量子力学に興味を持ちはじめてすぐに共著で論文を書いている. 1927 年 12 月 28 日(フォン・ノイマンの 24 歳の誕生日)[78], 1928 年 3 月 2 日 [79], 6 月 19 日 [80] にスピン電子のシュレディンガー方程式に関する論文 Zur Erklärung einiger Spektren aus der Quantenmechanik des Drehelektrons I, II, III (スピン電子の量子力学によるスペクトルの説明) を書いている. さらに, 1929 年に, やはりウィグナーと共著で Über merkwürdige diskrete Eigenwerte [81](奇妙な固有値について)を著している. この論文で, ウィグナー＝フォン・ノイマンポテンシャルが登場し, 奇妙な固有値の存在を示している. この奇妙な固有値は数学の世界でも奇妙な固有値として研究されることになる. シュレディンガー方程式を相対論的に改良したいわゆるディラック方程式が世に現れたのは 1928 年 2 月 1 日に受理された論文 The quantum theory of the electron [21] による. 勿論, ディラックの傑作である. フォン・ノイマンは, 論文 Einige Bemerkungen zur Diracschen Theorie des Drehelektrons [55] (スピン電子のディラック理論による説明) でディラック方程式に関する論文を発表している. その受理された日付がディラックの論文が受理されて僅か 1 ヶ月半後の 1928 年 3 月 15 日である. 量子力学は超人的な秀才達によって異常な速さで進歩していった.

2　量子力学の数学的基礎

　　1927 年のフォン・ノイマンの 3 部作は 1932 年に出版した Mathematische Grundlagen der Quantenmechanik に収められている. 各章の内容を 2 巻で解説するが, その前に各章各節を概観しておこう.

第 I 章	序論的考察
第 II 章	抽象ヒルベルト空間の一般論
第 III 章	量子力学の統計
第 IV 章	理論の演繹的構成
第 V 章	一般的考察
第 VI 章	測定の過程

量子力学の数学的基礎の各章 ([95] から抜粋)

　　はじめに, この名著は読みやすい書物とはいえない. ‘純粋数学’ と ‘量子力学の確率解釈’ と ‘測定理論’ が混在し読者を惑わす. 数学だと思ってこの書物に挑む読者は, 場所によってはギアを相当変えて読む覚悟が必要である.

　　第 I 章-第 VI 章で構成されている. 邦訳から各章のタイトルを抜粋すると表のようになる. タイトルを眺めても内容はなかなか伝わってこない. そこで大雑把にまとめると次のようになる. 第 I 章は行列力学と波動力学のまとめ. 第 II 章は抽象的なヒルベルト空間論. 第 III 章は物理量と作用素の関係. 第 IV 章は量子力学における状態について. 第 V 章は量子力学的集団に対する熱力学とエントロピーについて. 最後に第 VI 章は量子力学における測定過程の理論ということになる. さらに元ネタになっている論文は以下である.

原書	記述箇所
[52, 59]	第 II 章
[54]	第 III 章 1,2 節と第 IV 章 1,2 節
[20]	第 III 章 6 節
[53]	第 V 章 2,3 節

量子力学の数学的基礎の元ネタ

　他の部分は殆どが量子力学の測定理論に関わる記述で論文として学術雑誌に公表されていない．測定理論には哲学的な部分や経験論的な部分も多く数理物理や数学の学術雑誌での公表は難かったのかもしれない．例えば，第 III 章 3,4,5 節は同時測定に関わる理論が展開され，第 IV 章 3 節は測定後の状態，第 V 章 3 節は測定とエントロピーの関係，第 VI 章は測定過程について書かれている．

同時測定	第 III 章 3,4,5 節
測定後の状態	第 IV 章 3 節
測定とエントロピー	第 V 章 3 節
測定過程	第 VI 章

測定理論の記述箇所

　邦訳『量子力学の数学的基礎』は，みすず書房から 1957 年 11 月 15 日に出版されている．奇しくもフォン・ノイマンは 9 ヶ月前にプリンストンで死去している．序は湯川秀樹と彌永昌吉の二人が著している．大変豪華な布陣である．湯川はデルタ関数を避けるためにヒルベルト空間を持ち出したことを強調し，ヒルベルト空間を，ニュートン力学の 3 次元ユークリッド空間，アインシュタインの相対性理論の背景にある 4 次元空間と比べている．また，彌永は，

フォン・ノイマンの教授資格審査の論文 [59] を今世紀の解析学に新しい時代を画したものであるとベタ褒めし, この書の原書が [59] であるかのようなニュアンスで著しているが, 1927 年の 3 部作には触れていない. 3 部作はドイツの総合雑誌に掲載されたが, [59] は Mathemtische Anallen という純粋数学の雑誌に掲載されていたのが理由かもしれない.

2.1 第 I 章

　第 I 章は 1 節-4 節からなる. 1 節で, 量子飛躍は量子的な素過程の数が非常に大きいとき連続にみえることが述べられ, 力学-電気力学-相対性理論のような完璧な理論が量子力学に存在しないことも記されている. 2 節ではハイゼンベルク・ボルン・ヨルダンの行列力学とシュレディンガーの波動力学が説明され, 3 節でその数学的な同等性がデルタ関数 $\delta(x)$ やその微分 $\delta^{(n)}(x)$ を用いて形式的に証明されている. しかし, それは次の 4 節のヒルベルト空間への前振りであろう. 実際デルタ関数をフィクションと揶揄している. 4 節では, リース・フィッシャーの定理

$$\ell^2 \cong L^2$$

が述べられて, ヒルベルト空間への導入をはかっている.

1.	変換理論の成立
2.	量子力学の最初の定式化
3.	両理論の同等性：変換理論
4.	両理論の同等性：ヒルベルト空間

第 I 章 序論的考察

2.2 第 II 章

第 II 章は [52, 59] が元ネタになっている. 1 節-11 節からなる. 1 節では, 線形空間, 次元, 内積, 可分性, 稠密性の議論を整然とおこなって, ヒルベルト空間 $\mathfrak{R}_n$, $\mathfrak{R}_\infty$ の定義を与えている. ここで, 条件 $\boldsymbol{A}.-\boldsymbol{E}.$ を導入している. 2 節では正規直交系の存在やパーセバルの等式が議論され, 現代の関数解析の入門書と遜色ない. 可分なヒルベルト空間が ℓ^2 と同値になることも述べている. 3 節からやや難解になる. ルベーグ測度が登場して L^2-空間の完備性と可分性を示している. 可分性の証明は有理数の可算性を巧みに使っていてフォン・ノイマンの匂いがただよう. 4 節からは徐々にフォン・ノイマンの世界にはいる. 閉部分空間とその上への射影作用素について説明している.

1.	H.R. の定義
2.	H.R. の幾何学
3.	条件 $\boldsymbol{A}.-\boldsymbol{E}.$ についての補論
4.	閉じた線形多様体
5.	ヒルベルト空間の作用素
6.	固有値問題
7.	続き
8.	固有値問題への予備的考察
9.	固有値問題の解とその一意性
10.	交換可能な作用素
11.	スプール

第 II 章 抽象ヒルベルト空間の一般論

5 節はヒルベルト空間上の線形作用素について述べている. 定義

域, 作用素の演算, 共役作用素, 自己共役作用素がここで定義されている. ヒルベルトが創った有界作用素の概念にも言及している. 6,7 節では固有値問題を解説してスペクトル射影 $E(\lambda)$ によって, 自己共役作用素 H が

$$H = \int \lambda dE(\lambda)$$

と書けることを示している. 8 節では, $E(\lambda)$ と H の固有値及び連続スペクトルについて考察している. 9 節は II 章のハイライトであり, 量子力学の数学的特徴付けの核心部分である. いよいよ一般的な非有界作用素の解説に入る. その拠り所になるのは閉作用素の概念である. この節で, ヒルベルトの構築した有界作用素のスペクトル分解定理を非有界作用素へ拡張する方法を紹介し, スペクトル射影の存在と一意性を整然と述べている. また, 対称作用素の自己共役作用素への拡張定理も述べられている. 10 節では, 作用素の可換性とスペクトル射影の可換性の同値性が述べられている. 11 節は, 作用素のトレースについて述べている. フォン・ノイマンの記号では $\sqrt{A}$ は $\sqrt{\mathrm{Tr}(A^*A)}$ となっているが, これは現代の $\sqrt{A}$ の定義とは異なる.

2.3 第 III 章

第 III 章は 1 節-6 節からなる. 第 III 章のキーワードは物理量と作用素であろう. 1,2 節の元ネタは [54] である. 物理量 $\mathfrak{R}$ には自己共役作用素 R が対応する. [54] では, 物理量や状態の数学的特徴付けが行われている. この章では前者の物理量の測定値の確率とスペクトル測度の関係が述べられている. 後者は第 IV 章の 1,2 節で解説され, そこでは状態概念の数学的定式化が行われている.

3 節は物理量の同時測定可能性とそのスペクトル分解との関係に

第 III 章 量子力学の統計

ついて述べている. フォン・ノイマンはここで重要な仮定を提唱する. コンプトンの光量子の散乱実験を例にして, 同一の物理量は 2 つの異なった方法で測定しても結果はつねに同一であると仮定する. さらに, これらの測定は同時には行われないので, 物理量 $\mathfrak{R}$ の初めの測定を M_1 として, 次の測定を M_2 とする. このとき M_1 で $\mathfrak{R}$ を測った後に M_2 で測っても値は同一ということを仮定する. これを反復可能仮設という. 物理量が数学的な概念ではないので, 3 節及び 5 節は数学的に読もうとすると辛い. 物理量 $\mathfrak{R}$ と $\mathfrak{S}$ には夫々作用素 R と S が対応していると仮定する. 物理量は物理の概念で, 作用素は勿論, 数学的な概念である. 物理量 $\mathfrak{R} + \mathfrak{S}$ や $\mathfrak{RS}$, また $F(\mathfrak{R})$ に対して対応する作用素が $R + S$, RS, $F(R)$ であることをフォン・ノイマンは '証明' するのだが, 何を証明すればいいのかはフォン・ノイマンじゃないとわからない. 4 節は不確定性関係の数学的な対象の一つであるケナードの不等式を示す. 5 節は射影作用素に対応する物理量について述べる. これは, 射影作用素 E に対する物理量 $\mathfrak{S}$ がどのようなものであるかを特徴付けている. 6 節で, ハイゼンベルクが量子力学を創始したときからの問題であった定常状態の単位時間当たりの遷移確率の問題を解説する. 元ネタ

はディラックの輻射場と電子の相互作用による遷移確率の理論 [20]
である．ヒルベルト空間の理論を使って非常に詳しく説明してい
る．フォン・ノイマンもディラックの輻射場の理論をベタ褒めして
いる．筆者もフォン・ノイマンのオリジナルではないが，第 III 章 6
節は最も心を惹かれた話題の一つである．

2.4 第 IV 章

　第 IV 章は 1 節-3 節からなり，キーワードは ‘状態’ である．物
理量 $\mathfrak{R}$ に対して状態 $E(\mathfrak{R}) \in \mathbb{R}$ が定義される．第 III 章のところ
でも言及したように 1,2 節の元ネタは [54] である．純粋状態と混合
状態の定義を与え，Spur と混合と呼ばれる作用素 U によって状態
$E(\mathfrak{R})$ が表せることを示す．つまり $E(\mathfrak{R}) = \mathrm{Spur}(RU)$．この章も，
物理量と作用素が混在するので数学的に読み解くことが難しい．

1.	統計的理論の原理的基礎づけ
2.	統計的公式の証明
3.	測定結果から導かれる集団

第 IV 章 理論の演繹的構成

　2 節の最後では 1932 年頃に議論が沸騰していた ‘隠れた変数’ に
ついて，その非存在を証明している．隠れた変数の議論はボルンの
確率解釈とアインシュタインの「神様はサイコロは遊びをしない」
から始まる．確率解釈を避けるために，極微の世界にはもっと上位
の決定論的な素過程が存在して，量子力学の確率解釈も，その上位
の決定論的な素過程から導かれるに違いないというものである．例
えば熱力学で温度や圧力は，多数の個々の粒子の物理量の平均値と
して説明される．3 節では，測定後の状態について述べられている．

2.5 第 V 章

第 V 章は 1 節-4 節からなり，量子力学的集団に対する熱力学とエントロピーについて述べている．1 節では測定による状態の変化を 2 通り考えている．一つは状態を決める作用素 U のハミルトン H による時間発展

$$e^{-i\frac{2\pi}{h}tH} U e^{i\frac{2\pi}{h}tH}$$

によるもので，もう一つは

$$U \to \sum_{n=1}^{\infty} (\phi_n, U\phi_n) P_{\phi_n}$$

という形のもので瞬時に変わる．前者は因果的な変化，後者は非因果的な変化と呼んでいる．

1.	測定と可逆性
2.	熱力学的考察
3.	可逆性および平衡の問題
4.	巨視的観測

第 V 章 一般的考察

2 節の元ネタは 1927 年の三部作の一つ [53] である．熱力学の第 1 法則と第 2 法則を仮定して，いわゆるフォン・ノイマンエントロピーを導いている．つまり，作用素 U で決まる状態に対するエントロピーが

$$-Nk\mathrm{Tr}(U \log U)$$

になることを示している．ここで，N は考えている系の粒子数，k はボルツマン定数である．3 節では因果的な変化，非因果的な変化でのエントロピーの変化を調べている．4 節では，巨視的な測定に

関わる作用素 U に対するエントロピーを計算している. 最後に, この方面に関心のある読者は次を参照せよとなっている. Beweis des Ergodensatzes und des H-Theorems in der neuen Mechanik (新しい力学におけるエルゴード定理と H 定理の証明) [57].

2.6 第 VI 章

第 VI 章は 1 節-3 節からなり, 測定の問題を議論している.

1.	問題の定式化
2.	合成系
3.	測定過程の分析

第 VI 章 測定の過程

1 節は問題の定式化である. 観測される系 I, 測定装置 II, 観測者 III という概念がでてきて, その線引きがどこなのか, 人間と自然がどのように混じり合うのか, 非常にデリケートな部分である. 2 節は, 1 節での I,II,III のような系の分割を念頭に, 抽象的な状態の合成系の議論をする. 3 節では, いわゆる測定理論におけるフォン・ノイマン模型が登場する.

3 抽象的なシュレディンガー方程式

シュレディンガー方程式

$$-\frac{h}{2\pi i}\frac{\partial}{\partial t}\psi = -\frac{h^2}{8\pi^2 m}\Delta\psi + V(x)\psi$$

は線形方程式なので ψ と φ が共に解であれば, その線形結合

$$a\psi + b\varphi$$

もシュレディンガー方程式の解になる．そのため波動関数とハミルトニアン

$$H = -\frac{h^2}{8\pi^2 m}\Delta + V(x)$$

を現代数学的に論じるためには次の概念が必要になる．

(1) 和・スカラー積の定義された空間 $\mathscr{V}$．これを線形空間という．
(2) 線形写像 $H : \mathscr{V} \to \mathscr{V}$

シュレディンガー方程式を，抽象的な線形空間 $\mathscr{V}$ 上の抽象的な線形写像 $H : \mathscr{V} \to \mathscr{V}$ に対する方程式

$$i\frac{\partial}{\partial t}\psi = H\psi$$

として一般化し，その抽象論を展開したのがフォン・ノイマンである．ただし，$\mathscr{V}$ と H には様々な量子力学的な制約が課せられる．

線形空間と線形写像の一般論および厳密な議論は第 2 巻に譲ることにして，次節では発見法的にシュレディンガー方程式の性質を探ることにする．

4 有限次元の理論

4.1 表現行列

$\mathbb{C}^n$ 上の線形写像の復習をしよう．

一般に線形写像 $T : \mathbb{C}^n \to \mathbb{C}^m$ は $m \times n$ 行列で表現できることが知られている．それをみよう．$\mathbb{C}^n \ni x$ を列ベクトルで

$$x = \begin{pmatrix} x_1 \\ \vdots \\ x_n \end{pmatrix}$$

と表す. $\mathbb{C}^n$ 上に内積 $(x,y) = \sum_{j=1}^{n} \bar{x}_j y_j$ を定義する. ノルムは $\|x\| = \sqrt{(x,x)}$ と定める. 内積は

$$(x,y) = \|x\|\|y\|\cos\theta, \quad 0 \le \theta \le \pi$$

と表現でき, θ は x と y のなす角と呼ばれる.

$T : \mathbb{C}^n \to \mathbb{C}^m$ が, $\alpha, \beta \in \mathbb{C}$, $x, y \in \mathbb{C}^n$ に対して

$$T(\alpha x + \beta y) = \alpha Tx + \beta Ty$$

を満たすとき線型写像といった. 等式

$$Tx = y$$

を考えよう. 第 j 成分が 1 で他の成分が 0 であるベクトルを $e_j \in \mathbb{C}^n$ とすれば

$$x = \sum_{j=1}^{n} x_j e_j$$

と一意的に表せる.

$$Tx = T(\sum_{j=1}^{n} x_j e_j) = \sum_{j=1}^{n} x_j Te_j = \sum_{i} y_i e_i = y$$

$(e_i, e_j) = \delta_{ij}$ だから $y_k = \sum_{j=1}^{n} x_j (e_k, Te_j)$. $a_{ij} = (e_i, Te_j)$ とおいて, 行列 A を次で定義する.

$$A = \begin{pmatrix} a_{11} & \cdots & a_{1n} \\ \vdots & \ddots & \vdots \\ a_{m1} & \cdots & a_{mn} \end{pmatrix}$$

このとき

$$Ax = y$$

となる. つまり $T = A$ となった. もう少し厳密にいうと A は行列であるからこれを $\mathbb{C}^n$ 上の線形写像と思うときには, A ではなく, 例えば T_A のような記号を使うべきだろうが, 厳密性を重視するあまり記号が煩雑になってはいけないので, A という記号を行列と線形写像の両方の意味で用いることにする. A を $\{e_j\}$ に関する T の行列表現という. 逆に, 行列

$$B = \begin{pmatrix} b_{11} & \cdots & b_{1n} \\ \vdots & \ddots & \vdots \\ b_{m1} & \cdots & b_{mn} \end{pmatrix}$$

が与えられると $Sx = Bx$ とすれば, $S : \mathbb{C}^n \to \mathbb{C}^m$ は線形写像になる. 故に線型写像 $\mathbb{C}^n \to \mathbb{C}^m$ を考えることと, $n \times m$ 行列を考えることは同値である.

4.2 ユニタリー行列

ここから $n = m$ として, $n \times n$ の正方行列のみを考える. 正方行列 X の行列式を $\det X$ と表す. X の逆行列が存在するための必要十分条件は $\det X \neq 0$ である. 線形写像 $T : \mathbb{C}^n \to \mathbb{C}^n$ に対して

$$Tx = ax$$

を考えよう. $a \in \mathbb{C}$ を固有値, $x \in \mathbb{C}^n$ を固有ベクトルという. 固有値全体を $\sigma(T)$ で表すと

$$\sigma(T) \ni a \iff \det(T - aE) = 0$$

つまり, 固有方程式

$$\det(T - \lambda E) = 0$$

の解が固有値になり, それにつきる. 故に

$$\sigma(T) = \{\lambda \in \mathbb{C} \mid \det(T - \lambda E) = 0\}$$

T^t は T の転置行列を表し $T^* = \overline{T^t}$ を T の随伴行列という. 内積と随伴行列は次の関係にあった.

$$(Tx, y) = (x, T^*y)$$

故に

$$(Tx, Ty) = (x, y) \iff T^*T = E$$

このとき T をユニタリー行列という. また, $\mathbb{C}$ を $\mathbb{R}$ にかえれば

$$(Tx, Ty) = (x, y) \iff T^tT = E$$

このとき T を直交行列という. ユニタリー行列も直交行列も x と y のなす角と長さを各々不変にしている. ユニタリー行列, 直交行列の行列式は ± 1 になる.

4.3 エルミート行列の対角化

任意の正方行列 A はユニタリー行列または直交行列 U で三角化できることが知られている. つまり,

$$U^{-1}AU = \begin{pmatrix} a_{11} & a_{12} & \dots & a_{1n} \\ 0 & a_{22} & \dots & a_{2n} \\ \vdots & \vdots & \ddots & \vdots \\ 0 & 0 & \dots & a_{nn} \end{pmatrix}$$

さらに, 対角成分は A の固有値である.

$$\sigma(A) = \{a_{11}, \dots, a_{nn}\}$$

$T^* = T$ となる行列をエルミート行列という. 以下, T をエルミート行列とする.

$$\overline{(Tx, x)} = (x, Tx) = (Tx, x)$$

なので $(Tx, x) \in \mathbb{R}$ がわかる. また $Tx = ax$, $x \neq 0$, のとき

$$\bar{a}(x, x) = (ax, x) = (Tx, x) = (x, Tx) = a(x, x)$$

だから, $a \in \mathbb{R}$ になる. つまり, $\sigma(T) \subset \mathbb{R}$. エルミート行列 T の三角化

$$U^{-1}TU = \begin{pmatrix} a_{11} & a_{12} & \dots & a_{1n} \\ 0 & a_{22} & \dots & a_{2n} \\ \vdots & \vdots & \ddots & \vdots \\ 0 & 0 & \dots & a_{nn} \end{pmatrix}$$

で両辺の随伴行列を考えると

$$\begin{pmatrix} \bar{a}_{11} & 0 & \dots & 0 \\ \bar{a}_{12} & \bar{a}_{22} & \dots & 0 \\ \vdots & \vdots & \ddots & \vdots \\ \bar{a}_{1n} & \bar{a}_{2n} & \dots & \bar{a}_{nn} \end{pmatrix} = (U^{-1}TU)^* = U^{-1}TU$$

なので, $U^{-1}TU$ は対角行列になる.

$$U^{-1}TU = \begin{pmatrix} \lambda_1 & \cdots & 0 \\ \vdots & \ddots & \vdots \\ 0 & \cdots & \lambda_n \end{pmatrix}, \quad \lambda_j = a_{jj}$$

これを対角化という. 実はユニタリー行列 U は次のように構成できる. $\{u_1, \dots, u_n\}$ を T の固有ベクトルで $(u_i, u_j) = \delta_{ij}$ となるものとする. エルミート行列には必ずこのような固有ベクトルが存在する. $U = (u_1 \dots u_n)$ と並べると

$$TU = (\lambda_1 u_1 \dots \lambda_n u_n) = U \begin{pmatrix} \lambda_1 & \cdots & 0 \\ \vdots & \ddots & \vdots \\ 0 & \cdots & \lambda_n \end{pmatrix}$$

となる. 両辺の左から U^{-1} をかけると T が対角化できることがわかる. E_j を (j, j) 成分が 1 で, その他の成分が 0 の行列として, $P_j = UE_jU^{-1}$ とする. エルミート行列 T は次のように表される.

$$T = \sum_{j=1}^{n} \lambda_j P_j$$

$P_i P_j = \delta_{ij} P_j$ となり, P_j は射影と呼ばれる. 上の表示を T のスペクトル分解という.

4.4 有限次元のシュレディンガー方程式

シュレディンガー方程式を1次元の常微分方程式と思って

$$iy' = ay$$

としてみよう. $a \in \mathbb{R}$ で $y = y(t)$ である. これは一瞬で解けて

$$y = e^{-iat}y(0)$$

が解になる. これは a を行列に置き換えても, 全く同じように解くことができる.

H を $n \times n$ のエルミート行列とする. ユニタリー行列 U で H を次のように対角化する.

$$U^{-1}HU = \begin{pmatrix} \lambda_1 & \cdots & 0 \\ \vdots & \ddots & \vdots \\ 0 & \cdots & \lambda_n \end{pmatrix}$$

右辺を K とおけば $H = UKU^{-1}$ となる. この表示を用いれば

$$H^k = \underbrace{UKU^{-1}\cdots UKU^{-1}}_{k} = U\begin{pmatrix} \lambda_1^k & \cdots & 0 \\ \vdots & \ddots & \vdots \\ 0 & \cdots & \lambda_n^k \end{pmatrix}U^{-1}$$

のように計算でき, さらに一般の関数 $P(x)$ に対しても,

$$P(x) = \sum_{n=0}^{\infty} a_n x^n$$

のような展開が可能であれば, 形式的には

$$P(H) = U\begin{pmatrix} P(\lambda_1) & \cdots & 0 \\ \vdots & \ddots & \vdots \\ 0 & \cdots & P(\lambda_n) \end{pmatrix}U^{-1}$$

のように瞬く間に計算できる. とりあえず収束など気にせずどんどん進もう.

$$e^{ax} = \sum_{n=0}^{\infty} \frac{a^n}{n!} x^n$$

だったから $t \in \mathbb{R}$ はパラメーターだと思って e^{-itH} を無限級数で

$$e^{-itH} = \sum_{n=0}^{\infty} \frac{(-it)^n}{n!} H^n$$

と定める. そうすると $v \in \mathbb{C}^n$ に対して

$$i\frac{d}{dt} e^{-itH} v = H e^{-itH} v$$

がわかるから $\mathbb{C}^n$ 上のシュレディンガー方程式

$$i\frac{\partial}{\partial t} \psi(t) = H\psi(t)$$

の解 $\psi(t) \in \mathbb{C}^n$ は

$$\psi(t) = e^{-itH}\psi(0)$$

と表せる. さらに e^{-itH} は次のように計算できる.

$$e^{-itH} = U \begin{pmatrix} e^{-it\lambda_1} & \cdots & 0 \\ \vdots & \ddots & \vdots \\ 0 & \cdots & e^{-it\lambda_n} \end{pmatrix} U^{-1}$$

つまり, シュレディンガー方程式の解は

$$\psi(t) = U \begin{pmatrix} e^{-it\lambda_1} & \cdots & 0 \\ \vdots & \ddots & \vdots \\ 0 & \cdots & e^{-it\lambda_n} \end{pmatrix} U^{-1}\psi(0)$$

となる. 故に $\mathbb{C}^n$ 上のシュレディンガー方程式は H の固有値 λ_j と固有ベクトル $\{u_1, \ldots, u_n\}$ を求めることに帰着される. 右辺に現れ

た行列はユニタリー行列であるから,ベクトルの長さを不変にしていることもわかる.

$$\|\psi(t)\| = \|\psi(0)\|$$

有限次元シュレディンガー方程式

H を $\mathbb{C}^n$ 上のエルミート行列とする. このとき

$$i\frac{d}{dt}\psi(t) = H\psi(t)$$

の解は $\psi(t) = e^{-itH}\psi(0)$ で $\|\psi(t)\| = \|\psi(0)\|$ を満たす.

---

5 無限次元の理論

$\mathscr{V}$ を線形空間とし,$H : \mathscr{V} \to \mathscr{V}$ を線形作用素とする. ここでは線型写像という言葉を使わず線形作用素という言葉を使う. 抽象的なシュレディンガー方程式

$$i\frac{\partial}{\partial t}\psi = H\psi$$

について発見法的に考える.

5.1 正準交換関係と無限次元

一般に線形作用素 $S, T : \mathscr{V} \to \mathscr{V}$ は $STv \neq TSv$ であるから,非可換 $ST \neq TS$ になる. 線形作用素 $P = \{P_1, \dots, P_n\}$ と $Q = \{Q_1, \dots, Q_n\}$ が

$$P_sQ_r - Q_rP_s = \frac{h}{2\pi i}\delta_{rs}\mathbb{1}$$
$$Q_sQ_r - Q_rQ_s = 0$$
$$P_sP_r - P_rP_s = 0$$

を満たすとき正準交換関係といった. とはいっても, P, Q がどこか
の空間上の作用素として厳密に定義されたわけではない. そこいら
辺は物理の世界ではぼやけている. 物理と数学は世界が違うことを
理解する必要がある. 例を上げよう.

（例1）$P_s = \frac{h}{2\pi i}\frac{\partial}{\partial x_s}$ と $Q_r = x_r$ は正準交換関係を満たす. 実際,
次のようになる.

$$P_s Q_r f - Q_r P_s f = \frac{h}{2\pi i}(\frac{\partial(x_r f)}{\partial x_s} - x_r \frac{\partial f}{\partial x_s}) = \frac{h}{2\pi i}\delta_{sr} f$$

（例2）行列力学で定義された

$$Q = \frac{1}{\sqrt{2}}\sqrt{\frac{h}{2\pi}}\begin{pmatrix} 0 & \sqrt{1} & 0 & 0 & \dots \\ \sqrt{1} & 0 & \sqrt{2} & 0 & \dots \\ 0 & \sqrt{2} & 0 & \sqrt{3} & \dots \\ 0 & 0 & \sqrt{3} & 0 & \dots \\ \vdots & \vdots & \vdots & \vdots & \ddots \end{pmatrix}$$

$$P = \frac{i}{\sqrt{2}}\sqrt{\frac{h}{2\pi}}\begin{pmatrix} 0 & -\sqrt{1} & 0 & 0 & \dots \\ \sqrt{1} & 0 & -\sqrt{2} & 0 & \dots \\ 0 & \sqrt{2} & 0 & -\sqrt{3} & \dots \\ 0 & 0 & \sqrt{3} & 0 & \dots \\ \vdots & \vdots & \vdots & \vdots & \ddots \end{pmatrix}$$

も $n = 1$ として正準交換関係を満たす.

（例1）と（例2）の作用素が作用する空間が, いまのところ厳密
に定義されているわけではない. あまり深い入りせずに進むことに
する.

行列力学によればエネルギー行列 H はハミルトン関数 $H(q, p)$
に対して

$$H = H(Q, P)$$

と定義した. また, シュレディンガー作用素は

$$-\frac{h^2}{8\pi^2 m}\Delta + V$$

と表されるが

$$-\frac{h^2}{8\pi^2 m}\Delta = -1 \times \frac{h^2}{8\pi^2 m}\Delta$$

とみるよりは

$$-\frac{h^2}{8\pi^2 m}\Delta = \frac{1}{2}\sum_{j=1}^{3}\left(\frac{h}{2\pi i}\frac{\partial}{\partial x_j}\right)^2$$

とみるのが本質的である. そうすると

$$-\frac{h^2}{8\pi^2 m}\Delta + V = \frac{1}{2}(P_1^2 + P_2^2 + P_3^2) + V(Q_1, Q_2, Q_3)$$

と表せる. エネルギー行列やシュレディンガー作用素は正準交換関係を満たす作用素で表せる. 正準交換関係は量子力学の根幹を担う関係式であることがわかるだろう.

しかし, 正準交換関係を満たす行列 P, Q は残念ながら存在しない. その理由は非常に単純である. A, B が $\mathbb{C}^n$ 上の行列とする.

$$AB - BA = \frac{h}{2\pi i}E$$

と仮定して両辺のトレースをとれば

$$0 = \mathrm{Tr}(AB - BA) = \frac{h}{2\pi i}\mathrm{Tr}E = \frac{h}{2\pi i}n$$

となり矛盾する. つまり, 正準交換関係を満たすような作用素の組を実現しようと思えば $\mathbb{C}^n$ のような有限次元線形空間上では不可能である.

5.2 位相と無限次元

量子力学の世界を表すためには, 線形空間 $\mathcal{V}$ の次元は無限次元でなければならないことは前節の最後で述べた.

　無限次元線形空間の概念は 20 世紀の最初の四半世紀に研究され，それは量子力学の発見が大きな契機になったように思える．さらに，無限次元線形空間上の作用素の収束，発散などを議論するためには‘位相’という概念を考えざるを得ない．それを次にみよう．

　20 世紀初頭にはフランスのモーリス・フレッシェ，ハンガリーのリース・フリジェシュやドイツのフェリックス・ハウスドルフらによって位相という概念が確立された．位相はトポロジー（topology）の和訳で，topo は場所や位置という意味がある．実数 $\mathbb{R}$ には四則演算および全順序という代数的性質の他に，連続という位相的な性質が存在する．この位相的な性質を用いて実数の部分集合や実数上の関数の連続性などが議論される．

　現代数学では抽象的な集合 $\mathscr{V}$ に対しても位相 $\mathcal{V}$ という概念が定義できて，そのような位相の備わった集合 $(\mathscr{V}, \mathcal{V})$ を位相空間という．特に位相の備わった線形空間を線形位相空間という．ややこしいが位相線形空間とも呼ばれる．英語では topological vector space という．位相空間があればその部分集合の位相的性質を論じたり，2 つの位相空間 $(\mathscr{V}, \mathcal{V})$, $(\mathscr{W}, \mathcal{W})$ の間の写像

$$f : \mathscr{V} \to \mathscr{W}$$

の連続性などが議論できる．また，関数や写像の集合という巨大な集合にも位相が定義でき，関数や写像の集合が幾何学的に扱えるようになる．その意味で位相空間の発見は現代数学に欠かせない道具になっている．

　量子力学が展開される無限次元線形空間にも様々な位相が定義され，それは $\mathbb{R}$ の位相とは大きく異なり，また，多くの場合，その幾何学的イメージを頭に描くことが困難である．例えば，2 次元平面を考える．原点を通る互いに直交する直線は 2 本しか描けない．同様

に3次元空間では3本しか描けない. 3次元空間内の単位球面とこの3本の直線の交点を考える. 6つの交点はお互いに $\sqrt{2}$ だけ離れて単位球面上に存在していることになる. 同じことを無限次元空間内の単位球面で考えれば, 互いに $\sqrt{2}$ だけ離れた単位球面上の点が無限個存在することになるが, 想像し難いことであろう.

5.3 非有界性と無限次元

　無限次元線形空間上の線形作用素の理論は有限次元空間上のそれとは全く異なる. 有限次元線形空間上の線形作用素は行列で表せるのだから全て連続である. 連続な線形作用素 $T : \mathscr{V} \to \mathscr{V}$ というのは直感的には,

$$v_n \to v \text{ のときに } Tv_n \to Tv$$

となる作用素のことである. 実は, 正準交換関係を満たす P と Q は少なくとも一つは不連続な作用素であることが示せる. これから量子力学を数学的に基礎付けるためには不連続な線形作用素の理論が必要であることが理解できるだろう. よって必然的に $\mathscr{V}$ として無限次元線形空間を考えざるを得ないことになる. なぜなら有限次元線形空間上の線形作用素は行列として実現され, それらは全て連続だからである.

　$T : \mathscr{V} \to \mathscr{V}$ に対して $c > 0$ が存在して

$$\|Tv\| \leq c\|v\| \quad \forall v \in \mathrm{D}(T)$$

となるとき T を有界作用素という. 有界でない作用素を非有界作用素という. つまり, T が非有界であれば $\|Tv\|$ がいくらでも大きくなる正規化された $v \in \mathrm{D}(T)$ が存在する. 次が知られている.

> ╭─ 連続作用素と有界作用素 ──────────╮
> $$T \text{ は連続作用素} \iff T \text{ は有界作用素}$$
> ╰────────────────────────────╯

　故に, 不連続作用素と非有界作用素は同値な概念で, 不連続作用素とは呼ばず非有界作用素と呼ぶのが慣習である. 一方, 連続作用素とはいわず有界作用素というのが慣習である.

　有限次元線形空間上の線形作用素は全て有界作用素で非有界作用素は無限次元線形空間上にのみ現れる概念である. 厄介なことに非有界作用素 $T : \mathscr{V} \to \mathscr{W}$ の定義域 $\mathrm{D}(T)$ は一般に稠密ではあるが

$$\mathrm{D}(T) \subsetneqq \mathscr{V}$$

であり, $\mathrm{D}(T) = \mathscr{V}$ のように定義域が $\mathscr{V}$ に一致することは一般にない. 何故ならば, ある条件下では定義域が空間全体と一致することと有界作用素であることが同値なためである. これは閉グラフ定理といわれている. そのため行列の積とは異なり非有界作用素の積を考えるときは注意が必要である.

$$\mathscr{V} \xrightarrow{\;T\;} \mathscr{W} \xrightarrow{\;S\;} \mathscr{Z}$$

の作用素の合成を考えると, $\mathfrak{R}(T)$ を T の値域として

$$\mathrm{D}(T) \xrightarrow{\;T\;} \mathfrak{R}(T) \subset \mathrm{D}(S) \xrightarrow{\;K\;} \mathscr{Z}$$

である必要がある. つまり, T の値域 $\mathfrak{R}(T)$ が K の定義域 $\mathrm{D}(K)$ に含まれることが必要になる. 例えば $T^2 = TT$ を定義するためにはその定義域は $\mathrm{D}(T)$ よりも一般には小さくなる. 何故ならば $f \in \mathrm{D}(T^2)$ となるためには $f \in \mathrm{D}(T)$ でかつ $Tf \in \mathrm{D}(T)$ とならなければいけないからである.

6 量子力学の数学的基礎付けに必要な概念

6.1 無限次元線形空間上の非有界作用素

前節で説明したことをまとめよう. 誤解を恐れずにいえば次のようになる. シュレディンガー作用素 $H : \mathscr{V} \to \mathscr{V}$ は正準交換関係 $P_s Q_r - Q_r P_s = \frac{h}{2\pi i} \delta_{rs} \mathbb{1}$ を満たす作用素の組 $\{Q_1 Q_2, Q_3, P_1, P_2, P_3\}$ で構成されている. このとき必然的に $P_s, Q_s, s = 1, 2, 3,$ の少なくとも 1 つは非有界作用素になる. その結果, 次が従う.

（1）$\mathscr{V}$ は無限次元空間
（2）P_s, Q_r, H などの定義域は $\mathscr{V}$ の真部分空間

理由は以下である.

（1）有限次元空間上の線形作用素は全て有界作用素. 特に, 有限次元空間上に正準交換関係を満たす線形作用素の組は存在しない.
（2）無限次元空間上の線形作用素でも定義域が全体に広がると有界作用素になる.

キーワード的にいえば次のようになる.

量子力学の数学的基礎付けに必要な概念

（1）無限次元線形空間の理論
（2）定義域が稠密である非有界作用素の理論

6.2 ルベーグ積分の発見

　数学サイドの発見物語をしなければいけない. ボルンの確率解釈
によれば $\int_A |\varphi(x)|^2 dx / \int_{\mathbb{R}^d} |\varphi(x)|^2 dx$ は電子が A に存在する確率
だった. 大前提として, シュレディンガー方程式の解である波動関
数 φ は

$$\int_{\mathbb{R}^d} |\varphi(x)|^2 dx < \infty$$

を満たす必要がある. d 次元 2 乗可積分といわれる関数の集合を

$$\mathscr{V} = \left\{ f \mid \int_{\mathbb{R}^d} |f(x)|^2 dx < \infty \right\}$$

と定義する. 抽象的なシュレディンガー作用素 $H : \mathscr{V} \to \mathscr{V}$ に対し
て, $\mathscr{V}$ 上に抽象的なシュレディンガー方程式 $i\frac{\partial}{\partial t}\varphi = H\varphi$ を考える.
$\mathscr{V}$ 上に適当な位相 $\mathcal{V}$ を定めたい. ところが, これは一般にうまくい
かない. '完備性' という概念が欠落しているのである.

　プランクの量子仮説が提唱されたころ, 全く偶然に, 解析学の世
界でも大発見があった. それは, フランスのアンリ・ルベークによ
る, ルベーグ測度の発見である. このルベーク測度で積分を定義し
直し, $\mathscr{V}$ を $\tilde{\mathscr{V}}$ に拡張する. そうすると, 適当な位相 $\mathcal{V}$ で $(\tilde{\mathscr{V}}, \mathcal{V})$ が
'完備内積空間' とみなせるのである. $\tilde{\mathscr{V}}$ を $L^2(\mathbb{R}^d)$ と書こう. 完備
性が備わっていると, 非常に豊かな解析が展開できる. それはまさ
にフォン・ノイマンが発見したことではあるが. フォン・ノイマン
はこの事実を抽象化してヒルベルト空間論を展開した.

　1900 年の年末にプランクが量子仮説を導入し, 1902 年にルベー
グの学位論文が発表され, フォン・ノイマンが 1903 年の年末に誕
生している. 1907 年にフレッシェ, リース, フィッシャーにより, 関
数空間にも $\mathbb{R}$ の有界閉集合のような幾何学的概念が存在すること
が示され, $L^2(\mathbb{R}^d)$ が完備内積空間であることが示された. フォン・

ノイマンがギムナジウムに入学した 1914 年にはハウスドルフが位相の概念を完成させた. そして, 1925, 6 年, ハイゼンベルクとシュレディンガーによって量子力学が発見され, 1927 年には, フォン・ノイマンが早くも量子力学の数学的基礎付けを完成させた. 量子力学の発見と測度論の発見の奇跡的なシンクロに驚かされる. 1900 年という年号も, またドラマチックである. ルベーグ測度は第 10 章で解説する.

ゲッチンゲンのヒルベルトは有界作用素の理論を構築していた. それは非有界作用素の理論とは大きく異なる. また, 当時のゲンチンゲンにはボルン・ハイゼンベルク・ヨルダンの行列力学を有界作用素の理論と見誤り, 正準交換関係を信じない学者もいた. 20 代の若きフォン・ノイマンが 1920 年代の後半の短期間に非有界作用素の理論を完成させ, 行列力学が非有界作用素の理論であることも, 波動力学と同値な理論であることも数学として証明した. そしてこの理論は 21 世紀の現代数学においても全く色褪せることなく堅牢な基礎理論として揺るぎない地位を保っている.

第9章

面積を測る

1 ギリシア時代

　図形の面積や体積の求積法は, 特殊なものに限れば古代からいくつも知られている. 『ユークリッド原論』にもいくつかの技法が紹介されている. 例えば, ある図形を三角形で覆い尽くすことによって求めようとするものである. 三角形は最も単純な図形と考えられ, その面積は

$$\frac{底辺の長さ \times 高さ}{2}$$

で計算できる. しかし, 古代の人たちは最も単純な直角二等辺三角形の斜辺の長さすら求めることができなかった. それは

$$\sqrt{2} = \frac{b}{a} \quad a, b \in \mathbb{N}$$

と表せないからであった. それでもバビロニアの粘土板 YBC 7289 (BC2000 - BC1650 年頃) に $\sqrt{2}$ の近似が次のように与えられている.

$$1 + \frac{24}{60} + \frac{51}{60^2} + \frac{10}{60^3} = 1.41421296$$

また 3 辺の長さが自然数の三角形で, 直角を挟む二辺の長さ a, b の比が十分 1 に近い三角形のリストがバビロニアの粘土板プリンプト 322 (BC1800 年頃) から発見されている.

プリンプト 322

　例えば 1 行目には斜辺長が 169 で直角を挟む 2 辺の長さが 119, 120 の三角形が記されている. かなり直角二等辺三角形に近い. さて, 話を三角形の被覆に戻そう. 放物線がある弦によって切りとられる面積を計算するような場合でさえ, いくらやっても三角形で覆い尽くすことはできないため, 数 III 風にいえば無限級数和の計算をすることになる. この困難に対してシチリア島シラクサのアルキメデスは, 巧妙な論法によりこの問題を回避した.

　アルキメデスは, 一つの円に対し外接する多角形と, 内接する多角形を考えた. この 2 つの多角形は辺の数を増やせば増やすほど, 円そのものに近似してゆく. アルキメデスは 96 角形を用いて円周率を試算し,

$$\frac{223}{71} < \pi < \frac{22}{7}$$

という結果を得た．当時エジプトでは 256/81＝3.16 が使われていたそうだ．アルキメデスは円の面積の他に放物線が直線で切られた部分の面積をニュートンよりも 1800 年以上早く計算していた．

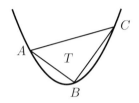

アルキメデスの求積法

　アルキメデスは，放物線が直線で切られた部分の面積が，放物線と直線の交点と直線と平行な接線が接触する 3 点を頂点とする三角形の面積の 4/3 倍に等しいことを以下のように示した．最初の三角形の面積を T とし，この三角形の 2 辺を割線とし，放物線の隙間に同様な手段で 2 つの新しい三角形を想定すると，この面積の和は $T/4$ となる．実際に考えてみると可成り巧妙に考えないとこれを示すのも難しい．これを無限に繰り返して放物線と直線で囲まれた領域を三角形で埋め尽くす．そうすると

$$\sum_{n=0}^{\infty} 4^{-n}T = T + 4^{-1}T + 4^{-2}T + 4^{-3}T + \cdots = \frac{4}{3}T$$

この方法を使うと $y = x^2$ と $y = 1$ で囲まれた部分の面積 S は，$T = 1$ だから

$$S = \frac{4}{3}$$

になる．積分で計算すると

$$\int_{-1}^{1} (1 - x^2)dx = [x - \frac{1}{3}x^3]_{-1}^{1} = \frac{4}{3}$$

で確かに一致する．しかし，アルキメデスは上のような無限級数和を計算したわけではない．アルキメデスは，次のように考えた．求めたい領域の面積を S とすれば

$$T + \frac{1}{4}T + \frac{1}{4^2}T + \cdots + \frac{1}{4^n}T \leq S \leq T + \frac{1}{4}T + \frac{1}{4^2}T + \cdots + 2\frac{1}{4^n}T$$

この有限和を計算すると次のようになる．

$$\frac{4}{3}(1 - \frac{1}{4^n}) \leq \frac{S}{T} \leq \frac{4}{3}(1 - \frac{1}{4^n}) + \frac{1}{4^n}$$

この不等式が全ての n で成り立つのだから S が存在するのであれば $S \neq 4T/3$ とすると矛盾する．よって，背理法から

$$S = \frac{4}{3}T$$

となる．この証明には $\varepsilon - \delta$ 論法による極限の存在の定義の源流を感じることができるし，三角形以外の曲線が絡む図形の面積の定義も与えている．

2　17 世紀-19 世紀

　時代が下り，17 世紀になってライプニッツとニュートンらにより微分法が発見されると，極めて技巧的な手段に頼っていた求積法は，原始関数と微分積分法の基本公式による一般的な方法で解かれることになる．f に対して

$$F' = f$$

となる関数 F を f の原始関数と呼んだ．F は定数和を除いて一意的であり，例えば

$$F(x) = \int_a^x f(t)dt$$

は f が連続であれば, f の原始関数であることが示せる. つまり

$$\frac{d}{dx}\int_a^x f(t)dt = f(x)$$

$F(x)$ の定義から

$$\int_a^b f(t)dt = \int_c^b f(t)dt - \int_c^a f(t)dt = F(b) - F(a)$$

任意の原始関数 G は F と定数しか違わない. つまり $F(x)-G(x) =$ 定数 であるから,

$$G(b) - G(a) = F(b) - F(a) = \int_a^b f(t)dt$$

となる. 原始関数を求めることができれば図形の面積が計算できる!

しかし, ライプニッツとニュートンはこの公式が, どのような関数 f に対して成り立つのかはっきりと捉えていなかった. そもそも, 数学者が関数という概念を自覚するようになったのは 1748 年に出版されたレオンハルト・オイラーの『Introductio in analysin infinitorum』(無限解析入門) といわれている. さらに, それから 80 年かけて, オーギュスタン・ルイ・コーシーが 1820 年に『 Cours d'analyse de l'École royale polytechnique 』(解析教程) で, 対応関係を用いて, 抽象的な連続関数という概念に到達した [89, 第 2 章 § 2]. そして, コーシーの定義に示唆されるように, 一般的な関数を数学にとり入れたのがルジューヌ・ディリクレの研究に始まる. ディリクレ家はベルギーの Richelet の出身で, 彼の名のルジューヌ・ディリクは「le jeune de Richelet = リシュレ出身の若者」に由来する. 筆者も欧米に滞在するとディリクレとは発音せず, 見様見真似でディリシレと発音する. コーシーは現代の $\varepsilon - \delta$ 論法を

使って f が閉区間で一様連続であることを定義し, その関数に関して

$$\frac{d}{dx} \int_a^x f(t)dt = f(x)$$

が成立することを示している. ただし, コーシーは各点での連続性を $\varepsilon - \delta$ 論法を使って定義したが, 区間での連続が現代でいうと一様連続になっていた.

　コーシーの議論は, いざとなると幾何学的な直感に頼る部分もあり, 完璧に $\varepsilon - \delta$ 論法を使いこなしていたわけではない. 区間での連続, 一様連続, 各点での連続を厳密に区別して示したのはヴィルヘルム・ワイエルシュトラスである. 現在, ワイエルシュトラスが $\varepsilon - \delta$ 論法を完成させたといわれている. 19 世紀に入るとフーリエ級数の厳密な研究などを通して, 初めて積分と関数の関係を問わなければならない状況が生じるようになった.

$$\frac{1}{\sqrt{\pi}} \cos nx, \quad \frac{1}{\sqrt{\pi}} \sin mx, \quad \frac{1}{\sqrt{2\pi}}, \quad n, m \in \mathbb{N}$$

は, 現代風にいえば $L^2([-\pi, \pi])$ の完全正規直交系となる. 実際,

$$\int_{-\pi}^{\pi} \cos nx \sin mx dx = 0$$

$$\int_{-\pi}^{\pi} \cos^2 nx = \int_{-\pi}^{\pi} \sin^2 nx = \pi$$

を満たすから, 正規直交系であることはすぐに分かるが, さらに, 完全正規直交系であることも示せる. $f : [-\pi, \pi] \to \mathbb{R}$ として, 各点で

$$f(x) = \frac{b_0}{2} + \sum_{k=1}^{\infty} (a_k \sin kx + b_k \cos kx)$$

と展開されたとすれば,

$$a_k = \frac{1}{\pi} \int_{-\pi}^{\pi} f(t) \sin kt\, dt, \quad b_k = \frac{1}{\pi} \int_{-\pi}^{\pi} f(t) \cos kt\, dt$$

である. これは両辺に $\cos kt$ または $\sin kt$ かけて形式的に $\sum_{-}^{\infty} \int \ldots dt = \int \sum_{-}^{\infty} \ldots dt$ と交換すれば導ける. しかし, 実際には, 右辺の無限和は

$$\frac{1}{2}(f(x+0) + f(x-0))$$

に収束することをディリクレが示した. $f(x)$ となるためには連続性が必要であった.

3　リーマン積分

　一般の関数 f の可積分性を徹底的に追求したのがゲオルク・フリードリヒ・ベルンハルト・リーマンである. リーマンは 1826 年 9 月 17 日に生まれ, ゲッチンゲンで学び, 1851 年に 73 歳のガウスのもとで博士号を得ている. ガウスの死去が 1855 年であるから, 世代交代ということか. 18 世紀はオイラーとガウスの時代であり, リーマンは, いうまでもなく, 積分

B・リーマン

論, 数論, 幾何学に貢献した 19 世紀の巨人である. リーマンの名のつく数学用語は非常に多い. リーマン積分, コーシー・リーマン方程式, リーマンのゼータ関数, リーマン多様体, リーマン球面, リーマン面, リーマン・ロッホの定理そしてリーマン予想など. しかし, 1866 年 7 月 20 日に 40 歳目前で死去している. 日本では江戸時代

最後の元号, 慶応元年にあたる. リーマンの有名な写真は少なくとも 30 代ということになるが, 既に老数学者の風貌である.

　話を積分に戻そう. リーマンは閉区間で有界な関数が可積分になるための条件をみつけた. ここで大事なことは, 連続とは限らない関数に対する積分を考察したことである. 連続とは限らない関数に対する積分の厳密な定義は, リーマンによって, 1854 年, [42] の中で最初に与えられた. この論文は完成したのが 1854 年だがリーマン死後に 1868 年にリヒャルト・デデキントにより出版された. これは現在大学 1 年生が微分積分で学ぶものである.

　19 世紀当時, 曲線で囲まれた図形の面積を求める方法はニュートンによるものであった. 復習しよう. 連続関数 $f : I = [0, 1] \to \mathbb{R}$ を固定する.

$$\Delta = \{\{x_0, x_1, \ldots, x_n\} \mid 0 = x_0 < x_1 < \ldots < x_n = 1, n \in \mathbb{N}\}$$

を $[0, 1]$ の分割といった. 分割とは端点を固定した点の集まりであることに注意しよう. $\Delta \subset \Delta'$ のとき Δ' を Δ の細分という. 分割の集合全体を $\mathfrak{A}$ と表す. $\Delta = \{x_0, x_1, \ldots, x_n\} \in \mathfrak{A}$ ごとに $[a, b]$ 内の小区間 $I_j = [x_{j-1}, x_j]$ が定義できる. さらに $\xi_j \in I_j$ として $\xi = \{\xi_1, \ldots, \xi_n\}$ とおく.

$$\Sigma(f; \Delta; \xi) = \sum_{j=1}^{n} f(\xi_j)|I_j|$$

は, 直感的には図の面積（負にもなる）を近似している.

　これが, $\max_j |I_j| = |\Delta| \to 0$ のとき, ξ に無関係に収束することが示せる. 証明しよう. $m_j = \min_{x \in I_j} f(x)$, $M_j = \max_{x \in I_j} f(x)$ として

$$s(\Delta) = \sum_{j=1}^{n} m_j|I_j|, \quad S(\Delta) = \sum_{j=1}^{n} M_j|I_j|$$

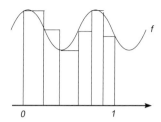

区分求積法 $\lim_{|\Delta| \to 0} \sum_{j=1}^{n} f(\xi_j)|I_j|$ で面積を求める

とおく. すぐに $\Delta \subset \Delta'$ のとき

$$s(\Delta) \leq s(\Delta') \leq S(\Delta') \leq S(\Delta)$$

がわかる. また $\Delta, \Delta' \in \mathfrak{A}$ のとき $\Delta, \Delta' \subset \Delta'' = \Delta \cup \Delta'$ だから

$$s(\Delta) \leq s(\Delta'') \leq S(\Delta'') \leq S(\Delta')$$

もわかる. よって $\{s(\Delta) \in \mathbb{R} \mid \Delta \in \mathfrak{A}\}$ は上から有界かつ, $\{S(\Delta) \in \mathbb{R} \mid \Delta \in \mathfrak{A}\}$ は下から有界になる. 実数の連続性の公理から, 上から有界な部分集合には上限が存在し, 下から有界な部分集合には下限が存在するから, 特に

$$s = \sup\{s(\Delta) \mid \Delta \in \mathfrak{A}\}$$

が存在する. 故に

$$s(\Delta) \leq s \leq S(\Delta), \quad \forall \Delta \in \mathfrak{A}$$

勿論

$$s(\Delta) \leq \Sigma(f; \Delta; \xi) \leq S(\Delta)$$

だから

$$|s - \Sigma(f; \Delta; \xi)| \leq S(\Delta) - s(\Delta)$$

が ∀Δ ∈ 𝔄 で成り立つ. 右辺がゼロに収束することを示そう. それ
は一瞬でできる. f が I 上で連続とは, 任意の $x \in$ I で連続というこ
とであった. つまり, 任意の $\varepsilon > 0$ に対して, ある $\delta = \delta(x) > 0$ が
存在して $|x - y| < \delta(x)$ となる全ての y で $|f(x) - f(y)| < \varepsilon$ とな
ることだった. 大事なことは $\delta(x)$ の選び方が x によっていること
である. 一方, f が I で一様連続とは, $\delta(x)$ が x によらないように
とれることである. つまり, 任意の $\varepsilon > 0$ に対して, ある $\delta > 0$ が
存在して, $|x - y| < \delta$ となる全ての x, y で $|f(x) - f(y)| < \varepsilon$ とな
ることである. 有界閉集合上の連続関数は, 一様連続であることを
思い出そう. f は I 上で一様連続であるから ∀$\varepsilon > 0$ に対して, ある
$\delta > 0$ があって, $|x - y| < \delta$ のとき $|f(x) - f(y)| < \varepsilon$ となるから,
$|\Delta| < \delta$ のとき

$$S(\Delta) - s(\Delta) \leq \varepsilon |I|$$

となる. 結局 $|\Delta| < \delta$ のとき

$$|s - \Sigma(f, \Delta, \xi)| \leq \varepsilon |I|$$

となるから

$$\lim_{|\delta| \to 0} \Sigma(f, \Delta, \xi) = s$$

が示せた. [終]

　これを

$$\lim_{|\delta| \to 0} \Sigma(f, \Delta, \xi) = \int_0^1 f(x) dx$$

と書いてリーマン積分と呼ぶのであった. 実際は, $S = \inf\{S(\Delta) \mid$
$\Delta \in \mathfrak{A}\}$ とすれば, 以下のようになる.

$$S = s = \int_0^1 f(x) dx$$

> ─ リーマン積分可能の定義 ─
>
> $s = S$ となるときリーマン積分可能という.

以上の議論では関数 f が連続であることや, 積分範囲が有界閉集合であることが重要であった. しかし, 不連続な点が高々有限個存在したとしても上の議論はうまくいく. つまり, 関数 f が区分的に連続である場合でもリーマン積分可能である. しかし, リーマンは偉かった. 連続性が陽に仮定されていなくても積分が可能であるための必要十分条件を発見した.

> ─ リーマン積分可能であるための必要十分条件 ─
>
> $f : I \to \mathbb{R}$ は有界な関数とする. f がリーマン積分可能であるための必要十分条件は分割の列 $\{\Delta_n\}_n$ で (1) (2) を満たすものが存在することである.
>
> (1) $\Delta_{n+1} \supset \Delta_n$
>
> (2) $\displaystyle\lim_{n\to\infty} s(\Delta_N) = \lim_{n\to\infty} S(\Delta_N)$

グラフを描くのは難しいが, 至るところで不連続な関数でリーマン積分が不可能な関数の例として頻繁に語られるのがディリクレ関数である. それは

$$\mathrm{D}(x) = \lim_{n\to\infty} \lim_{k\to\infty} (\cos n!\pi x)^{2k}$$

で定義する. $|\cos x| < 1,\ x \neq n\pi$, であるから, 右辺は多くの場合 0 に収束して, $x \in \mathbb{Q}$ のときのみ 1 に収束することがわかるから, 実際には

$$\mathrm{D}(x) = \begin{cases} 1, & x \in \mathbb{Q} \\ 0, & x \notin \mathbb{Q} \end{cases}$$

である. リーマン積分 $\int_0^1 D(x)dx$ を定義に従って計算すると

$$0 = s < S = 1$$

だからリーマン積分は不可能である. これは困った. 連続関数ばかりみている我々はこのことをいつも気をつけなければならない. 実は, 至るところ連続でない関数のほうが区分的に連続な関数よりもはるかに多い. というわけで, 面積・長さという概念を考え直す必要がでてきた.

4　20世紀以降

H・ルベーグ

アンリ・ルベーグは 1875 年生まれで, Lycée Louis-le-Grand（ルイ・ル・グラン高校）を卒業し, 多くの偉大な数学者が卒業生に名を連ねる École normale supérieure で学んだ. 同世代にベールの範疇定理のルネ・ルイ・ベール, 重鎮にはヨルダン測度のカミル・ヨルダンもいた. 4 歳年長にはエミール・ボレルがいた. ボレルは Lycée Louis-le-Grand を卒業し, École normale supérieure と École Polytechnique を受験し, ともに 1 番だったが, 結局 École normale supérieure で学んだ. ボレルの指導教員はガストン・ダルブーである. ボレルは政治家でもあり, そのときの大統領は数学者のポール・パンレヴだった. そういえば, 2010 年のフィールズ賞受賞者のセドリック・ヴィランニも 2017 年フランス議会総選挙で当選し国民議会の議員になっている. フランスは伝統的に偉大な数学者が政治に関わる機会が多いのだろうか. 1902 年, ボレルを指導教

員として，ルベーグはナンシー大学に提出した学位論文『Intégrale, longueur, aire』（積分，長さ，面積）で測度論を構築した．それに先立って 1899 年 7 月 19 日，11 月 27 日，1900 年 12 月 3 日，1901 年 4 月 29 日に Comptes Rendus に論文を発表している．その集大成が学位論文になった．測度論の完成によって量子力学の数学的基礎付けの基本となるヒルベルト空間 $L^2(\mathbb{R}^d)$ を定義することができる．量子力学で必須となる $L^2(\mathbb{R}^d)$ を構成するためには測度論を避けて通ることはできない．

　有界閉区間 $[a,b]$ 上の非負値連続関数 f のリーマン積分は，関数 $y=f(x)$ のグラフと $x=a$, $x=b$, そして x 軸で囲まれる図形の面積とみなすことができた．しかし，ルベーグ積分はより多くの関数を積分できるように拡張したものである．ルベーグ積分においては，被積分関数は連続である必要はなく至るところ不連続でもいい．関数値として無限大をとることがあってもいいのである．しかし，ルベーグの構築した測度論の現代数学における最大の貢献は，その抽象性にあると思われる．それを説明しよう．

　ルベーグ積分は測度論的には，ルベーグ測度という $\mathbb{R}$ 上の測度に関する積分に過ぎない．測度論では，$\mathbb{R}$ 上だけではなく，位相群上にも，パスの空間上にも，そして超関数空間の上にも測度が定義でき，積分が定義できる．

　抽象的な集合 X, 適当な演算で閉じている X の部分集合族 $\mathcal{B}$, そして，測度と呼ばれる，集合の大きさを測る集合関数 $\mu : \mathcal{B} \to [0,\infty)$ の三つ組

$$(X, \mathcal{B}, \mu)$$

を測度空間といい，これから X 上の積分

$$\int_X f(x)d\mu(x)$$

が定義できる. 厳密な定義は第 10 章に譲り, ここでは測度による積分の例をみてみよう.

（例 1）$\mathbb{R}^d$ 上にはルベーグ測度 λ が定義できる.

$$(\mathbb{R}^d, \mathcal{L}, \lambda)$$

これは $\mathbb{R}^d$ 上のリーマン積分の拡張になっていて, f がリーマン可積分であれば

$$\int_{\mathbb{R}^d} f(x)dx = \int_{\mathbb{R}^d} f(x)d\lambda(x)$$

である.

（例 2）特殊ユニタリー群 $SU(2)$ は位相空間としては $SU(2) = S^3$ (3 次元球面) とみなせる. 勿論 $SU(2) \ni A, B$ に対して行列の演算があるから $AB \in SU(2)$ である. これを $SU(2) = S^3$ の立場で眺めると, $S^3 \ni A, B$ と書いた場合, A, B は S^3 の上の点である. $AB \in S^3$ だから, S^3 上の点に演算が定義できたことになる. これがリー群論的な考え方である. S^3 に $SU(2)$ の作用で不変な測度 μ が存在する.

$$(SU(2), \mathcal{B}, \mu)$$

つまり,

$$\int_{SU(2)} f(g)d\mu(g) = \int_{SU(2)} f(hg)d\mu(g), \quad \forall h \in SU(2)$$

が成り立つ. μ はハール測度といわれる. ここで, ハールはフォン・ノイマンのブタペスト時代の家庭教師のハール先生である. $SU(2)$ は 3 次元特殊直交群 $SO(3)$ の 2 重被覆である.

$$SU(2)/\{-1, 1\} \cong SO(3)$$

それは随伴と呼ばれる準同型写像 Ad : $SU(2) \rightarrow SO(3)$ から
準同型定理 $SU(2)/\mathrm{KerAd} \cong SO(3)$ で導かれる. そうすると
$f : SO(3) \rightarrow \mathbb{C}$ に対して

$$\int_{SU(2)} (f \circ \mathrm{Ad})(g) d\mu(g) = \int_{SU(2)} (f \circ \mathrm{Ad})(hg) d\mu(g), \quad h \in SU(2)$$

が成り立つ. $SO(3)$ 上の関数の積分が構成できる. $SU(2)$ や $SO(3)$
は古典群なので測度論を持ち出すまでもないが, しかし, 測度論で
は, σ コンパクトなハウスドルフ群 G の上にも G 不変な測度が構
成出来ることがハールにより証明されている. これらの事実は, 位
相群の表現論に大きく貢献した.

(例 3) $C([0, \infty))$ は $[0, \infty)$ 上の連続関数の空間である. $C([0, \infty))$
上にはウィナー測度 $\mathcal{W}^x$ が存在する.

$$(C([0, \infty)), \mathcal{B}, \mathcal{W}^x)$$

例えば, $\mathcal{W}^x$ を使えば

$$(2\pi t)^{-1/2} \int_{\mathbb{R}} g(y) e^{-|x-y|^2/2t} dy = \int_{C([0, \infty))} g(B_t(\omega)) d\mathcal{W}^x(\omega)$$

と表すことができる. ここで, $B_t(\omega)$ はブラウン運動といわれるも
ので,

$$B_t(\omega) = \omega(t), \quad \omega(\cdot) \in C([0, \infty))$$

と定義される. また, $\mathcal{W}^x(\{\omega \in C([0, \infty)) \mid \omega(0) = x\}) = 1$ で
あり, 時刻ゼロで $x \in \mathbb{R}$ から出発するパスの上にのみ測度がある.
ウィナー測度 $\mathcal{W}^x$ は確率解析で主役を演じる概念である. ウィナー
測度の創始者ノーバート・ウィーナーは非常な早熟で 14 歳で数学
の学位を取得し, 1909 年にハーバード大学大学院に入学している.
ハーバード大学では動物学を専攻したが, 1910 年にコーネル大学大

学院に移籍し哲学を専攻した. 1911 年再びハーバード大学に戻り
哲学を続け, 1912 年, 18 歳で数理論理学に関する論文によりハー
バード大学より博士号を授与された. ウィーナーはフォン・ノイマ
ンより 10 歳年長だが, 2 人の天才として [92] で比べられている.

(例 4) 実シュワルツ超関数空間 $\mathscr{S}'_{\mathbb{R}}(\mathbb{R}^d)$ 上にはガウス型測度 μ が
構成できる.

$$(\mathscr{S}'_{\mathbb{R}}(\mathbb{R}^d), \mathcal{B}, \mu)$$

実際

$$\int_{\mathscr{S}'_{\mathbb{R}}(\mathbb{R}^d)} e^{\langle z, \varphi \rangle} d\mu(\varphi) = e^{z^2 \|f\|^2}, \quad z \in \mathbb{C}, f \in \mathscr{S}(\mathbb{R}^d)$$

を満たす測度が存在する. ここで $\langle z, \varphi \rangle$ は超関数とテスト関数の組
である. これは場の量子論における基本的な測度空間である.

　(例 1)-(例 4) は全て測度論によって, 測度空間と積分が定義され
ている. なので, 超関数空間やパス空間上の積分だからといって, 何
か特別な操作が必要なわけではない. 測度論は抽象的な理論なので,
非常に応用範囲が広いのである.

第10章

測度論とルベーグ積分

1 シグマ代数

　長さについて考えよう. $\mathbb{R}$ を数直線と同一視する. 部分集合 $A \subset \mathbb{R}$ の長さを測る物差しを m とする. m はどのような性質をもつだろうか考えてみよう. 区間 $[a, b]$ の長さは

$$m([a, b]) = b - a$$

1 点の長さは

$$m(\{a\}) = 0$$

となるだろう. また, 交わりのない集合 $A \cap B = \emptyset$, に対しては

$$m(A \cup B) = m(A) + m(B)$$

となるはずだ. から有限個の点の集合 $A = \{a_1, ..., a_n\}$ の長さが $m(A) = 0$ となることもわかる. さて, 有理数 $\mathbb{Q}$ の長さ $m(\mathbb{Q})$ はどうだろうか? 有理数 $\mathbb{Q}$ は可算集合で $\mathbb{Q} = \{a_1, a_2, ...\}$ のように番号付けできるので,

$$m(\mathbb{Q}) = \sum_{j=1}^{\infty} m(\{a\}) = 0$$

とすればいいだろうか? しかし, $[0,1]$ 区間内の無理数

$$\mathcal{I} = [0,1] \setminus \mathbb{Q}$$

の長さ $m(\mathcal{I})$ はどうだろうか. $\mathcal{I}$ はもはや番号付けできないから困ってしまう.

　測度論では可測集合という概念を導入する. これは大きさを測ることが可能な集合のことである. そして, 大きさを測るためには物差しが必要であり, それを測度という. つまり, 測度論には可測集合の族 $\mathcal{B}$ と測度 μ が定義される.

　$\mathcal{B} \ni A$ に対してはいつでも μ でその大きさ $\mu(A)$ が計測可能なのだ. 前の例では, $[a,b]$ や $\{a_1, ..., a_n\}$ は可測集合に入りそうだ. $\mathbb{Q}$ や $\mathcal{I}$ は可測集合なのだろうか?

　もったいぶった書き方をしてしまったので, もう少し厳密に説明しよう. 集合の形によって可測集合か可測集合でないかを判断するのはやめて, 発想を転換する. 次を満たす X の部分集合族 $\mathcal{B}$ をシグマ代数とよび, $A \in \mathcal{B}$ を可測集合と呼ぶ.

―― シグマ代数の定義 ――――――――――――――――――――

(1) $X \in \mathcal{B}$

(2) $A \in \mathcal{B} \Longrightarrow A^c \in \mathcal{B}$

(3) $A_n \in \mathcal{B}, n \in \mathbb{N} \Longrightarrow \bigcup_{n=1}^{\infty} A_n \in \mathcal{B}$

　これらの性質から即座に $\emptyset \in \mathcal{B}$, $A_n \in \mathcal{B}$ ならば $\bigcap_{n=1}^{\infty} A_n \in \mathcal{B}$ がわかる. $\mathcal{B}$ は代数的な関係式を満たす集合族として定義されたが, 集合の形については何もいっていない.

　さて, シグマ代数の存在が気になるが例えば 2^X (X の全ての部分集合の族) はシグマ代数である. また シグマ代数の族 $\mathcal{B}_\alpha$ があったとすれば $\bigcap_{\alpha \in \Lambda} \mathcal{B}_\alpha$ もまたシグマ代数である. 特に A を X の部分

集合族とするとき A を含む最小のシグマ代数がいつでも存在する。それを $\sigma(A)$ と表す。実際それは次のようなものである

$$\sigma(A) = \bigcap \{\mathcal{B} \mid \mathcal{B} \text{ は } A \text{ を含むシグマ代数}\}$$

つまり，A を含む全てのシグマ代数の共通部分が A を含む最小のシグマ代数になる。

特に重要なシグマ代数として位相空間に定義されるシグマ代数がある。位相空間の詳しいことは第 2 巻で説明する。ここでは位相空間の定義を与えるだけにとどめよう。

位相 $\mathcal{V}$ の定義

位相空間とは集合 V とその部分集合族 $\mathcal{V}$ の対 $(V, \mathcal{V})$ で，次を満たすものである。

(1) $\emptyset, V \in \mathcal{V}$
(2) $A, B \in \mathcal{V}$ ならば $A \cap B \in \mathcal{V}$
(3) $A_\alpha \in \mathcal{V}, \alpha \in \Lambda$, ならば $\cup_{\alpha \in \Lambda} A_\alpha \in \mathcal{V}$

位相空間 $(V, \mathcal{V})$ が与えられたとき，$O \in \mathcal{V}$ を開集合と呼ぶ。

シグマ代数は本来位相とは無関係な概念だが，位相を取り込むことによって世界がかなり広がる。$(V, \mathcal{V})$ を位相空間とする。$\sigma(\mathcal{V})$ を V のボレルシグマ代数という。すなわち，開集合を全て含む最小のシグマ代数がボレルシグマ代数である。$\sigma(\mathcal{V})$ を $\mathcal{B}(V)$ と表す。

2 測度

$\mathcal{B}$ の元 A の大きさを測る物差し μ は関数 $\mu : \mathcal{B} \to [0, \infty)$ として定義される。その特別な物差しは測度と呼ばれる。

┌─ 測度の定義 ─────────────────────────

関数 $\mu : \mathcal{B} \to [0, \infty)$ で次を満たすとき $\mathcal{B}$ 上の測度という.

  (1)　$\mu(\emptyset) = 0$

  (2)　$\{A_k\}_k \subset \mathcal{B}$ で $A_n \cap A_m = \emptyset$ $(n \neq m)$

$$\Longrightarrow \mu\left(\bigcup_{n=1}^{\infty} A_n\right) = \sum_{n=1}^{\infty} \mu(A_n)$$

└────────────────────────────────────

　(1) で空集合の大きさがゼロでなければ矛盾が起きることは直感的にわかるだろう. $A \cap B = \emptyset$ であれば $\mu(A \cup B) = \mu(A) + \mu(B)$ なのだから, $\mu(A)$ が A の大きさだと思えば (2) は自然な仮定であろう. ここではそれが極限操作においても保たれることを仮定している. ただし, 可算個の和集合までで, 非可算個の和集合については何もいっていない. また $\mu(\{a\}) = 0$ は仮定していない.

┌─ 可測空間と測度空間の定義 ──────────────

$(X, \mathcal{B}) = $（集合, シグマ代数）を可測空間と呼ぶ.

$(X, \mathcal{B}, \mu) = $（集合, シグマ代数, 測度）を測度空間と呼ぶ.

└────────────────────────────────────

　特別な $(X, \mathcal{B}, \mu)$ を考えよう. $X = \mathbb{R}^d$, $\mathcal{B} = \mathcal{B}(\mathbb{R}^d)$ とする. 注意をひとつ与える. 位相空間 $\mathbb{R}^d$ と書いたら, 本来は位相 $\mathcal{V}$ を定義しなければならないが, 何もいわなければ次で与えると約束する.

$$O \in \mathcal{V} \iff \forall x \in O \text{ が内点}$$

x が内点というのは, $r > 0$ を十分小さくとれば, 中心 x で半径 r の開球が O に含まれるということ. つまり $B_r(x) \subset O$ である.

$I = (a_1, b_1] \times \cdots \times (a_n, b_n] \in \mathcal{B}(\mathbb{R}^d)$ に対して

$$m(I) = \prod_{j=1}^{n} (b_j - a_j)$$

と定める. ここで $-\infty \le a_j \le b_j \le \infty$ で $b_j = \infty$ のとき $(a_j, b_j] = (a_j, \infty)$ と定め, ある j で $a_j = b_j$ のときは $I = \emptyset$ とする. このような I を $\mathbb{R}^d$ の区間と呼ぶことにする. $m(\emptyset) = 0$ とし, 互いに交じわらない区間 $I_1, \ldots, I_n$ に対して

$$m\Big(\bigcup_{j=1}^{n} I_j\Big) = \sum_{j=1}^{n} m(I_j)$$

と定める. このとき m が $\mathcal{B}(\mathbb{R}^d)$ 上の測度に一意的に拡張できることが知られている (ホップの拡張定理). その拡張を μ と表せば測度空間 $(\mathbb{R}^d, \mathcal{B}(\mathbb{R}^d), \mu)$ が構成できた. μ を $\mathbb{R}^d$ 上のボレル測度という.

3　完備化

　測度空間 $(X, \mathcal{B}, \mu)$ で, 一般に N が可測集合でもその部分集合 $A \subset N$ が可測集合とは限らない. そこで N が可測集合で $\mu(N) = 0$ ならばその部分集合 $A \subset N$ も可測集合となるとき $(X, \mathcal{B}, \mu)$ を完備測度空間という. 実は測度空間は完備測度空間に拡張できることが知られている. つまり, 測度空間 $(X, \mathcal{B}, \mu)$ に対してある完備測度空間 $(X, \overline{\mathcal{B}}, \overline{\mu})$ で

$$\mathcal{B} \subset \overline{\mathcal{B}}, \quad \overline{\mu}\!\restriction_{\mathcal{B}} = \mu$$

となるものが存在する. 実際には, 次のようにする. 測度がゼロの可測集合の部分集合全体を $\mathcal{N}$ で表す. つまり, $\mathcal{N} \ni N$ ならば, あ

る $A \in \mathcal{B}$ で $\mu(B) = 0$ かつ $N \subset A$ となる.

$$\overline{\mathcal{B}} = \{A \cup N \mid A \in \mathcal{B}, N \in \mathcal{N}\}$$

で $\overline{\mu}(A \cup N) = \mu(A)$ とすれば, 上手くいく.

ルベーグ測度の定義

測度空間 $(\mathbb{R}^d, \mathcal{B}(\mathbb{R}^d), \mu)$ の完備化 $(\mathbb{R}^d, \overline{\mathcal{B}(\mathbb{R}^d)}, \overline{\mu})$ を d 次元のルベーグ測度空間といい次のように表す.

$$(\mathbb{R}^d, \overline{\mathcal{B}(\mathbb{R}^d)}, \overline{\mu}) = (\mathbb{R}^d, \mathcal{L}, \lambda)$$

λ を d 次元ルベーグ測度という.

4　ルベーグ可測集合

$d = 1$ としてルベーグ可測集合の例を与えよう. $\mathcal{L}$ は $\mathcal{B}(\mathbb{R})$ の完備化であったから, $A \in \mathcal{B}(\mathbb{R})$ の元は全てルベーグ可測である. 特に

$$(a,b), (a,b], [a,b), [a,b] \in \mathcal{L}$$

で $\lambda((a,b)) = \lambda((a,b]) = \lambda([a,b)) = \lambda([a,b]) = b - a$ になる. $\{a\} = \cap_{n=1}^{\infty} (a - \frac{1}{n}, a + \frac{1}{n})$ だから一点集合 $\{a\}$ はルベーグ可測な集合の可算無限積であるからルベーグ可測である. これからすぐに

$$A = \{a_1, a_2, \cdots\} \in \mathcal{L}$$

なぜなら $A = \cup_{j=1}^{\infty} \{a_j\}$ と表されるからである. 特に $\mathbb{Q} \in \mathcal{L}$ であり, $\lambda(\mathbb{Q}) = 0$. さらに無理数全体 $\mathbb{R} \setminus \mathbb{Q}$ も $\mathbb{R} \setminus \mathbb{Q} \in \mathcal{L}$ である. 特に $\lambda([0,1] \setminus \mathbb{Q}) = 1$ である.

　非可算無限個の元からなるルベーグ測度がゼロの集合も存在する．$[0,1]$ 内の点を 3 進展開して 1 が現れない数だけを集める．つまり，$x = 0.\alpha_1\alpha_2\alpha_3\alpha_4\alpha_5\cdots$ としたときに $\alpha_j \neq 1$ である．ただし $x = 0.\alpha_1\alpha_2\alpha_3\alpha_4\alpha_5\cdots 1$ となる場合は $x = 0.\alpha_1\alpha_2\alpha_3\alpha_4\alpha_5\cdots 2222222\cdots$ と思うことにする．これがカントール集合 C である．$f : C \to [0,1]$ を次で定める．

$$f(0.\alpha_1\alpha_2\alpha_3\alpha_4\alpha_5\cdots) = 0.\beta_1\beta_2\beta_3\beta_4\beta_5\cdots$$

ただし，$\alpha_n = 0$ なら $\beta_n = 0$ で，$\alpha_n = 2$ なら $\beta_n = 1$ である．右辺が 2 進展開した数だと思えば，f は $f : C \to [0,1]$ の全単射になる．特に $\#C$ は非可算である．実は，C は可測で $\lambda(C) = 0$ であることが知られている．

5　可測関数

　可測関数について説明しよう．2 つの可測空間 $(X, \mathcal{B}_X)$ と $(Y, \mathcal{B}_Y)$ の間の写像 $f : X \to Y$ を考える．

> **可測関数の定義**
>
> $f^{-1}(A) \in \mathcal{B}_X, \forall A \in \mathcal{B}_Y$, のとき f は $\mathcal{B}_X/\mathcal{B}_Y$-可測という．

　特に，$f : X \to \mathbb{R}$ のとき，$\mathbb{R}$ をボレルシグマ代数を備えた可測空間とみなして $\mathcal{B}_X/\mathcal{B}(\mathbb{R})$-可測関数を単に可測関数または $\mathcal{B}_X$-可測関数という．

　なぜこのように可測関数を定義するのであろうか．ここから話が細かくなる．測度論では，とにかく集合が可測でなければ前に進めない．f は可測関数とする．一般に $\{x \in X \mid f(x) > a\} \in \mathcal{B}$ は自明ではない．簡単のため，この集合を $\langle f > a \rangle$ と略記する．以下同様

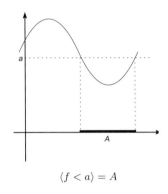

$$\langle f < a \rangle = A$$

にこの記号を使う．2 つの可測関数 f, g に対しても $\langle f > g \rangle \in \mathcal{B}$ や $\langle f = g \rangle \in \mathcal{B}$ や $\langle f \neq g \rangle \in \mathcal{B}$ は自明ではない．可測性を示すまでは，$\langle f \neq g \rangle$ のような点の集合の大きさを測ることができないのである．

さらに，f_n が可測関数でも，その極限 $\displaystyle\lim_{n \to \infty} f_n$ の可測性は自明ではない．もっというと，f が可測関数で，$\langle f \neq g \rangle \in \mathcal{B}$ のとき，果たして g は可測関数であろうか？　関数の可測性が示されてはじめて積分が定義される．これらは，可測関数の解析を行うときには常に気をつけなければならない．ルベーグの学位論文にはこれらの可測性が丁寧に説明されている．みてみよう．

可測性

$$f \text{ が可測} \iff f^{-1}(A) \in \mathcal{B} \quad \forall \text{開集合 } A$$

証明 ($\Longrightarrow$) は自明．($\Longleftarrow$) を示す．$\mathcal{F} = \{A \subset \mathbb{R} \mid f^{-1}(A) \in \mathcal{B}\}$ はシグマ代数になり，特に $\mathcal{B}$ は全ての開集合を含んでいる．$\mathcal{B}(\mathbb{R})$ は全ての開集合を含む最小のシグマ代数だから $\mathcal{F} \supset \mathcal{B}(\mathbb{R})$．故に $A \in \mathcal{B}(\mathbb{R})$ に対して $f^{-1}(A) \in \mathcal{B}$ になる．[終]

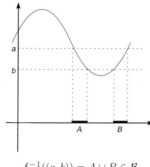

$$f^{-1}((a,b)) = A \cup B \in \mathcal{B}$$

同様に以下のことが成立する.

$$f \text{ が可測} \iff \langle f > a \rangle \in \mathcal{B} \,\forall a \iff \langle f \geq a \rangle \in \mathcal{B} \,\forall a$$
$$\iff \langle f < a \rangle \in \mathcal{B} \,\forall a \iff \langle f \leq a \rangle \in \mathcal{B} \,\forall a$$

2 つの可測関数 f, g を考える. このとき $\langle f \geq g \rangle \in \mathcal{B}$ になる. なぜなら

$$\langle f < g \rangle = \bigcup_{r \in \mathbb{Q}} \langle f < r < g \rangle$$

だから

$$\langle f < g \rangle = \bigcup_{r \in \mathbb{Q}} \langle f < r \rangle \cap \langle r < g \rangle \in \mathcal{B}$$

となるので, その補集合を考えれば $\langle f \geq g \rangle \in \mathcal{B}$ になる. 同様に $\langle f \leq g \rangle \in \mathcal{B}$ であるから

$$\langle f = g \rangle = \langle f \leq g \rangle \cap \langle f \geq g \rangle \in \mathcal{B}$$

がいえた. つまり, 可測な 2 つの関数が等しくなる点全体は可測集合なのである. また, 補集合を考えれば $\langle f \neq g \rangle \in \mathcal{B}$ となる. も

う一つ. f が可測で, $\langle f \neq g \rangle \in \mathcal{B}$ かつ $\mu(\langle f \neq g \rangle) = 0$ としよう. つまり, f と g は殆どの点で等しいということ. このとき g は可測になるか考えよう. $\langle g < a \rangle \in \mathcal{B}$ を示せば g は可測といえる. $\langle f = g \rangle = M$ とする. このとき $M \in \mathcal{B}$.

$$\langle g < a \rangle = (\langle f < a \rangle \cap M) \cup (\langle g < a \rangle \cap M^c)$$

となる. $\langle f < a \rangle \cap M \in \mathcal{B}$ はすぐわかる. 一方で $\langle g < a \rangle \cap M^c \in \mathcal{B}$ とはいえない. なぜなら, $M^c \in \mathcal{B}$ だが, $\langle g < a \rangle \in \mathcal{B}$ とはいえないからである. そこで μ が完備と仮定する. このときは $\langle g < a \rangle \cap M^c \subset M^c$ で $\mu(M^c) = 0$ だから, 完備性により $\langle g < a \rangle \cap M^c \in \mathcal{B}$ もいえて, $\langle g < a \rangle \in \mathcal{B}$ がわかる. つまり, μ が完備なとき g は可測になる.

　可測関数の極限の可測性を考えよう. f_n は可測としよう. $f(x) = \sup_n f_n(x)$ とすると $\langle f \leq a \rangle = \cap_n \langle f_n \leq a \rangle$ だから $\langle f \leq a \rangle \in \mathcal{B}$ がわかる. 同様に $g(x) = \inf_n f_n(x)$ も可測であるから

$$\inf_m \sup_{n \geq m} f_n(x) = \limsup_n f_n(x)$$

は可測である. 同様に

$$\sup_m \inf_{n \geq m} f_n(x) = \liminf_n f_n(x)$$

も可測である. $\liminf_n f_n(x) = \limsup_n f_n(x)$ となるとき $\lim_{n \to \infty} f_n(x)$ と表すのだったから $\lim_{n \to \infty} f_n$ も可測関数である.

　測度空間 $(X, \mathcal{B}, \mu)$ 上の 2 つの可測関数 f, g が異なる点の集合 $\langle f \neq g \rangle$ の測度が $\mu(\langle f \neq g \rangle) = 0$ となるとき

$$f = g \quad \mu - a.e.$$

と書いて f と g は '殆ど至る所' 等しいといい表す慣習である.

a.e.=almost everywhere の意味

フランス語では p.p.=presque partout と書く. $\mu - a.e.$ は μ が前後の文脈から自明なときは $a.e.$ と表す. また, $f_n(x)$ の極限を考えるとき $\langle \lim_{n\to\infty} f_n \neq f \rangle$ の測度が $\mu(\langle \lim_{n\to\infty} f_n \neq f \rangle) = 0$ なとき, f_n は f に'殆ど至る所'に収束するといい

$$\lim_{n\to\infty} f_n(x) = f(x) \quad \mu - a.e.$$

と表す.

6 ルベーグ積分

$(X, \mathcal{B}, \mu)$ 上の可測関数 $f : X \to \mathbb{R}$ の積分を定義しよう. まず $M \in \mathcal{B}$ に対して $\mu(M)$ を

$$\mu(M) = \int_X \mathbb{1}_M(x) d\mu(x)$$

と表す. さらに $\mathcal{B} \ni M_n$, $n = 1, ..., N$, が互いに交じり合わない可測集合とするとき

$$f(x) = \sum_{n=1}^{N} a_n \mathbb{1}_{M_n}(x), \quad a_n \geq 0$$

の積分を

$$\int_X f(x) d\mu(x) = \sum_{n=1}^{N} a_n \mu(M_n)$$

で定義する. $\sum_{n=1}^{N} a_n \mathbb{1}_{M_n}(x)$ は階段関数と呼ばれ, 可測関数である.

非負可測関数は単調増加な階段関数で近似できる. それをみてみよう. $n \in \mathbb{N}$ として

$$A_k^{(n)} = \langle \frac{k}{2^n} \leq f < \frac{k+1}{2^n} \rangle, \quad k = 0, 1, 2, \ldots, n2^n - 1$$

$$A^{(n)} = \langle f \geq n \rangle$$

まず $A_k^{(n)} = f^{-1}([\frac{k}{2^n}, \frac{k+1}{2^n}))$ と書き表せて，$[\frac{k}{2^n}, \frac{k+1}{2^n}) \in \mathcal{B}(\mathbb{R})$ で，f は可測なので $A_k^{(n)} \in \mathcal{B}$ である．また $A^{(n)} = f^{-1}([n, \infty))$ と表せるので $A^{(n)} \in \mathcal{B}$ である．これらの可測集合は互いに交じり合わないことはすぐにわかる．そこで次の階段関数を定義する．

$$\varphi_n(x) = \sum_{k=0}^{n2^n-1} \frac{k}{2^n} \mathbb{1}_{A_k^{(n)}}(x) + n \mathbb{1}_{A^{(n)}}(x)$$

この関数は勿論可測でその積分 $\int_X \varphi_n(x) d\mu(x)$ も計算できる．実際

$$\int_X \varphi_n(x) d\mu(x) = \sum_{k=0}^{n2^n-1} \frac{k}{2^n} \mu(A_k^{(n)})) + n\mu(A^{(n)})$$

となる．よくみれば，単調増加性から $\varphi_n(x) \uparrow f(x) \ (n \uparrow \infty)$ が全ての $x \in X$ で成り立ち，$\int_X \varphi_n(x) d\mu(x)$ も単調増加なので極限が存在することが示せる．ただし $\lim_{n \to \infty} \int_X \varphi_n(x) d\mu(x) = \infty$ になることも許す．その極限を $\int_X f(x) d\mu(x)$ と定める．つまり，

$$\lim_{n \to \infty} \int_X \varphi_n(x) d\mu(x) = \int_X f(x) d\mu(x)$$

この定義で大事なことは正の可測関数には各点で単調増加な近似関数列が存在するということである．実は，このような近似関数列は沢山あるが近似列の選び方によらずに $\int_X f(x) d\mu(x)$ は決まる．

　さて一般の $\mathbb{R}$-値関数の積分について考えてみよう．f は可測関数としよう．このとき $f = f_+ - f_-$ と分ける．ここで

$$f_+(x) = \max\{f(x), 0\}, \quad f_-(x) = -\min\{f(x), 0\}$$

も可測関数になる.

$$\int_X f_+(x)d\mu(x) < \infty \text{ 又は } \int_X f_-(x)d\mu(x) < \infty$$

のとき f は可積分といい

$$\int_X f(x)d\mu(x) = \int_X f_+(x)d\mu(x) - \int_X f_-(x)d\mu(x)$$

と定める. $\infty - \infty$ の不定形を避けているところがポイントであり,積分の値が $\int_X f(x)d\mu(x) = \pm\infty$ も許す. $f : X \to \mathbb{C}$ の $\mathbb{C}$-値関数に対しては次のように定義する. $f = \mathrm{Re}f + i\,\mathrm{Im}f$ と実部と虚部に分ける. $\mathrm{Re}f$ と $\mathrm{Im}f$ が可測なとき $\mathcal{B}$-可測関数といい

$$\int_X f(x)d\mu(x) = \int_X \mathrm{Re}f(x)d\mu(x) + i\int_X \mathrm{Im}f(x)d\mu(x)$$

と定める.

> **ルベーグ積分の定義**
>
> $f : \mathbb{R}^d \to \mathbb{C}$ で $\mathcal{L}$-可測な関数をルベーグ可測関数といい $\int_{\mathbb{R}^d} f(x)d\lambda(x)$ をルベーグ積分という.

慣習的に $\int_{\mathbb{R}^d} f(x)d\lambda(x)$ を

$$\int_{\mathbb{R}^d} f(x)dx$$

と書き表す. リーマン積分できなかったディリクレ関数 D について再考しよう.

$$\langle \mathrm{D} > a \rangle = \begin{cases} \mathbb{Q} & a > 0 \\ \mathbb{R} & a \le 0 \end{cases}$$

で $\mathbb{Q} \in \mathcal{L}$, $\mathbb{R} \in \mathcal{L}$ なので D はルベーグ可測関数である. さらに $\int_{\mathbb{R}} \mathrm{D}(x)d\lambda(x) = \int_{\mathbb{R}} \mathbb{1}_{\mathbb{Q}}(x)d\lambda(x) = \lambda(\mathbb{Q}) = 0$.

7 絶対連続

ニュートンは積分と微分の美しい関係式を導くことに成功した. それは微積分学の基本定理といわれている. f が連続関数のとき $F(x) = \int_0^x f(t)dt$ は微分ができて $F'(x) = f(x)$ になる. これが微分積分学の基本定理である. この公式をルベーグ積分へ拡張することができる. まず絶対連続関数を定義しよう. f は $[a,b]$ で定義された実数値関数とする.

> **絶対連続の定義**
>
> 任意の $\varepsilon > 0$ に対し, $\delta > 0$ が存在し, $\sum_{i=1}^{n}(b_i - a_i) < \delta$ となる互いに混じり合わない任意有限個の開区間の族 $\{(a_j, b_j)\}$ に対して $\sum_{i=1}^{n}|f(b_i) - f(a_i)| < \varepsilon$ となるとき f を絶対連続関数という.

明らかに絶対連続であれば連続である. 絶対連続関数の最大の特徴は, 殆ど至る所で微分できるということである. つまり,

$$N = \{x \in (a,b) \mid f'(x) \text{ が存在しない}\}$$

のルベーグ測度がゼロになる.

絶対連続関数の例を与えよう. h を可積分関数として

$$f(x) = \int_0^x h(x)dx$$

とする. これは絶対連続関数になる. 実はその逆が成り立つ. f が絶対連続であれば可積分な関数 h が存在して

$$f(x) = f(0) + \int_0^x h(t)dt$$

と表せる. 故に, 絶対連続関数は殆ど至る所で微分可能で

$$f'(x) = h(x) \quad a.e.$$

を満たす. $f'(x)$ は殆ど至る所でしか定義されていないが

$$f(x) = f(0) + \int_0^x f'(t)dt$$

と表す慣習である. 細かくなるが,

$$\tilde{f}(x) = \begin{cases} f'(x) & f'(x) \text{ が存在} \\ \text{任意} & f'(x) \text{ が非存在} \end{cases}$$

と定義すると $\tilde{f}$ は $\mathbb{R}$ 上のルベーグ可測関数になる. これはルベーグ測度の完備性による. さらに, 次を満たす.

$$f(x) = f(0) + \int_0^x \tilde{f}(t)dt$$

測度論では直感的には明らかでない病的なことが自然に起こる. 不思議なことに, 殆ど至る所で微分できるが絶対連続でない関数が存在する. そのよく知られた例がカントール関数 $c : [0,1] \to [0,1]$ である. c は次のように定義される.

┌─ カントール関数 $c : [0,1] \to [0,1]$ の定義 ─

(1) $x \in [0,1]$ を 3 進小数展開する.

(2) (1) で得られた小数の中に 1 が含まれていれば, そのうち最初に現れるもののみを残してそれより後の全ての桁を 0 に置き換える.

(3) (2) で得られた小数の中に 2 が残っていれば, それらを全て 1 に置き換える.

(4) (3) で得られた小数を 2 進小数だと思う.

(5) この結果が $c(x)$ の値である.

8　一般の積分

　前節ではルベーグ積分を定義したが, 一般の測度空間 $(X, \mathcal{B}, \mu)$ 上の積分も, 全く同様に定義できる. $(\mathbb{R}, \mathcal{L}, \lambda)$ を $(X, \mathcal{B}, \mu)$ に置き換えるだけでいい. 概略は述べるまでもないが, $(X, \mathcal{B}, \mu)$ 上の可測関数 f に対して

$$\int_X f(x)d\mu(x)$$

を定義するには, $A \in \mathcal{B}$ に対して $\int_X \mathbb{1}_A(x)d\mu(x) = \mu(A)$ と定め, 階段関数 $f(x) = \sum_{j=1}^n a_j \mathbb{1}_{A_j}(x)$ に対して次のように定義する.

$$\int_X f(x)d\mu(x) = \sum_{j=1}^n a_j \mu(A_j)$$

f が非負のときは, 階段関数列 f_n で $f_n(x) \uparrow f(x)$ $(n \to \infty)$ と各点ごとに近似できるのでルベーグ積分と同様にして

$$\int_X f(x)d\mu(x) = \lim_{n \to \infty} \int_X f_n(x)d\mu(x)$$

とする. 一般の複素数値関数についてもルベーグ積分と同様に定義できる. 証明せずに測度論で有用な公式を紹介する. 関数は $(X, \mathcal{B}, \mu)$ 上の $\mathbb{R}$ 値関数とする.

ファトゥーの補題

$\{f_n\}$ は非負可測関数列とする. このとき $\displaystyle\liminf_{n \to \infty} f_n(x)$ は可測で,

$$\int_X \liminf_{n \to \infty} f_n(x)d\mu(x) \leq \liminf_{n \to \infty} \int_X f_n(x)d\mu(x)$$

ファトゥーの補題は不等式の向きがごちゃごちゃになりやすいが,

主張を理解すれば混乱することはない. 例えば, $[0,1]$ 上の関数列 f_n で, 積分の値 $\int_0^1 f_n(x)dx = 1$ だが $\lim_{n\to\infty} f_n(x) = 0$ $a.e.$ となる例はいくらでも作ることができる. 例えば $f_n(x) = \begin{cases} n & x \in [0,1/n] \\ 0 & その他 \end{cases}$ は, $\int_0^1 f_n(x)dx = 1$ になるが, $\lim_{n\to\infty} f_n(x) = 0$ $(x \neq 0)$ となる.

次に収束に関する定理を紹介する. 測度論で最も有用で有名な定理がルベーグの優収束定理 (dominated convergence theorem) である. この定理は $\int_X$ と $\lim_{n\to\infty}$ の交換を正当化するものである.

優収束定理

次を仮定する.

(1) $f_n(x) \to f(x)$ $\mu - a.e.$

(2) $\forall n$ に対して $|f_n(x)| \leq g(x)$ $\mu - a.e.$

(3) $\int_X g(x)d\mu(x) < \infty$

このとき $\int_X |f(x)|d\mu(x) < \infty$ で

$$\lim_{n\to\infty} \int_X f_n(x)d\mu(x) = \int_X f(x)d\mu(x)$$

単調収束定理

$\forall n$ に対して $0 \leq f_n(x) \leq f_{n+1}(x)$ $\mu - a.e.$ とする. このとき $\lim_{n\to\infty} f_n(x) = f(x)$ とすれば, f は可測で

$$\lim_{n\to\infty} \int_X f_n(x)d\mu(x) = \int_X f(x)d\mu(x)$$

ここで右辺は $= \infty$ になることもある.

9   変数変換

変数変換を考える. 一般に

$$\varphi : (X, \mathcal{B}, \mu) \to (Y, \mathcal{F})$$

という可測写像を考えよう. そうすると $(Y, \mathcal{F})$ 上に測度 $\mu \circ \varphi^{-1}$ を次で定める.

$$\mu \circ \varphi^{-1}(A) = \mu(\varphi^{-1}(A)) \quad A \in \mathcal{F}$$

$\mu \circ \varphi^{-1}$ が $(Y, \mathcal{F})$ 上の測度になることはすぐにわかる. 実際, 互いに素な $A_n \in \mathcal{F}$ に対して

$$\mu \circ \varphi^{-1}(\cup_n A_n) = \mu(\cup_n \varphi^{-1}(A_n)) = \sum_{n=1}^{\infty} \mu(\varphi^{-1}(A_n))$$

となる. つまり, 可測写像 φ によって可測空間

$$(Y, \mathcal{F}, \mu \circ \varphi^{-1})$$

を作ることができた. $\mu \circ \varphi^{-1}$ は φ の像測度と呼ばれる. 像測度を μ_φ とおく.

変数変換

可測写像 $\varphi : (X, \mathcal{B}, \mu) \to (Y, \mathcal{F})$ の像測度を μ_φ とする. このとき $(X, \mathcal{B}, \mu)$ 上の可測関数 f に対して次の等式が成り立つ.

$$\int_X f(x) d\mu(x) = \int_Y f \circ \varphi^{-1}(y) d\mu_\varphi(y)$$

証明. はじめに $f = \mathbb{1}_A$ のとき,

$$\mathbb{1}_A(\varphi^{-1}(y)) = \mathbb{1}_{\varphi(A)}(y)$$

に注意して

$$\int_Y \mathbb{1}_A(\varphi^{-1}(y))d\mu_\varphi(y) = \int_Y \mathbb{1}_{\varphi(A)}(y)d\mu_\varphi(y)$$
$$= \mu(\varphi^{-1}\varphi(A)) = \mu(A) = \int_X \mathbb{1}_A(x)d\mu(x)$$

同様に f が階段関数のときも等式が成立する. $f \geq 0$ な関数に対しては階段関数 f_n で $f_n(x) \uparrow f(x)(n \to \infty)$ と各点で収束する列があるので, 極限操作で $f \geq 0$ の可測関数でも等式が成立することがわかる. 一般の複素数値可測関数のときは $f = (f_1 - f_2) + i(f_3 - f_4)$ と非負な可測関数に分解すればいい. [終]

10 リーマン積分とルベーグ積分

ルベーグ積分がリーマン積分の拡張になっていることを確認しよう. 有界関数 f は $I = [a,b]$ 上でリーマン積分可能とする. 次を示す

(1) f はルベーグ可測
(2) $\int_I f(x)dx = \int_I f(x)d\lambda(x)$

分割 Δ_n を $\{a = x_0^n < x_1^n < \ldots < x_{M(n)}^n = b\}$ としよう.

$$\varphi_n(x) = \sum_{j=1}^{M(n)} m_j^n \mathbb{1}_{[x_{j-1}^n, x_j^n]}, \quad \psi_n(x) = \sum_{j=1}^{M(n)} M_j^n \mathbb{1}_{[x_{j-1}^n, x_j^n]}$$

とする. φ_n も ψ_n もルベーグ可測関数で, さらに $\varphi_n(x) \leq \psi_n(x)$ となる. $\varphi_n(x)$ は単調増加で $\psi_n(x)$ は単調減少だから

$$g(x) = \lim_{n \to \infty} (\psi_n(x) - \varphi_n(x))$$

は各点ごとに極限が存在する. 特に g は可測である. ここがキーポイントなのだが

$$\int_I g(x)d\lambda(x) \leq \liminf_{n\to\infty} \int_I (\psi_n(x) - \varphi_n(x))d\lambda(x)$$
$$= \liminf_{n\to\infty}(S(\Delta_n) - s(\Delta_n)) = 0$$

がわかる. この不等式はファトゥーの補題から従う. つまり,

$$0 \leq \int_I g(x)d\lambda(x) = 0$$

非負可測関数をルベーグ積分してゼロなので

$$g(x) = 0 \quad a.e.$$

さて $\varphi_n(x) \leq f(x) \leq \psi_n(x)$ から

$$\varphi(x) \leq f(x) \leq \psi(x)$$

で, しかも

$$g(x) = \psi(x) - \varphi(x) = 0 \quad a.e.$$

だったから

$$\varphi = \psi = f \quad a.e.$$

φ, ψ もルベーグ可測だからルベーグ測度の完備性から f はルベーグ可測になる! さらに, ルベーグの優収束定理より

$$\int_I f(x)d\lambda(x) = \lim_{n\to\infty} \int_I \varphi_n(x)d\lambda(x) = \lim_{n\to\infty} s(\Delta_n) = \int_I f(x)dx$$

よりルベーグ積分がリーマン積分の拡大になっていることがわかる.

参考文献

[1] A. Aspect, J. Dalibard, and D. Roger. Experimental test of Bell's inequalities using time-varying analyzers. *Phys. Rev.Lett.*, 49:1804–1807, 1982.

[2] J.S. Bell. On the Einstein Podolsky Rosen paradox. *Physics Physique Fizika*, 1:195–200, 1964.

[3] H. Bohr. Zur theorie der fast periodischen funktionen. *Acta Mathematica*, 45:29–127, 1925.

[4] N. Bohr. On the constitution of atoms and molecules. *Philosophical Magazine*, 26:1–25, 1913.

[5] N. Bohr. On the constitution of atoms and molecules part II.-systems containing only a single nucleus. *Philosophical Magazine*, 26:476–502, 1913.

[6] N. Bohr. On the constitution of atoms and molecules part III.-systems containing several nucleus. *Philosophical Magazine*, 26:857–875, 1913.

[7] N. Bohr. The quantum postulate and the recent development of atomic theory. *Nature*, 121:580–590, 1928.

[8] M. Born. Über Quantenmechanik. *Zeitschrift für Physik*, 26:379–395, 1924.

[9] M. Born. Quantenmechanik der Stossvorgänge. *Zeitschrift für Physik*, 38:803–827, 1926.

[10] M. Born, W. Heisenberg, and P. Jordan. Zur Quanten-mechanik.II. *Zeitschrift für Physik*, 35:557–615, 1926.

[11] J.R. Cahrney, R. Fjörtoft, and J. von Neumann. Numerical

integration of the barotopic vorticity equation. *Tellus*, 2:237–254, 1955.

[12] A. Cayley. A memoir on the theory of matrices. *Philosophical Transactions of the Royal Society of London*, 148:17–37, 1858.

[13] A. Chaikin. *A Man on the Moon*. Viking Press, 1994.

[14] S. Chandrasekhar and J. von Neumann. The statistics of the gravitational field arising from a random distribution of stars. I. The speed of fluctuations. *Astrophys. J.*, 95:489–531, 1942.

[15] S. Chandrasekhar and J. von Neumann. The statistics of the gravitational field arising from a random distribution of stars. II. The speed of fluctuations; dynamical friction; spatial correlations. *Astrophys. J.*, 97:1–27, 1943.

[16] L. de Broglie. Waves and Quanta. *Nature*, 112:540, 1923.

[17] L. de Broglie. Recherches sur la théorie des quanta. *Annals Phys.*, 2:22–128, 1925.

[18] P.A.M. Dirac. The fundamental equations of quantum mechanics. *Proceedings of the Royal Society of London.Series A*, 109:642–653, 1925.

[19] P.A.M. Dirac. On the theory of quantum mechanics. *Proceedings of the Royal Society of London.Series A*, 112:661–677, 1926.

[20] P.A.M. Dirac. The quantum theory of the emission and absorption of radiation. *Proceedings of the Royal Society of London.Series A*, 114:243–265, 1927.

[21] P.A.M. Dirac. The Quantum Theory of the Electron. *Proceedings of the Royal Society of London.Series A*, 117:610–624, 1928.

[22] A. Einstein. Ist die Trägheit eines Körpers von seinem Energieinhalt abhängig? *Annalen der Physik*, 18:639–641, 1905.

[23] A. Einstein. Über die von der molrekularkionetischen Theorie der Wärme geforderte Bewegung von inruhenden Flüssigkeiten suspdenderten Teilcghen. *Annalen der Physik*, 17:549–560, 1905.

[24] A. Einstein. Über einen die Erzeung und Verwandlung des Lichtes betreffenden heuristischen Gesichtpunkt. *Annalen der Physik*, 17:132–148, 1905.

[25] A. Einstein. Zur Elektrodynamik bewegter Körper. *Annalen der Physik*, 17:891–921, 1905.

[26] A. Einstein, B. Podolsky, and N. Rosen. Can quantum-mechanical description of physical reality be considered complete? *Phys. Rev.*, 47:777–780, 1935.

[27] M. Fekete and J. von Neumann. Über die Lage der Nullstellen gewisser Minimum polynome. *Jahresb.*, 31:125–138, 1922.

[28] P. Halmos and J. von Neumann. Operator methods in classical mechanics. II. *Ann. of Math. (2)*, 43:332–350, 1942.

[29] W. Heisenberg. Über quantentheoretische Umdeutung kinematischer und mechanischer Beziehungen. *Zeitschrift für Physik*, 33:879–893, 1925.

[30] W. Heisenberg. Über den anschaulichen Inhalt der quantentheoretischen Kinematik und Mechanik. *Zeitschrift für Physik*, 43:172–198, 1927.

[31] W. Heisenberg. *Der Teil und das Ganze:Gesprächeim Umkreisder Atomphysik*. Piper, 1969.

[32] D. Hilbert, J. von Neumann, and L. Nordheim. Über die Grundlagen der Quantenmechanik. *Math.Ann.*, 98:1–30, 1928.

[33] P. Jordan. Über kanonische Transformationen in der Quantenmechanik. *Zeitschrift für Physik*, 37:383–386, 1926.

[34] P. Jordan. Über kanonische Transformationen in der Quantenmechanik II. *Zeitschrift für Physik*, 38:513–517, 1926.

[35] P. Jordan. Über eine neue Begründung der Quantenmechanik. *Zeitschrift für Physik*, 40:809–838, 1927.

[36] P. Lenard. Über die lichtelektrische Wirkung. *Annalen der Physik*, 8:149–198, 1902.

[37] N. Macrae. *John von Neumann*. Pantheon Books, 1992.

[38] N.C. Metropolis, G. Reiwiener, and J. von Neumann. Statistical treatment of values of first 2,000 decimal digits of e and of π

calculated on the ENIAC. *Math. Table and other Aids and Comp.*, 4:109–111, 1950.

[39] W. Pauli. Über das Wasserstoffspektrum vom Standpunkt der neuen Quantenmechanik. *Zeitschrift für Physik A Hadrons and nuclei*, 36:336–363, 1926.

[40] M. Planck. Zur Theorie des Gesetzes der Energieverteilung im Normalspectrum. *Verhandlungen der Deutschen Physikalischen Gesellschaft*, 2:237–245, 1900.

[41] M. Planck. Über das Gesetz der Energieverteilung im Normalspectrum. *Ann.der Physik*, 4:553–563, 1901.

[42] B. Riemann. *Über die Darstellbarkeit einer Function durch eine trigonometrische Reihe.* Göttingen: Dieterich, 1867.

[43] P. Robertson. *The Early Years:The Niels Bohr Institute 1921-1930.* Copenhagen:Akademisk Forlag, 1979.

[44] E. Schrödinger. Quantisierung als Eigenwertproblem. *Ann.der Phys.*, 79:361–376, 1926.

[45] E. Schrödinger. Quantisierung als Eigenwertproblem. *Ann.der Phys.*, 79:489–527, 1926.

[46] E. Schrödinger. Quantisierung als Eigenwertproblem. *Ann.der Phys.*, 80:434–490, 1926.

[47] E. Schrödinger. Quantisierung als Eigenwertproblem. *Ann.der Phys.*, 81:109–139, 1926.

[48] E. Schrödinger. Über das Verhältnis der Heisenberg-Born-Jordanshen Quantenmechanik zu der meinen. *Annalen der Physik*, 79:734–756, 1926.

[49] J. Strickland. *Weird Scientists - the Creators of Quantum Physics.* Lulu, 2011.

[50] D. Szász. John von Neumann, the Mathematician. *The Mathematical Intelligencer*, 33:42–51, 2011.

[51] J. von Neumann. Zur Einführung der tranfiniten Ordungszahlen. *Acta Szeged.*, 1:199–208, 1923.

[52] J. von Neumann. Mathematische Begründung der Quantenmechanik. *Nachrichten von der Gesellschaft der Wissenschaften*

313

zu Göttingen, Mathematisch-Physikalische Klasse, 1:1–57, 1927.

[53] J. von Neumann. Thermodynamik quantenmechanischer Gesamtheiten. *Nachrichten von der Gesellschaft der Wissenschaften zu Göttingen, Mathematisch-Physikalische Klasse*, 1:273–291, 1927.

[54] J. von Neumann. Wahrscheinlichkeitstheoretischer Aufbau der Quantenmechanik. *Nachrichten von der Gesellschaft der Wissenschaften zu Göttingen, Mathematisch-Physikalische Klasse*, 1:245–272, 1927.

[55] J. von Neumann. Einige Bemerkungen zur Diracschen Theorie des Drehelektrons. *Zeitschrift für Physik*, 48:868–881, 1928.

[56] J. von Neumann. Zur Theorie der Gesellschaftsspiele. *Math. Ann.*, 100:295–320, 1928.

[57] J. von Neumann. Beweis des Ergodensatzes und des H-Theorems in der neuen Mechanik. *Zeitschrift für Physik*, 57:30–70, 1929.

[58] J. von Neumann. Zur Theorie der unbeschränkten Matrizen. *J.Reine Angew.Math.*, 161:208–236, 1929.

[59] J. von Neumann. Allgemeine Eigenwerttheorie Hermitescher Funktionaloperatoren. *Math.Ann.*, 102:49–131, 1930.

[60] J. von Neumann. Zur Algebra der Funktionaloperationen und Theorie der normalen Operatoren. *Math.Ann.*, 102:307–427, 1930.

[61] J. von Neumann. Die Eindeutigkeit der Schrödingerschen Operatoren. *Math.Ann.*, 104:570–578, 1931.

[62] J. von Neumann. Über Functionen von Functionaloperatoren. *Ann.of Math.(2)*, 32:191–226, 1931.

[63] J. von Neumann. *Mathematische Grundlagen der Quantenmechanik*. Springer, 1932.

[64] J. von Neumann. Proof of the quasi-ergodic hypothesis. *Proc.Nat.Acad.Sci.USA*, 18:70–82, 1932.

[65] J. von Neumann. Über adjungierte Funktionaloperatoren. *Ann.of Math.(2)*, 33:294–310, 1932.

[66] J. von Neumann. Über einen Satz von Herrn M.H.Stone. *Ann.of Math.(2)*, 33:567–573, 1932.

[67] J. von Neumann. Die Einführung analytischer Parameter in topologischen Gruppen. *Ann. of Math. (2)*, 34:170–190, 1933.

[68] J. von Neumann. Almost periodic functions in a group I. *Trans.Amer.Math.Soc.*, 36:445–492, 1934.

[69] J. von Neumann. *Über ein Okonomisches Gleichungssystem und eine Verallgemeinerung des Brouwerschen Fixpunktsatzes.* Ergebuisse eines Mathematischen Seminars, 1938.

[70] J. von Neumann. A model of general economic equilibrium. *Review of Economic Studies*, 13:1–9, 1945.

[71] J. von Neumann. A method for numerical calculations of hydrodynamic shocks. *J. Appl. Phys.*, 21:232–237, 1950.

[72] J. von Neumann. The general and logical theory of automata. In *Cerebral mechanisms in behavior; the Hixon Symposium.* Wiley, 1951.

[73] J. von Neumann. *The computer and the brain.* New Haven, Yale university press, 1958.

[74] J. von Neumann. *John von Neumann collected works I-VI.* Pergamon press, 1963.

[75] J. von Neumann. *Theory of Self-Reproducing Automata.* University of Illinois Press, Urbana, 1966.

[76] J. von Neumann and H. Goldstine. A numerical study of a conjecture of Kummer. *Math. Table and other Aids and Comp.*, 7:133–134, 1953.

[77] J. von Neumann and O. Morgenstern. *Theory of Games and Economic Behavior.* Princeton University Press, 1944.

[78] J. von Neumann and E. Wigner. Zur Erklärung einiger Spektren aus der Quantenmechanik des Drehelektrons I. *Zeitschrift für Physik*, 47:203–220, 1928.

[79] J. von Neumann and E. Wigner. Zur Erklärung einiger Spektren aus der Quantenmechanik des Drehelektrons II. *Zeitschrift für Physik*, 49:73–94, 1928.

[80] J. von Neumann and E. Wigner. Zur Erklärung einiger Spektren aus der Quantenmechanik des Drehelektrons III. *Zeitschrift für Physik*, 51:844–858, 1928.

[81] J. von Neumann and E. Wigner. Über merkwürdige diskrete Eigenwerte. *Physikalische Zeitschrift*, 30:465–467, 1929.

[82] S. Weinberg. *To Explain the World: The Discovery of Modern Science*. Harper Perennial, 2016.

[83] H. Weyl. *Gruppentheorie und Quantenmechanik*. Hirzel, Leipzig, 1928.

[84] H. カーオ. 20世紀物理学史. 有賀暢迪他訳 名古屋大学出版会, 2015.

[85] V・J. カッツ. カッツ 数学の歴史. 中根美千代他訳 共立出版, 2005.

[86] T. カリア. ノーベル賞で読む現在経済学. 小坂恵理訳 ちくま学芸文庫, 2020.

[87] ガリレオ・ガリレイ. 星界の報告. 山田慶児, 谷泰訳 岩波文庫, 1976.

[88] T. ガワーズ. プリンストン数学大全. 伊藤隆一他訳 朝倉書店, 2015.

[89] A.・L. コーシー. 解析教程. 西村重人訳 みみずく舎, 2011.

[90] C. コロンブス. コロンブス航海誌. 林屋永吉訳 岩波文庫, 1977.

[91] W. ハイゼンベルク. 部分と全体. 山崎和夫訳 みすず書房, 1974.

[92] S. ハイムズ. フォン・ノイマンとウィナー. 高井信勝訳 工学社, 1980.

[93] W. パウンドストーン. 囚人のジレンマ. 松浦俊輔他訳 青土社, 1995.

[94] A. ピガフェッタ. マゼラン最初の世界一周航海. 長南実訳 岩波文庫, 2011.

[95] J. フォン・ノイマン. 量子力学の数学的基礎. 井上健, 広重徹, 恒藤敏彦訳 みすず書房, 1957.

[96] J. フォン・ノイマン. ゲームの理論と経済行動 I,II,III. 阿部修一訳 ちくま学術文庫, 2009.

[97] K. プルチブラム. 波動力学形成史. 江沢洋訳・解説 みすず書房, 1982.

[98] G・W・F. ヘーゲル. 哲学講義. 長谷川宏訳 河出書房新社, 1995.

[99] N. ボーア. ニールス・ボーア論文集 1 因果性と相補性. 山本義隆訳 岩波文庫, 1998.

[100] N. マクレイ. フォン・ノイマンの生涯. 渡辺正・芦田みどり訳 朝日

新聞社, 2001.

[101] 森口繁一 宇田川銈久 一松信. **岩波 数学公式 I**. 岩波書店, 1997.

[102] 鹿島正裕. 1919 年のハンガリー社会主義：評議会国家とその 国内政策. **アジア経済**, 18:30–46, 1977.

[103] 江沢洋 上條隆志. **量子力学的世界像 III**. 日本評論社, 2019.

[104] 朝永振一郎. **量子力学 I,II**. みすず書房, 1970.

索引

著者紹介：

廣島 文生（ひろしま・ふみお）

　　1964 年北海道生まれ．
　　1990 年北海道大学理学部数学科卒業
　　現在　九州大学大学院 数理学研究院 教授　博士（理学）

主な著書：

Feynman-Kac-Type Theorems and Gibbs Measures on Path Space I,II
　　（Walter De Gruyter 2020）
Ground States of Quantum Field Models, SpringerBriefs in Mathematics
35, 2019.

双書⑲・大数学者の数学／フォン・ノイマン

知の巨人と数理の黎明

2021 年 4 月 21 日　初版第 1 刷発行

著　者　　廣島文生

発行者　　富田　淳

発行所　　株式会社　現代数学社
　　　　　〒606-8425 京都市左京区鹿ヶ谷西寺ノ前町 1
　　　　　TEL 075 (751) 0727　FAX 075 (744) 0906
　　　　　https://www.gensu.co.jp/

装　幀　　中西真一（株式会社 CANVAS）

印刷・製本　　亜細亜印刷株式会社

ISBN 978-4-7687-0556-8　　　　　　　　2021 Printed in Japan